浪声

北部湾

我的海洋历程

陈波 / 著

SPM 南方传媒
全国优秀出版社
全国百佳图书出版单位
广东教育出版社
·广州·

图书在版编目（CIP）数据

浪声回荡北部湾：我的海洋历程 / 陈波著. -- 广州：广东教育出版社，2023.9

ISBN 978-7-5548-5470-9

Ⅰ.①浪… Ⅱ.①陈… Ⅲ.①海洋学—科学研究—中国—文集 Ⅳ.①P7-53

中国国家版本馆CIP数据核字（2023）第144406号

浪声回荡北部湾——我的海洋历程
Langsheng Huidang Beibuwan——Wo de Haiyang Licheng

出 版 人：	朱文清
策划编辑：	周　晶
责任编辑：	周　晶　黄子桐
责任技编：	佟长缨
装帧设计：	友间文化
责任校对：	窦咏琦
出版发行：	广东教育出版社
	（广州市环市东路472号12-15楼　邮政编码：510075）
网　　址：	http://www.gjs.cn
E-mail：	gjs-quality@nfcb.com.cn
经　　销：	广东新华发行集团股份有限公司
印　　刷：	广州市友盛彩印有限公司
	（广州市增城区新塘镇太平洋五路1号101）
规　　格：	787 mm×1092 mm　1/16
印　　张：	21.25
字　　数：	430千
版　　次：	2023年9月第1版
	2023年9月第1次印刷
定　　价：	128.00元

购书咨询电话：020-87615809

如发现因印装质量问题影响阅读，请与本社联系调换（电话：020-87613102）

作者简介

陈 波 （1954— ）

广西防城港人，二级研究员。

毕业于中国海洋大学物理海洋学专业。广西有突出贡献的科技人员，中华人民共和国科学技术部、国家自然科学基金委员会科技项目评审专家，中国海洋环境学会理事，《广西科学》副主编。曾任广西科学院副院长、广西海洋研究所所长、广西东盟海洋研究中心主任、广西北部湾海洋研究中心主任、广西近海海洋环境科学重点实验室主任。

研究领域：近海海洋动力学。

研究成果：主持国家自然科学基金项目6项、广西自然科学基金重大项目4项，以及省部级科研项目20多项，获省部级科技进步奖6项，在国内外杂志发表科学论文100余篇，出版专著9部，其中国家级学术专著8部。

在北部湾北部环流形成机制、琼州海峡西向水输运对广西近海的影响、北部湾北部近底层水向上爬升对近岸水体的更新作用、近岸风暴潮增减水变化机制等方面取得多项创新性研究成果：

——应用三维斜压湍封闭动力学数值模型对广西近海环流进行更细网格计算和边界条件改造，研究了浅海区海底地形与环流运动之间的响应关系，得出广西近海环流并不构成一个独立的系统，而受制于北部湾入海径流和琼州海峡入流；北部湾北部夏季存在一个气旋式环流，而不是反气旋环流的研究结论，合理解释了环流运动的复杂现象，成功解决了50多年来关于北部湾夏季环流结构与机制的巨大争议，进一步丰富了我国浅海区物理海洋学的研究内容。

——采用数值模型计算，并结合现场调查数据分析的方法，揭示琼州海峡西向水量输运是影响北部湾北部环流的重要因素之一。琼州海峡西向水持续自东向西输运进入北部湾，加强了北部湾北部气旋式环流的形成，在涠洲岛附近海域形成更大范围内的气旋式环流。琼州海峡西向水进入北部湾对广西沿海生态环境产生重要影响，近年来涠洲岛附近海域赤潮多发与琼州海峡东部高浓度氮磷

营养元素水体传入北部湾有关，源头主要来自粤西沿岸水域及珠江口。

——建立包括北仑河入海径流在内的三维高分辨率非结构网格有限体积潮流与风耦合模式，利用流场和风场计算波浪和泥沙分布规律，分析各种涡旋造成的局部冲刷和淤积区，找出河口岸滩变化的主要动力原因：东南偏东向入海径流及往复性潮流是河口北侧海岸冲刷的主要营力，越南人为抬高河床改变水流加速北侧海岸侵蚀的再塑作用。研究成果为北仑河口国土资源保护提供了重要科学依据。

——开展广西沿海主要港湾台风暴潮增减水及变化机制研究，找出台风暴潮增减水变化与台风作用有关的主要特点，建立了各港口台风暴潮的预报方程；揭示风暴潮增减水在近岸的强化、分布及极值出现与台风路径、港湾地形、大气重力波及海湾共振的关系，为广西沿海风暴潮波传入港湾之后的变形和强化机制找到一个全新的理论依据。

——构建南海西北部的三维斜压数值模型，利用观测资料和模式计算结果，分析北部湾北部近底层的北向流对广西近海输运的水量通量及其季节性变化特征，发现北部湾北部近底层水北向爬升对近岸水体更新产生重要影响。北部湾西部以西海域为广西传统的渔民作业区，与近底层水向上爬升将深层高盐、富营养物质水体带到上层有密切关系。近底层水北向爬升的主要原因：广西沿海气旋式环流导致雷州半岛西岸水流走，琼州海峡水密度高于北部湾水密度，不能直接从表层加以补充，只有从底层上升，弥补当地水的流失。

出版专著

《广西南流江三角洲海洋环境特征》

《防城港市入海污染物排放总量控制研究》

《广西北部湾海洋环境生态背景调查及数据库构建》

《北部湾科学数据共享平台构建与决策支持系统研发及应用》

《广西海岸带海洋环境污染变化与控制研究》

《北部湾北部赤潮藻类生态环境特征与动力学响应机制研究》

《广西北仑河口和珍珠港湾海域自然资源与环境》

《北部湾台风风暴潮研究》

《从广西这一片海说起——四十年风雨前行海洋路》

PREFACE
前言

海洋深处在我心

1975年9月的一天，青岛胶州湾畔惠风和畅、秋潮如诗，坐落在市区鱼山路5号的中国海洋大学校园玉树临风、绿烟浮腾、色彩缤纷。这天迎来了来自祖国天南地北的新学员。这批新的搏击奋进者，几年后成为我国一支勇于创新、攀登海洋科学技术高峰、向海洋深度和广度进军的新生力量。

我有幸成为其中一员，走进这所大学，开始追逐我的人生海洋梦。

20世纪70年代，随着现代科学技术的迅猛发展，以及海洋战略资源的相继发现，海洋开发日益受到世界性重视。占地球面积71%的海洋，作为资源宝库是地球尚未充分开发利用的最大领域；在解决人类面临的食物、能源、空间等紧迫问题方面，也将发挥越来越大的作用，逐步成为人类海洋开发主战场，特别是自90年代以来，世界各国都已进入全面大规模开发海洋的新时代。因此，科学家们提出，人类起源于海洋，现在要重新返回到海洋中去，只有广阔富饶的海洋才能解决未来人们所面临的人口、资源、环境三大问题。可以断言，到21世纪末，人类从资源密集的海洋中获得的效益，会比从陆地经济资源离散的空间获取的多得多。南极开发、海水利用、深海采矿、海底城市建设，将成为21世纪海洋产业的基本内涵。

海洋，是大自然一部奥妙无穷的百科全书，那千山万壑是地球历尽沧桑留下的皱纹，那江海河流记述着历史演变的篇章。只有走进大自然，亲近大自然，才能认识大自然，揭示大自然的奥秘，这是科学创新的源泉。

海洋，是人类的摇篮，是绚丽多姿的载体。特殊的气质，造就海洋人特殊的魅力！高山不朽，大海不死，沉积依旧，劳作不息。

为实现人生的海洋梦想，大学毕业后我被分配到国家海洋局南海分局海洋科考队。每一次出海调查，我坐着科考船从浪花中飞过，看见每一朵浪花都晶莹闪烁，表面上，涛声依旧，岁月无痕，可是细密的波纹，留下多少难忘的记忆，冲刷掉多少历史的断层。她记载着海洋人的艰辛，劳动者丰收的喜悦。调回广西后，我投身广西海岸带资源综合调查，沿着陡峭的海岸走过，古老的岩石斑斑驳驳，每一块岩石，都隐藏着一部历史：风的暴戾，浪的肆虐，生物的演替，潮流的穿越，海水的沧桑，冰蚀的雕琢。我从海滩潮间带挖上泥块、残屑，每一块泥巴都记载着一种承诺：历史的风尘都在这里停留，许多的生命也在这里安息。

近50年的光阴流逝，追忆的岁月如过眼云烟，留下的只有一种承诺，那就是海洋人永不止息的脚步，向海再前行，赶上海洋强国创新之路；筑梦系深蓝，继续探索海洋科学殿堂的奥秘，从朴素、幼稚的自然崇拜，一步步走向走进海洋、认识海洋、开发海洋的大道。科学并非秉古人之烛，而是人类经过观察实践，在无极的时空中道出永恒的独语。

本书主要描述了笔者进入中国海洋大学学习、从事海洋调查和科学研究工作近50年的海洋经历，内容涉及诸多方面，力图深入浅出地将这些经历告诉读者，既有一定的科学性，又力求有一定的趣味性，使读者不至翻开此书就昏昏欲睡。

本书的出版得到广西北部湾海洋研究中心近海动力过程与生态安全研究团队同事们的大力支持。

本书部分图片的拍摄、整理得到牙韩争、韦聪、朱冬琳三位同事的热情帮忙。

　　董德信博士对本书的有关文字进行了补正及出版对接工作。

　　贺根生同志对本书的计量单位作了一些修改和更正。

　　李智娟同志对本书的文字编排提供了大力帮助。在此，一并致谢！

　　本书获"广西近海动力过程与生态安全研究基金"的资助。

　　由于水平有限，本书仅是笔者从事海洋科学研究近50年的一些经历、见解，希望我们后辈能不畏艰险，献身海洋，为祖国海洋事业作出力所能及的贡献。其心若愚，其情可悯！

陈　波

2022年9月

水滴
——我们这一代人

20世纪70年代,
教育体制更迭换代。
工农兵学员上大学,
我们这一代人过往的故事,
改写高校应考制度之先例。
这是一段近代教育史上的插曲,
这是一段渐行渐远的岁月痕迹,
这是一段云烟缥缈的时代印记。
50年过去,弹指一挥间,
时代的洪流里,每一个人都是一滴水,
是激越抑或舒缓,是喜悦抑或悲伤,水滴无从选择,
特立独行从来就不是水滴的职责和目的,
步调一致才是水滴的使命和荣耀。
然而,很多时候,
绚烂之后是落寞,
狂欢之后是寂寥,
荣耀背后是伤痛,
繁华落尽是场空。
如今,过往的故事早已画上句号,
岁月让经历淡淡远去,
变革让过去成为历史,
时代让水滴汇入大海,
发展让当下更加努力,
使命让我们与时前行!

目 录
Contents

第一章 初识海洋

一、与海之缘 003
  1. 弃教求学 003
  2. 入学第一课 005
  3. 教室生炉火 008
  4. 我的领路人 011
  5. 海岛实习 016

二、学成奔南国 018
  1. 南海科考见闻 018
  2. 逐梦北部湾 022

三、追梦不止 027
  1. 追梦前行 027
  2. 海洋梦长留 033

第二章 海上岁月

一、栉风沐雨，踏海前行 041
  1. 子夜惊魂白苏岩 043
  2. 夏日蚊子闹海滩 046
  3. 台风光顾钦州湾 048

4. 卷地潮声响龙门	050
5. 腊月寒风锁红沙	054
6. 风暴突袭古琼州	056

二、风里浪里，数我风流　　059

1. 渔家灯火照京岛	059
2. 清风永伴茅尾海	061
3. 船声轰鸣北仑河	063
4. 日出映红涠洲岛	066

三、从北到南，有趣回忆　　070

1. 第一次吃河豚	070
2. 撞船	072
3. 夜宿小海岛	074
4. 观海潮	077
5. 钓鱼	079

一、特殊的海水运动形态　　085

1. 我国最典型的全日潮海湾	085
2. 复杂的近海环流运动形态	090
3. 改变生态系统的入海径流	100
4. 惊人的河口东向动力冲蚀	102
5. 异常的港湾风暴潮增减水	106

二、独特的海洋生态系统 　　109

1. 生境多样的河口海岸类型 　　109
2. 浑然天成的海湾潮间湿地 　　117
3. 自然造化的近海生态系统 　　121
4. 物种繁多的海洋生物多样性 　　126
5. 保护生态系统，我们一直在努力 　　140

三、广布的滨海文旅资源 　　146

1. 千岛点缀的七十二泾 　　148
2. 原生海蚀地貌——斜阳岛 　　151
3. 沙白水蓝的北海银滩 　　156
4. 别具风情的京族三岛 　　157
5. 原始富集的江山海岸 　　161
6. 边关文化厚重的民族之魂 　　165
7. 中越界河的"海岸卫士" 　　168
8. 滨海文旅产业前景可期 　　170

四、丰富的海洋药用资源宝库 　　174

1. 各领风骚的海洋药用动物资源 　　174
2. 独具特色的海洋药用植物资源 　　175
3. 看不见的海洋药用微生物资源 　　180
4. 令人欣喜的广西海洋药物产业 　　183
5. 海洋药物产业化的漫漫长路 　　191

第四章 变化，从这片海说起

一、科技，与这片海一路同行 　　199
  1. 海洋科考，开创先河 　　199
  2. 海洋管理，艰难起步 　　202
  3. 涉海机构，与时俱生 　　206
  4. 海洋研究，应势而为 　　208

二、发展，让这片海优势显现 　　213
  1. 一切变化，只因有了"你" 　　213
  2. 生态滨城，践行绿色发展 　　218
  3. 天然大港，挺起向海脊梁 　　221
  4. 临海产业，助推经济腾飞 　　227
  5. 开放之海，赋能广西前行 　　234

第五章 愿景，向这片海谋划

一、依海，是广西持续发展的必然选择 　　249
  1. 千里海岸线，黄金般的资源 　　250
  2. 沿岸岛屿无数，唯有涠洲、斜阳最美 　　252
  3. 大小天然海湾，外加北部湾 　　254

二、向海，是广西经济领跑的必由之路 　　257
  1. 海洋交通运输业，打造国际门户大港 　　257
  2. 海洋渔业，再造传统领先优势 　　267
  3. 海洋油气业，构造境域开发格局 　　287

第六章 前行，定格北部湾

一、海上丝路开创北部湾通达壮举	295
1. 古代海上丝路写下北部湾通达向往	295
2. 现代海上丝路传承北部湾繁华历史	297
二、海陆统筹赋予北部湾发展新内涵	300
1. 以陆促海，是北部湾与陆域统筹之互补	301
2. 以海带陆，是北部湾融入时代之必然	303
3. 海陆联动，是北部湾资源有效之利用	306
三、陆海新通道建设树立北部湾发展方向标	310
1. 新通道建设突显北部湾地位与作用	310
2. 北部湾汇入大海经济扬帆再远航	316
参考文献	320
后记　海是一本书	323

浪 声 回 荡 北 部 湾

第一章

初识海洋

与海之缘
学成奔南国
追梦不止

初识海洋

以前，
我以为海洋，是鼓荡的海水，
我以为海滩，是堆积的沙砾。
但当我走进中国海洋大学，
眼前的海洋，
天是那样的蓝，
海是那样的宽，
水是那样的美。
飞溅的浪花是那样的雪白，
荡漾的涛声是那样的清晰，
此前眼中平淡的海水、海滩、沙砾，
已变得更有生命力，
这就是海洋人的独家纵脱。
来吧，同学们，
让我们携手并肩，
让我们一路相伴！
让我们一起开启海洋人的强国之梦！

一、与海之缘

1. 弃教求学

1975年，是我一生中最值得回忆的一年。

1973年7月，我高中毕业后有幸留在防城港市光坡中学任代课教师、民办教师。1975年8月，我被选送进山东海洋学院（现中国海洋大学，简称"海大"）学习，这是我人生中的一个转折。我还记得接到大学入学通知书时，县教育局分管招生的领导说，我属于教育系统分配的招生指标，计划就读的是湖北省一所有名的大学，毕业后仍回教育系统工作，后来我被调剂到山东海洋学院。听后，我没有茫然，并不懂什么是好什么是不好。心想，只要有书读、有学上，就是天大的幸事，对于一个祖辈都在农村的孩子来说，还有什么事比上大学的事大呢？不去想、不敢想，也没法想，这件事的真与假对我来说已经毫无意义了。好好学习，强我本领，日后为祖国海洋事业贡献微薄之力，就是我的初心。

1979年7月，大学毕业后，我被分配到位于广州的国家海洋局南海分局；1982年1月，调到广西海洋研究所；1998年5月，调往广西科学院。先后经历过3个工作单位，但我所做的、所管的都是海洋科研方面的工作。

我出生在海边，小时候的我几乎每天都能看到湛蓝的海水、蹁跹的水鸟、游移的船只，所以，对于海我并不陌生，但对此生一直都从事海洋科学研究，则是我事先没有想到的，这也许是我从小就与海有缘吧。

1975年7月，我接到大学入学通知书；8月26日，打起背包，手提包袱，赶赴青岛报到。我先是从县城乘客车来到广西首府南宁市，住在离火

浪声回荡北部湾
Langsheng Huidang Beibuwan

● 我的海洋历程

车站不到100米的朝阳旅社，第二天早上乘坐火车前往青岛，途经徐州转车至上海到济南下车，再从济南转乘另一趟火车到青岛。全程3000多千米路程，走了两天两晚。

途经徐州、上海、济南等几个中转站，这几个火车站都很大，尤其上海站，是南北两大交通干线的交会点，众多的旅客在这里上下车。下车的人，手里拎着大包小包，带着满脸倦色和探寻的目光，很快消失在人的洪流之中。车站广场上人很多，他们或卧、或坐、或穿行，也有人在大声交谈和争吵。人们急切地等待火车将他们带走。

白天，日光将他们晒得疲惫不堪。晚上，苍凉的月光笼罩在他们头顶，一丝阴凉驱散了酷热，他们像一群疲惫的麻雀，分散在广场的大地上。

我也是候车大军中的一员，当天下午到达上海，晚上8时又要继续乘车前往济南，只好在车站附近走走、转转、看看。一切都觉得新奇，没见过这么多人，没见过这么高的房子，没见过……同车去上学的还有3个人，来自同一个县城，但是大家第一次认识，除了相互照应，说话不多。

我身上背着捆成略呈长方形的大布包（像军人那样），手中拎着有几件换洗衣服的包袱，心中满是惆怅和不安，又有一些兴奋，平生第一次出远门，看着脚下移动的影子和我身体形成一个锐角，好像一只贴着大地飞翔的黑鸟。这或许就是我当时幻想的那样。

路，从小都是靠两条腿走的，上大学之前，我还从来没有乘坐过快速移动的工具，从来没有感受过快速移动的景物带来的快感，1975年8月27日是我第一次坐火车的纪念日。此前，我一直以为，铁路是由铁铸成的，现在才知道，只不过是在排排木头之上铺着两条平行的铁轨而已。我倚窗而坐，透过车窗望原野、树林、河流快速地掠过，看城市在"咣当咣当"声中蓦然呈现。火车里许多乘客昏昏欲睡，可我不困，我觉得那是我人生中第一次浪漫之旅，我看着窗外迷蒙的风景沉思，似乎对人生又有了一种感悟。

快到青岛时，天边的海洋一下从车窗外蹦了出来，于是，我看到了湛蓝的海水涌起滚滚浪花，浪涛拍打着岸边的礁石，看到了一群群穿梭于浪涛与云层之间的鸟儿，看到了远处一座座突兀在涌浪与旋涡上的小岛，还看到了船……这是一道令人赞美的风景，一段始终眷恋的记忆。在恢宏、壮阔的大海面前，我感到了自然的浩荡、宇宙的无限、造物主的神秘和庄严。

海，我从小与之相伴，几乎每天都能看到，现在却好像一下变得陌生了。我高中毕业后留在教育系统担任一名教师，本以为这是我一生中不变的职业，因为对于一个生在农村、长在农村，祖辈为农民的后代来说，这已经是人生一个很大的跨越了。而毕业仅两年，我却离开自己曾工作的教师岗位，来到同样有海的著名城市青岛，就读中国海洋大学物理海洋学专业，这简直是梦，没想到；这又不是梦，因为是现实。我深感自己与海有缘。

2. 入学第一课

位于青岛市南边鱼山路5号的中国海洋大学，校园内树木参天，建筑优美，可以眺望远处沙滩，拥有国内大学中完美的西洋风格建筑群。学校毗邻青岛栈桥、老舍故居、第一海水浴场等著名景点。离学校不远处还有青岛著名八大关山，林木扶疏，风景优美，楼台众多。当时的青岛，还不是一个特别大的城市，人口不足100万。鱼山路5号是学校正大门，路的两旁生长着法国梧桐树，茎干壮硕，树叶宽大，浓荫蔽日，从高处望去，仿佛一条条碧波荡漾的溪流。路不大，细瘦而弯，不是正规的经纬分布，而是就地势而行，像家乡冬天的田野，总被一些行人就近踏出一条近路来。

我们的宿舍区和教室在一个半山腰上，两者相距大约150米，但饭堂就远些了，在山脚下，每天往返都要徒步15度左右的20多个台阶，中间还要经过一个90度拐角。

青岛的山全都是石头结构，路就在石缝之间穿过。青岛人的生态理念非常超前，宁可多走路、走弯路，也绝不损坏石头。中国海洋大学就坐落在这座美丽的滨海城市——青岛。

青青之岛　最美海大

一城如花半倚石，万点青山拥海饰。

青岛，山与海交融；海大，风与雨兼程。

冬去春来，日升日落，四季分明。

春有百花，海气苍苍岛屿回，

夏有凉风，山巅楼阁抗崔巍，

秋有明月，茂林峻岭百驰道，

冬有白雪，又入仙山画里来。

天外，远观云卷云舒，

海边，近看潮起潮落。

校内，聆听书声琅琅。

这就是青青之岛，最美海大。

我们爱上你，无须理由，

我们爱上你，又有无数理由……

◊ 中国海洋大学鱼山路校区门口

报到后的第3天，正式开学，上午是全校新生开学典礼，下午是海洋系新生集中"训话"。学校由若干系组成，有海洋系、生物系、物理系、化学系、地质系、水产系等，我所在的系叫海洋系，有2个专业，即物理海洋学专业、海洋气象学专业。我就读的是物理海洋学专业。入学后听说，这个专业曾对海上军事行动产生重要影响。新生来源，一是海军现役军人，二是海洋系统的业务人员，还有第三种是来自农村、上山下乡、工厂和学校等的人员。前两种人员毕业后不存在工作分配，哪里来哪里去，只有第三种人员毕业后才会另外分配工作。

第4天上午，物理海洋学专业两个班入学第一节课开讲，由海洋系徐主任主讲，后排坐着5~6位专业教师。上课内容既简单又复杂，简单是指物理海洋学主要学哪些内容，复杂是指如何学会及应用。这一课，是我学习海洋、初识海洋的开始，简单地知道了什么叫作物理海洋学、洋与海的主要区别等。现在回想，温故而知新。徐老师主要讲述了：

海洋占地表总面积的71%。世界上所有海洋都是相互连通的。

"海"和"洋"有联系，但各有区别。

洋，是海洋的主体部分，约占海洋总面积的90.3%，远离大陆、面积广阔、海水较深，具有独立的潮汐系统和强大的洋流系统。洋的深度一般为2000米，最深超过10000米；洋不受大陆气候和地表径流等的影响。

世界大洋有太平洋、大西洋、印度洋和北冰洋，它们之间由海、海峡或海湾连通。

海，比洋的深度浅，临近大陆，受大陆、河流、气候影响大。海没有自己独立的潮汐与海流系统。

海分为边缘海、陆间海、内陆海。

除了海和洋之外，海洋还有海湾和海峡之分。其中，海湾是海洋延伸进入大陆且深度逐渐减小的水域，以入口处海角之间的连线或入口处的等深线作为与洋或海的分界线。海湾水交换能力较弱，海洋污染较为集中，如我国的渤海湾、北部湾等；海峡是两侧为陆地或岛屿，两端连接海洋的狭窄水道。海峡往往受不同海区水团和环流的影响，它们的海况一般比较复杂，水深、流急、多涡流。

海峡的战略地位非常重要，是"咽喉"通道，如马六甲海峡，中国、日本、韩国等国80%以上的石油进口都要经过马六甲海峡。还有台湾海峡、琼州海峡等，都是海上重要通道。

……

最后徐老师说，海洋事业是艰苦的事业，需要与自然抗争、与风浪赛跑。同时，祖国的海洋事业是一项伟大的事业，需要有人传承与发展。你们这一代人正好赶上了一个学习的年代、一个知识不断更新的年代、一个被轻易淘汰的年代、一个不进则退的年代的开始，唯有好好学习，强我本领，日后为祖国海洋事业贡献微薄之力，这就是我们的初心。这就是我们入学的第一课。

听了徐老师讲授的这节课，我深感他海洋知识的渊博，同时，也深感海洋是一部奥妙无穷的百科全书，是地球历尽沧桑留给我们的巨大资源宝库。只有勇敢地走进海洋，亲近海洋，才能更好地认识海洋，揭示海洋的奥秘，这就是科学创新的源泉。

3. 教室生炉火

1975年的冬天，我第一次在北方青岛度过。

这一年1月以来，我国南方大部分地区和西北地区东部，出现了中华人民共和国成立以来罕见的低温、雨雪和冰冻天气。由于范围广、强度大、持续时间长，极端天气对铁路、公路、电力、通信、农业、林业等产生了严重影响。2月，青岛市区雪厚达数十厘米，长期在南方生活的我，第一次刻骨铭心地感受到了雪的另一面：冷酷。

雪是大自然的尤物，南极的冰原、喜马拉雅山的极峰，全因为它才有了千里冰封、万里雪飘、银装素裹的风姿。但是，在人口密集的城市里、在交通繁忙的公路上，雪却变成灾难。路不再通畅，尤其是我们学校来回于饭堂的路很不平坦，途中要经20多级石梯。青岛是由各个石山构成的，路自然很不平坦。北方冬天的夜幕降临得特别早，当时针指向17时，夕阳那缕红霞早已被低垂的夜幕所吞没,展现在人们面前的是一片乌蒙蒙的初夜。刺骨寒风,阴霾密布,漫天飞雪扑扑地打在脸上,让人睁不开眼睛,空气里可以拧出水来。

和所有人一样,我喜欢下雪,第一次看见窗外飘起雪花,便十分兴奋,开始一丝若有若无的凉意落到窗上,飘进颈间,但没多久,那一丝一丝的东西就变成一缕一缕的,并且越变越大,最后变成鹅毛状的了,整个大地也从黑灰变成银白。房顶白了,街道白了,整个世界白成一片,万物一统。它们对地貌的改变比任何其他事物都快速和直观,简直是翻天覆地,黑白颠倒,其覆盖面积广大,只有海洋和沙漠与它等量齐观。虽然它的改变只是表层,但是美也就在这薄薄的物上,造就了这无垠之美。

1975年12月至1976年2月,青岛市最低气温为-8℃。据当地人说,比上一年同期偏低2℃~3℃,是最冷的一个冬季。气温低于0℃,雪就开始下了,雨雪都赶来凑热闹,连续下了好几场,使这个2月成为继1973年以来最冷的一个2月。

但是青岛仍然干燥得不得了。由于高楼增多,风也不像过去那样强烈,只有街道两旁的树梢摇来晃去,显得有些萧瑟。

进入11月,如果屋内不生炉子,坐着就冷得要死。看见屋外的水缸里结冰,屋檐上挂着长长的冰柱,下面尖,上面粗,一棱棱的,像个直螺号,我第一次看见结冰,所以喜欢把它敲下来拿在手里玩,虽然手冻得有些麻木,但让人感到冬天的乐趣。到了12月,宿舍特别冷,洗漱间里的水龙头全冻结了,用水成为最大的问题。早上,洗漱非常困难,只能跑到饭堂排队打点热水。晚上,宿舍很冷,入睡时即便盖上两张棉被,但到了半夜脚还是没有暖过来。我全身穿上入学时带去的棉袄、棉裤也不能御寒。

教室里更不用说了,晚自习时,寒冷会让人受不了,只得生炉火,否则,是坐不住的。所以,每一间教室的中间都安装有一个炉灶,炉灶的烟管是90度弯曲的,直接通出窗外。每到星期六或星期天,我们全班以组为单位去煤场购买煤块,然后用手推车运到教室旁边,堆成立体状并用防雨布将其盖好。

20世纪60—70年代，城市人生火做饭、取暖全都使用煤气灶，没有电磁炉，更谈不上使用管道燃气。上课前，我们把煤块放到炉灶里，通过通烟管散发热量取暖。一间45～50人的大教室仅靠一个炉灶供暖，坐在离炉灶5米左右尚可，远一点的就不好说了。尽管如此，课间休息，大家仍围着炉灶取暖。当时学校的条件就是这样，每年冬天都一样。

中国人很重视传统春节，一进腊月，人就像陀螺似的转起来。随着"年"一天天临近，"转"的速度也自然而然加快。直到腰酸腿痛，头昏脑涨。年前十天、半月，人心就像钱塘江大潮那样，风起水涌；身子就像地上树叶般到处溜个不停。

1975年春节，我没有回家，只能在学校过年。学校给我们提供了些肉票、米票和面票，让我们这些未能回家的学生也能吃上可口的肉、面、米饭，年三十晚上还吃上了饺子，喝了点酒，甚至还买了鞭炮放。

一场冬雪之后，海大校园的房顶铺上了一层浅浅的白雪，郁郁葱葱的绿化带落上了一层薄薄的细雪，高高的雪松枝叶上积满了洁白的雪，就连高大的悬铃木也被雪花装点成玉树琼枝……积雪使原本高大的雪松、悬铃木的枝干看上去洁白无瑕，更显得威武雄壮。雪不仅给校园增添了几分童话般的色彩，也给百年树木增添了几分顽强不屈的神韵。一树又一树的繁华，一丛又一丛的错落，一场又一场的冬雪，一年又一年的轮回，一年中

冬天校园一角

最后的一季，依然是银装素裹着的百年校园。雪松的清高、白雪的冰洁，给人一种凉莹莹的精神抚慰。这一切都在雪中过滤，在雪中净化，人们的心灵也在雪中得到升华，变得纯洁而美好。雪夹雨疯狂地抽打着世界，万物都隐没在灰色之中。除了喧嚣的雨雪声，还有风的呼啸声，甚至有树木折断的坠落声。这就是北方青岛的冬天，这就是我初入大学时见到的第一场雪。

教室里的炉火，是您帮助我度过最为寒冷的北方冬天。

北方的浅冬，校园的初雪，让我至今难以忘怀！

初 雪

岁及初冬情未了，
夜雪抵晨痕已消。
千山万水都看尽，
还是海大冬雪早！

4. 我的领路人

老师对学生来说，是亲切的朋友、难觅的知己、工作和学习的榜样。

1975年，我进入中国海洋大学学习，这是我人生中的一个转折，也是我人生中的一个新起点。当走进这所大学的第一天，我发现学校的一切都不一样：不一样的口音、不一样的观念、不一样的人生目标。此时的我发现一切都变了，变得如此不可思议！如今，大学生活早已结束，结束得又是那样彻底，感觉真的静悄悄地、轻飘飘地不带走一片云彩。但是，不管怎样，大学时的老师却让我记忆犹新。

大一下学期，我遇到了一位在学习、生活、工作上都给了我许多帮助和鼓励的老师，他就是我们海洋系的侍茂崇老师。侍老师是第一个带领我们开展野外式海上教学的老师。

海上教学是我们整个教学内容的一个重要组成部分，因为海洋科学是

浪声回荡北部湾
Langsheng Huidang Beibuwan
● 我的海洋历程

一门观测科学。物理海洋学专业（当时为海洋水文专业）的学生，要学会使用调查仪器获取现场资料，这是侍老师所强调的，也是每一个学生必须学会的，我们也深感这门课的重要性。我们在他的带领下出海了！在青岛崂山小麦岛、在胶州湾、在东方红调查船上……他教我们怎样使用调查仪器、怎样获取观测资料、怎样克服晕船困难、怎样注意海上安全等。

他说："作为一个学生，应该以学业为重。"他还说："学生要勤于实践和刻苦学习，要学会独立思考和敢于创新，要善于把书本的知识变成工作中的智慧！"

侍老师的这些话至今仍影响着我的生活、学习与工作。我想，这便是智慧。

大学毕业后我被分配到国家海洋局南海分局调查队。1982年，我调到了广西海洋研究所。1998年，我又从广西海洋研究所调往广西科学院。

记得从1983年，侍茂崇老师被聘任为广西海岸带资源综合调查水文专业技术顾问起，他就给予我许多工作上的支持、关心和帮助。

广西当时的交通环境状况很不好，北海与青岛往来的主要交通工具是汽车、火车，往返一次足足要一个星期，即便乘飞机，也要转三四次才能到达，况且我们的"级别"都不够乘飞机，所以，联系方式只有电话了。

1986年，在侍老师的指导下，广西海岸带资源综合调查水文专业率先完成任务，成为广西其他12个专业的样板。1988—2010年，还与侍老师合作完成多个纵、横向项目，在他的指导下取得了多项有突破性的、前人没有做过的研究成果。

采用国际上最为先进的三维斜压湍封闭动力学数值模型对广西近海环流进行更细网格计算和边界条件改造，从实际观测数据和理论计算结果两个方面进行比较，揭示了浅海海域海底地形与环流运动之间的响应关系，合理解释了广西环流的特殊现象及其产生机制。研究成果对广西以往的环流研究结论提出了新的挑战，丰富了浅海区物理海洋学的研究内容。

研究琼州海峡东西向的海水交换，揭示了无论是冬季还是夏季，南海海水总是通过琼州海峡进入北部湾，从而使得北部湾的北部环流结构总是呈现气旋式运动。传统的观念认为：南海与北部湾之间的水交换，冬季在东北风影响下，南海海水通过琼州海峡进入北部湾；夏季在西南风影响下，北部湾水则通过琼州海峡流向南海。对北部湾来说，即"冬进夏出"的收支形式。这一研究成果对传统的结论提出了挑战。

建立包括北仑河径流在内的三维高分辨率非结构网格有限体积潮流与风耦合模式，研究夏季主风向作用下流场分布特征和小尺度涡；用已经取得的流场和风场，计算这个海域波浪场和泥沙分布规律，分析各种涡旋所造成的局部冲刷和淤积区，找出我国一方海岸不断变迁的主要动力因子及其对河口主航道和海岸的再塑作用，为北仑河口综合整治和维护我国领海和领土完整提供基础的理论参数和科学依据。

发现台风影响下广西近海总是先减水后增水。引起广西近海增减水除去台风直接作用外，还有广东沿海陆架波西传的间接作用。西传的陆架波一部分直接穿过琼州海峡进入北部湾，另一部分绕过海南岛以顺时针方向进入北部湾，西传的陆架波使广西沿岸发生很强的西向流。广西沿岸增减水除去台风直接与间接作用外，还有地形的影响及大气重力波的强化作用。

结合广西沿海风暴潮增减水的变化规律及其区域特点，研究风暴潮在狭长港湾传播过程中地形、潮汐、波浪的耦合与变化关系，揭示增减水的变化与台风传入路径、台风半径和地形等因素的响应机制，首次提出广西浅水港湾风暴潮增减水极值的分布、形成与消衰与港湾底形摩擦因子和水体固有振动周期之间的谐振系有关。研究成果为提高广西沿海港湾风暴潮灾害预报精度作出重要贡献。

这些研究贡献不但得到了同行的认可，而且获得国家科研项目的资助。2000年至今，在侍老师的指导下，由我牵头申报的6个国家自然科学基金项目连续获得资助，这在其他地区是少有的。

不知不觉间，从1975年入学第一次见到侍老师迄今已近50年。岁月催人老，侍老师当年还不足40岁，现在老师年纪大了，我也步入了甲子的年轮，这是自然规律。人变了，事物变了，社会也变了，唯独师生情谊没有变，侍老师成为我工作及学习中不能缺少的一部分。长期以来，他以不同

**浪声回荡
北部湾**
Langsheng Huidang
Beibuwan

● 我的海洋历程

的形式影响着我的思想与行事方式，像茫茫大海上的灯塔，指导我沿着正确的方向前行。他知识渊博、思想深刻，却又那么和蔼可亲、平易近人。在我看来，他不仅仅是我的老师，更是我亲密的朋友、难觅的知己、工作和学习的榜样。

50年，弹指一挥间，当年青春年少、意气风发的我而今已是两鬓染霜。在我们相识的那个特殊年份，我依依不舍、无所适从地离开了校园，对前途、人生一无所知，如同大海里的一叶扁舟，漂流着、探索着。在此后的人生道路上，虽然有风浪、险滩，但我都勇敢地应对了，在广西海洋研究工作岗位上跌倒了，爬起来，失败了，从头再来，一路艰难，一路拼搏！我和时代一同走过，见证了广西海洋科学研究事业从无到有，从小到大，一天天发展壮大，以及每一位同学成长的点点滴滴。

50年，我没有虚度年华，也不敢碌碌无为，在不同的岗位上尽心尽力、勤勤恳恳，在风光无限的社会大课堂里贡献了自己的青春力量，为广西海洋科学研究事业默默奉献，先是领导广西海洋研究所前行，指导广西科学院海洋科学研究工作，创建了广西北部湾海洋研究中心、广西近海海洋环境科学重点实验室，立项申建"广西防城港海洋生态环境保护试验基地"获得批准，从无到有，从小到大，一路走来，问心无愧！这一切要归功于各级领导的支持、同事们的帮助、老师的教导！

走过人生的清晨朝阳和正午艳阳之后的我，现已走入午后的斜阳，也更加真切地感到岁月如乌飞兔走、白驹过隙，人生如露亦如电，更加珍惜我与老师共同拥有的美好时光，回想起老师对我关爱的点点滴滴……

时光流逝，岁月匆匆，如今，几十年过去了，我对

● 我与老师一起交流

过往的点滴仍念念不忘!

最后,赋诗一首感恩老师,祝老师身体健康、晚年幸福!

师恩难忘,难忘恩师!

感谢老师,一路上有您!
在人生的道路上,是您为我点燃了一盏最明亮的灯;
在茫茫的人海中,是您为我指明了前进的方向。
无论我走到哪儿、走向何方,
您的话语、您的慈祥永远不会忘记。
您像茫茫大海上的灯塔,您像漫漫征程中的领路人。
时刻用您闪光的身躯为我指引前进的航程,
您从大学课堂开始给我传授海洋知识,
教我如何学会探寻海洋科学的奥秘,
走出社会您又用实践的经历给我身教,
鼓起我弄潮的力量做敢去击浪的勇士,
您呕心沥血不计名利为我付出全部。
如今,岁月的霜雪已染白您的双鬓,
但您的心中依然是春的青绿,
如今,您的桃李已遍布祖国海疆万里,
但您的脚步依然向着大海前行。
祖国的海洋事业有了您而无比的骄傲,
我也因为遇到您这位恩师而无比的幸福,
四十多年来在您的教导下我才没有迷失方向;
四十多年来在您的关怀下我才能顺利实现理想。
感激之余,无言可答,让远在异地他乡的我,
送上一句祝福:老师您永远健康!
感谢老师,一路上有您!

5. 海岛实习

青岛市崂山区小麦岛，是我们学校海洋系物理海洋学专业毕业学生的实习基地，每一届学生的理论课上完后都要组织到这个小海岛进行调查仪器使用练习、海上观测、资料数据整理分析，以及克服晕船训练和海上安全教学等。我们这届学生，从大三第二学期开始就分批轮换到青岛市崂山区小麦岛实习，每一批为1~1.5个月。

按系里规定，1978年暑假前是我们年级"海洋基本技能训练"时间，在短短30~40天时间内，每个人必须学会摇橹、驶帆、荡桨和游泳。也就是说，海洋系的学生必须掌握当时所有最基本的交通工具操作方法和求生本领。

小麦岛宛若一枚绿宝石，镶嵌在青岛东部海岸线上。海中的小岛由一条栈道与市区相接。在20世纪70年代前，小麦岛一直处于"闲置"状态，岛上一片荒凉，只有一个实验站、一个观测站及几户散居的渔民。岛上除了交通不便之外，淡水供给也非常困难。但就是这个小海岛却承接了海大物理海洋学专业毕业生的海上实习训练任务，我们这一届也不例外。负责我们海上实习训练的是侍茂崇老师。

中国海洋大学著名物理海洋学家赫崇本先生哲学思想深邃，在他的潜意识里，水是动态的，灵、动、柔、变，可以为善也可以为恶，难以追随，深不可测。因此他常说，搞海洋的人，就是四海为家，海上什么情况都有可能发生，多一种本领，就会多一条生路。按照他的思路，在这之前，我们已经在课堂上学习了航海基本知识，使用六分仪进行天文定位、地文定位，记住摩斯电码，特别是"SOS"求救信号，只要轻轻敲打电键，第一组信息就是它；对两船交谈的"旗语"我们也略知一二，只可惜后来不用，已经忘得一干二净。套用现在的话，我们是海洋系的"海军陆战队"，只是没有十八般兵器的训练罢了。

◎ 20世纪70年代末青岛崂山小麦岛

摇橹，橹是中国人发明的一种极其高效的小船推进工具，通常安装于船尾。橹的上端是圆木，可以用手握住，且有铁环系于橹绳上；橹的下端呈薄薄的桨叶状，但比船桨长且大；中间有一凹洞，反扣在船尾一个高约10厘米、直径1.5厘米的圆头铁钉上，用它支撑，可以将橹左右摆动。教我们摇橹的是几位渔民，有5条舢板供我们练习。开始，我们觉得摇橹是简单活，可是一上手，橹就从铁钉上滑脱，若不是有橹绳拖住，橹早已随水而去。我领会得还算较快，因为小时候接触过，后来通过不断实践，总结出一套经验："前腿弓，后腿绷，左手摇，右手送，桨叶入水六十度"。一天下来，左手磨起泡，腰也酸，腿也痛，但是，最终还是掌握了这项技术。意想不到的是，1983年后，在进行广西海岸带资源综合调查时，这项技能竟用上了。

荡桨，则比摇橹更复杂一些。每天上午8时，我们列队来到小麦岛旁边的小码头，由一位来自第一海水浴场的师傅指导，用一条舢板摇着橹将我们送上停在外面的三条较大的荡桨舢板，每条舢板左右两边人数相等，我们分别坐在与船体走向相垂直的横板上。师傅向我们讲解荡桨要领后，一声令下，左右桨叶齐动，练习开始。

驶帆，是另外新增的一项训练。驶帆的船更大一些，主帆在中间，船头还有一个小帆，可以用来调整船的走向。船驶八面风，根据不同风向，使用帆索调整主帆。和其他训练项目相比，驶帆最为轻松，有风代劳，船只轻轻犁过海面。看海天一色，舟行云飞，心旷神怡。

一天正在练习，天边飘来大片乌云，乌云下边则是白练一样的水汽，显然一场暴风雨要不期而至。老师指挥我们尽快回岛，由荡桨师傅再用舢板送我们到岸上。我们刚一上岸，狂风大作，倾盆大雨自天而降，天空不时划过一道犹如火蛇般的闪电，天地一切成为混沌。我们二十几个人全变成落汤鸡！可是当我们回到岛上到达宿舍时，风渐渐停息，天上大片大片被暴风雨洗褪了色的灰云向西方席卷而去，蔚蓝色的苍穹重新显现。

1978年5月，为期30多天的崂山小麦岛实习顺利结束了，我收获颇丰，学会了使用观测仪器以及摇橹、荡桨等技能，所学到的东西，在后来的工作中都派上了用场。

二、学成奔南国

远方的路

前方的旅程，

未知坎坷跌撞；

迎面赶来的海风，

不畏前路，不馁于行；

去建设我爱的海洋。

拨开教室红瓦绿树，

走出校园幽闭小巷，

告别朝夕同窗校友，

踏着海浪走向远方。

1. 南海科考见闻

1979年下半年，从各个学校分配到国家海洋局南海分局调查队的学生有10多人。当时的国家海洋局为海军代管单位，大部分为现役军人，只有极少数为大学毕业生，我就是这极少数毕业生中的一个。刚到南海分局时，我们这批学生主要参加为期近两个月的军事训练。11月初，我被分配到南海分局海洋调查队水文气象分队。该分队是调查队主要专业分队，全队27人，除我之外，全部为现役军人。说实话，刚开始很不适应，每天早早起来出操跑步，晚上还要轮岗放哨，全部按军人管理。不过，调查队的伙食很好，每天白面包子，一个月伙食费还用不到10元钱，比我在青岛上学时，一个月只有5斤大米和5斤白面，其余全为粗粮好得多。刚来调查队时，领导分配给我的工作是负责给新兵进行专业培训，几乎每天都要上课，与我在中学时任教师工作略同。课程是按水文、气象、地质、化学、测量等不同的海上调查专业需要设置的，分批轮训3个月，经测试合格后分配到所属的调查队各专业分队。

1980年初，我开始随队出海调查。南海分局海洋调查队负责我国南海北部断面调查，每两个月出海一次。范围从东至广东汕头，西至湛江、海南岛，最远到西沙永兴岛附近海域，调查海域水深最大达400米。我们乘坐的是中国海洋科考船向阳红5号，该船是从荷兰购进改装的，是当时我国最大、最好的专业科考船。船上不仅配套实验室、工作室、休息室，还有半个篮球活动场，可想船的吨位有多大了。

海洋调查是一项最基本、最平常的工作，只有到海上现场观测调查才能获取第一手资料。这一课我们在大学二年级时就开始接触了。大学三年级时我们在青岛崂山小麦岛进行为期30多天的海岛实习，几乎每天都要出海调查观测获取资料数据。

在近两年的调查中，我随队出海调查6次，有时从广东汕头至湛江，有时从珠江口至湛江，最远的一次到我国南海西沙永兴岛。凡是去过的地方总能找到一些回忆，不管是看到的或者是听说的。

记得第一次到海南岛调查时，我们的船停靠在大洲岛附近，那是1980年9月下旬，恰逢这一年中秋佳节与国庆日临近。晚上我们在岛上赏明月，即有明月伴我海岛游，顿生天涯思故乡的感觉。当看到一轮明月缓缓升起之际，正是国庆日即将到来之时。每年赏月的地点很多，但在海岛上赏月则别具诗意，可在浪涛的韵律里，寻找遗失的过去和激情；还有在海南岛的文昌浅滩附近看红树林。红树林在这里的海滩上绵延50千米，形成一种特殊的自然景观。涨潮时分，远观红树，树干被潮水淹没，只露出翠绿的树冠随波荡漾，成为壮观的"海上森林"，有水鸟展翅其间；退潮时分，近观红树，树干弯曲，地根交错，如龙如蟒，千姿百态，离奇古怪。

浪声回荡北部湾
Langsheng Huidang Beibuwan

● 我的海洋历程

树顶上，点缀着一簇簇白的、紫的、蓝的小花朵，在阳光辉映下格外绚丽多彩；还有在雷州半岛徐闻海康沿海城镇集市上，看到的人间珍品，如美女鲍、海龟、玳瑁……但所有这些，都美不过我国南海西沙群岛的岛屿，只要你去过了，就能见到我国南海之壮观，就能体会到海洋疆土之辽阔。

在距离海南岛330多千米的东南海面上，有一片岛屿像莲花浮于万顷碧波之中，那就是令人向往而又充满神秘色彩的西沙群岛。它由永乐群岛和宣德群岛组成，永兴岛是西沙群岛中的最大岛屿。这片大大小小的珊瑚岛屿群漂浮在50多万平方千米的海域上，是南海航行必经之路。岛的西面有一个港湾，三面围起，只有一面通海，可供渔船停泊。

我们的调查船停靠在离永兴岛大约200米远的地方，由于水浅，我们只能乘坐小艇登陆永兴岛。4月，是南海春夏季风交换的季节，海面风浪不大，我们同行的几个人在船舶政委的同意下，由专业技术员开着小艇安全送到岛上。

永兴岛面积3.08平方千米（含石岛），光洁、整齐的码头上耸立着一座面海而立的大碑，上刻"中国南海诸岛工程纪念碑"。碑为大理石，文字为楷书。碑向海一面，是一幅南海诸岛以及我国海域范围的地图，用笔

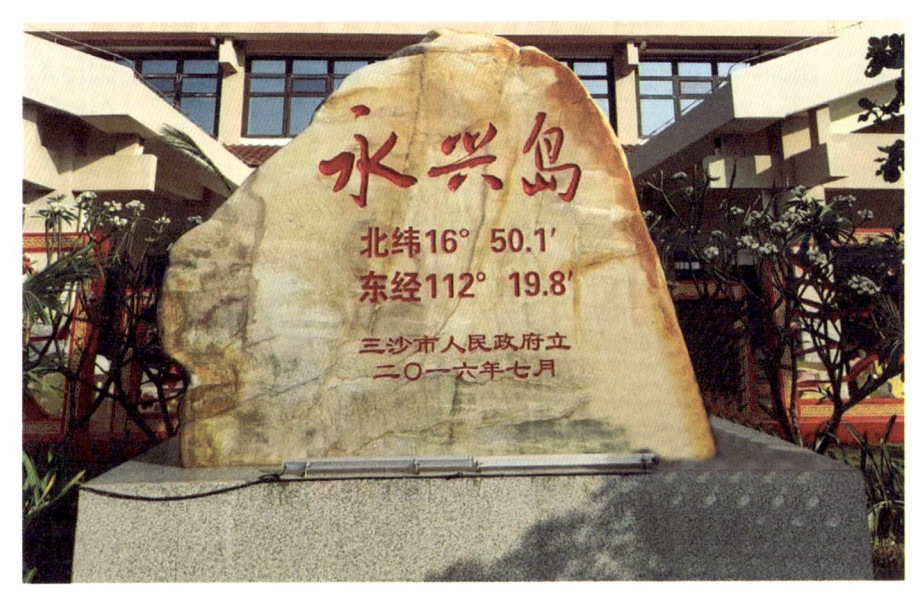

🎧 西沙永兴岛（图片由姜发军博士提供）

绘于砖上，经烧瓷而成，古朴典雅，雍容大方。

永兴岛东北部的石岛，原来与本岛之间被浅水隔开，现在已经通过筑坝相连。这里怪石嶙峋，杂草横生，山不高却崎岖难行。由于浪的剥蚀，峭壁上布满空洞，白浪涌来，轰然雷鸣。山上有一石碑，上刻"中国西沙石岛"，并附有一张中国地图。面海峭壁处凿刻着"祖国万岁"四个大字。

永兴岛上有一个村庄叫永兴村，村民大多是从海南岛来这里捕鱼的渔民，有近100人；岛上设有海洋观测站，开展潮汐、波浪、气象等常年观测；岛内还建有一个渔港码头。永兴岛的房子大都是一层，极少二层。道路的两旁几乎都是渔网，或贝壳、珊瑚等。岛上最为耀眼的、引人注目的那就是高高飘扬的五星红旗。

珊瑚礁，是永兴岛最具特色的海洋植物资源之一。珊瑚礁是崇尚暴力的世界。在珊瑚的世界，领地是一种财富，没有领地，就没有食物，就会失去家园，失去保护。红色珊瑚被称为"上帝流在地上的血"，人们不惜将几十万年才长成的珊瑚切成块卖出去，以前的奇景变为历史。

永兴岛丛生盔形珊瑚

2012年6月21日，国务院批准设立海南省三沙市，它是我国位置最南的一个地级市，管辖西沙、中沙和南沙群岛的岛礁及其海域。三沙市人民政府所在地是永兴岛。随着设市建设发展，三沙市人民政府所在地永兴岛已不再是当年的模样，岛上设有学校、医院、金融（机构）、邮电（设施）、通信（设施）、机场，以及建有港口、环岛公路等交通配套设施等。据说，现在永兴岛上人来人往，已非同往日。

日落来临，我们返回了船上。这时，太阳慢慢沉到水中，海面上铺满一层薄雾，似烟非烟，似云非云，随着阵阵微风飘散开来。斜跨西天的残阳就要落下，满天飘逸的彩云依然恋恋不舍地留在曾经被她装扮过的天空。不久，夜幕慢慢拉上，天边只剩下一抹衰色，永兴岛的珊瑚也随着日落慢慢收入眼底。

时间的车轮已走过40几年，至今，我还能回忆起在永兴岛所看到的珊瑚，那是我国南海疆土资源的一种象征。我国要维护南海领土主权和海洋权益，只有通过增强综合国力来应对南海问题。

南海地处世界的地缘枢纽，是中国、日本、韩国和东盟各国的海上生命线，承载着全世界一半以上的海上天然气运输量和约1/3的原油运输量；韩国约66%、日本约60%的能源供应，也需要经过南海航线进口。目前，我国石油的对外依赖度已经超过50%；2030年，预计这一比例将超过80%，其中78%需要经由马六甲海峡和南海一线运输。南海以及西沙群岛附近的岛屿，不仅是我国南海前沿的重要导航标志，更是捍卫我国南海领土主权的象征。一直以来，西沙群岛、南沙群岛像守护在南海疆土的忠诚卫士，一直守望祖国南海，倾听温馨的海风，眺望欢笑的浪花，同时，又见证狰狞的波涛、演绎的历史。

2. 逐梦北部湾

1982年1月，我从国家海洋局南海分局海洋调查队调回广西海洋研究所工作。此时，全国海岸带和海涂资源综合调查正在全面展开，广西也在开始筹备。1983年，广西海岸带和海涂资源综合调查正式拉开帷幕。

广西海洋研究所坐落在广西北海，于1978年成立。我初到广西海洋研究所报到时，研究所还没有大门，也没有围墙，四周敞开着，从远处看很像是一座"小山庄"，只有三栋四层高的平板房，其中一栋是办公室，两栋是宿舍，厨房是平顶瓦房结构。我从北海汽车站走出来经过一段黄泥路才到广西海洋研究所，没有车只能徒步，我还记得，当地人称这条路为"马栏路"。我惊讶地了解到，北海是古代海上丝绸之路的重要始发港、国家历史文化名城，素有"北部湾中心海滨城市"之称。以前只是听别人说过，并未来过，当我见过后，现实中的北海市与我印象中的北海市反差太大了，更不能与我原先的工作单位国家海洋局南海分局相比了，办公、住宿条件都非常简陋，吃饭还是在露天餐厅吃。就是在这种环境条件下，广西海洋研究所开始海岸带资源综合调查前期准备工作，组织领导该项工作的是广西科学院副院长卢传义，他是一位"老革命"，虽然不是专业人员，但责任心很强，我们的工作就是在他的领导下开展的。

刚成立的广西海洋研究所，在无人员、无仪器设备、无实验室的"三无"情况下，开始承担国家下达的广西海岸带和海涂资源综合调查等任务，我不敢去想，更不敢去做。所以，在对广西海岸带和海涂资源综合调查进行了气候、水文、地质、地貌、土壤、土地利用、海化、浮游生物、潮间带生物、底栖生物、游泳生物、林业、植被、环境保护、测绘、社会经济等16个专业分组后，竟有6个专业不得不采取"外包"办法。此时的我才真正理解什么叫作"从零开始"。我被任命为广西海岸带和海涂资源综合调查水文专业组组长。1982年主要是进行调查仪器设备准备、人员招聘培训等，1983年春季开展了第一个航次的海上调查。水文专业调查既有大面多站点取样，也有海流周日连续观测，任务非常重。

"大海，无风时，像一块碧玉，要怎么透明就怎么透明。海面上有缕缕水汽腾起，远处船只都如同蜃景般缥缈迷离；然而，在阴晦的天气，海就像一块铅，要怎么沉重就怎么沉重。小风吹起涟漪，阳光照耀海面闪现出一片耀目的辉煌；大风天气，怒涛跌宕，海就成了一只面目狰狞的野兽，没有铁的意志和强健的体魄，绝不敢和它较量。"这是我的老师——侍茂崇教授形容大海的一段话。北部湾虽不是大洋大海（它位于大陆棚内，平均深度为46米，属于大陆架上的一个浅海湾，水下地形平坦，最大水深不超过100米），但台风天气时常发生，尤其是整个夏季，对出海调查极为不利。我们靠广西北海海洋渔业总公司划拨给广西海洋研究所的2艘渔船，出海战风浪、完成取样调查任务，这就是当时的工作条件。

广西海岸带和海涂资源综合调查虽在近海，水深范围为0~25米，与我在国家海洋局南海分局工作时调查的范围（东至广东汕头，西至海南岛，南至西沙）相差很大，但广西海岸带和海涂资源综合调查使用的是渔船，吨位小，抗风能力差，而国家海洋局南海分局调查队使用的是国家向阳红5号，不可比，也不能比。当时，就是凭着初生牛犊不怕虎的精神，

浪声回荡北部湾
Langsheng Huidang
Beibuwan

● 我的海洋历程

我们的海上调查工作从1983年初开始至1984年底结束，完成了一周年四个季度代表月的多站点大面调查，以及夏、冬季两个代表月海流周日连续观测任务，范围为东至与广东省接壤的英罗港，西至与越南交界的北仑河口，海岸线全长1595千米，滩涂面积1005千米，20米水深以内的浅海面积6488.31平方千米。广西海岸带和海涂资源综合调查，是自1962年中越北部湾合作调查以来，时隔20年我国组织的第一次北部湾近海多学科、多专业、多部门参与的综合性调查，开创了广西海洋资源公益调查的先河。该项调查成果获广西壮族自治区人民政府1988年度科技进步一等奖。

1988年初，广西海洋研究所领导班子调整，由广西科学院副院长陈震宇兼任所长，贺根生和我为副所长；1989年，陈震宇副院长不再兼任所长；1990年后，贺根生同志调离广西海洋研究所，由我任所长主持全面工作，童万平、黄世耿为副所长。1988—1998年10年间，在广西科学院直接领导下，广西海洋研究所广大科技人员不依、不靠、不等，克服基础差、底子薄等困难，通过争取上级的支持和全体科技人员的努力，完成了北海古城海水养殖基地（180亩）、职工住宅楼（90栋）、办公实验科研楼（2栋）建设，所内38亩土地征用，以及一批临街铺面建设任务，实现了广西

🎧 20世纪80年代租用海岸带和海涂资源调查船

广西海洋研究所海水增养殖试验基地

海洋研究所完整化的管理，为其后来的发展奠定了坚实的基础。

1991年12月，在陈震宇副院长的指导下，通过积极努力争取，广西壮族自治区人民政府批准在广西海洋研究所增挂"广西红树林研究中心"牌子。2002年10月，广西科研院所实行分类改革，广西海洋研究所转制为科技型企业。为了学科发展需要，从广西海洋研究所162名事业编制中保留32名转入广西红树林研究中心，从此，广西红树林研究中心成为独立法人单位。"筑巢引凤"聚人才，围绕红树林生态学研究，引进了范航清、梁士楚、何斌源等多名生态学领域的博士。至1996年，广西海洋研究所科技队伍迅速加强，全所人员增加至近160人，是广西海洋科研力量最强、学科最全、人员最多的科研单位。王爱民、陈晓汉、阎冰、叶力、毛勇、李永华等一批年轻的博士、硕士成为各学科研究的领军人物。在此期间，广西海洋研究所牵头组织完成了国家下达的广西海岛综合调查、广西海湾综合调查、省际及县际海域划界（广西部分）等任务，受到国家海洋局高度赞扬；与国内20多个院所建立了合作研究关系；研发了多个有示范推广、产生经济效益的海水养殖新品种，并形成规模化生产，如：斑节对虾、长毛对虾、中华乌塘鳢、海马等。通过建立集育苗、中培、养殖示范于一体，设施完善的北海古城海水增养殖试验基地，服务于北海、钦州、防城港及广东湛江沿海海水养殖业，取得了显著效益，为广西海水养殖业发展作出了重要贡献。

本人有幸参与了这些工作并亲身经历了海洋在此时期的发展变化，有感前行路上之不易。回想起自己的这段工作历程，可以用下面一首诗来形容。

风雨前行海洋路

海洋是美丽的，也是神秘的，
但我更爱它的美丽，因为它有千姿百态的海水。
童年时的我对海并不陌生，因为我生在偏僻的海边，
但我小时候认识的海，并不比我工作时认识的海美，
因为这里不但有阳光、沙滩、海水、海天一色的山庄，
还有自然的风光、夏日的海风、助我事业发展的平台。
我爱这里的风和日丽，更爱它的云飞雾卷，
浪的咆哮，是奔腾的号角，
风的吹刮，可以鼓起心的征帆。
是大海给予我力量、勇气和起飞的翅膀，
是大海给予我实现求学追求的最初梦想。
我与大海有着难以舍去的不解之缘，
我走过的海洋路有过艰辛，也有过欢笑，
都已成为过去，对未来我满怀憧憬和希望，
也许我未来的海洋路上会有激流或险滩，
我也知道我要前行的海洋路才刚刚开始，
但我要像前人一样，不忘自己溯本求源的科学追求，
在北部湾这块海域上继续独领风骚二十年、三十年……
让我用一颗赤子之心，去建设广西海洋事业更加美好的明天！
让它跟上海洋强国建设的步伐，一同进入21世纪海洋新时代！

三、追梦不止

1. 追梦前行

1998年5月，我调往广西科学院任副院长，分管全院海洋科研工作。工作岗位、工作环境变了。我刚来广西科学院时，工作环境很差，在南宁市江南区邕江边的一个小区内（占地面积不足1000平方米），只有一栋约400平

我在美国夏威夷海岸

方米的办公楼和两栋宿舍楼。居住尚可，科研工作就不好说了。2004年，租用广西计算中心位于南宁市星湖路32号办公区内的二层楼办公。2006年，广西壮族自治区人民政府支持广西科学院在大岭路98号建起了一栋高16层、面积约2万平方米的科研、办公综合楼，结束了广西科学院1980年建院以来没有科研、办公大楼的历史。但此时广西科学院所属的广西海洋研究所、广西计算中心、广西科学院生物研究所、广西科学院应用物理研究所，已于2002年由公益事业类科研所转为技术开发类科技型企业，广西科学院对其只是履行代管责任。2009年，根据学科发展的需要，陆续组建广西科学院生物科学与技术研究中心、广西东盟海洋研究中心、广西生物物理与环境科学研究中心等研究部门。

"十二五"期间，以"国家非粮生物质能源工程技术研究中心"（2012年）、"特色生物能源国家地方联合工程研究中心"（2013年）和

"非粮生物质酶解国家重点实验室"3个国家级科研创新平台的筹建为标志,并于2016年被科技部授予"国际科技合作基地"。2012年广西壮族自治区机构编制委员会(桂编〔2012〕221号)批准成立"广西北部湾海洋研究中心",使广西科学院得到了较快发展。

批准成立"广西北部湾海洋研究中心"文件

虽然经过以上三个时期的建设、调整、发展,但广西科学院仍存在发展瓶颈,主要表现在如下几个方面:

一是体量小,创新能力有限。广西科学院从成立之日起科研队伍体量就小。2002年,全院只有340名科研人员,主要分布在植物学、海洋科学、生物技术三大领域,虽然这三大领域也是广西科学院的优势学科,但海洋科学与生物技术的研究人员不足100人;其中生物科学与技术研究中心支撑了2个国家工程中心和1个国家重点实验室,科研力量明显不足。

二是院所转制,人才流失严重。2002年,广西海洋研究所、广西科学院生物研究所、广西科学院应用物理研究所、广西计算中心转制为科技型企业,致使这4个单位的科研人才严重流失,人才引进困难,创新能力不足。

三是技术研发能力差,缺乏市场竞争力。广西科学院转制研究单位人员大多是从事基础研究或应用基础研究的专业人员,2002年转制后,由于不适应也不擅长自己去市场找饭吃,一批研究人员流失;少数能适应市场的人员,则辞职自办公司。留下的一部分人员,基本是靠争取申报科研项目进行研究,研发新技术的能力不强,缺乏市场竞争力。

海洋科学是广西科学院三大优势学科之一。1998年,广西海洋研究所人员已经发展到160人,成为广西唯一从事海洋科学研究的单位,在广西壮族自治区内外同行中具有很高的地位,为国家和广西完成北部湾海洋公益性调查任务及促进地方海洋经济发展作出了重要贡献。2002年转制为企业后,广西海洋研究所主要研究人员不足50人,大部分专业人员流失,一批学科骨干调离广西,尤其是从事基础研究和应用基础研究的专业人员。除海水养殖外,其余如环境、资源、渔业、加工等相关领域由于人员流失已不复存在。为了稳住广西科学院海洋科学优势领域主要研究力量,必须进行重新布局,依托广西科学院这个平台尽快组建新的海洋研究中心、实验室,引进一批广西海洋科技型研究人才。

古人云:"志不立,天下无可成之事……志不立,如无舵之舟,无衔之马。"选好方向,确立目标,不再犹豫,从零开始,利用广西科学院这个平台,争取更大支持,重新组建一支海洋科技队伍,为广西海洋研究事业振兴贡献一份力量,就是我立下的志向和目标。2005年,在时任广西科学院院长、广西壮族自治区政协副主席黄日波的大力支持下,以及各处室领导的帮助和配合下,由我和何碧娟处长牵头组建广西东盟海洋研究中心,此时完全处于无人员、无实验室、无仪器设备的"三无"状况,没有其他办法,只能从一点一滴做起。2006年,在广西壮族自治区人民政府支持下,广西科学院在南宁市高新区大岭路98号建起了一栋高16层、面积约2万平方米的科研实验大楼。2007年,院工作场所移至新建大楼,办公、实验条件得到了彻底改善。广西东盟海洋研究中心也开始了对外招聘

🔹 广西东盟海洋研究中心取得"国家海洋计量认证合格机构"资质

浪声回荡
北部湾
Langsheng Huidang
Beibuwan

● 我的海洋历程

海洋科技人员和购置实验室仪器设备等工作，并于2008年取得了"国家海洋计量认证合格机构"资质和"国家海域使用论证"资质。2009年，该中心的实验室、仪器设备、人员等构架基本形成。有了这个基础后，我们按照"有所为有所不为"的定位，重点在海洋动力学、海洋环境学、海洋生物学等建立相关的实验室，围绕着广西海洋环境保护与资源利用领域逐步展开科学研究。2010年，该中心拥有了"广西近海海洋环境科学重点实验室"。2011年，以广西东盟海洋研究中心为载体，向广西壮族自治区人民政府提出申请成立"广西北部湾海洋研究中心"，2012年，获广西壮族自治区机构编制委员会（桂编〔2012〕221号）批准成立，定为广西科学院内设的正处级事业单位，主要职责是开展海洋环境学、海洋动力学、海洋生物学等理论和应用技术方面的研究；2016年，广西壮族自治区科学技术厅批准成立"广西海洋天然产物与组合生物合成化学重点实验室"；2017年，广西壮族自治区发展和改革委员会（桂发改投资〔2017〕989号）批准建设"广西防城港海洋生态环境保护试验基地"。

● 获批准省级重点实验室

● 批准建设"广西防城港海洋生态环境保护试验基地"文件

功夫不负有心人，短短10年时间，中心的发展几乎一年一个台阶。至此，广西北部湾海洋研究中心拥有2个省级海洋重点实验室科研平台、1个试验基地（在建）、"国家海洋计量认证合格机构"资质和"国家海域使用论证"资质。广西北部湾海洋研究中心从无到有、逐步发展，今天已成为广西一支不可替代的海洋科研力量，现有科研人员30多人，其中博士16人，硕士10人。一批年轻的博士，如李谊纯、王一兵、高程海、高劲松、姜发军、李鹏飞、屈啸声等，成为各学科的学术带头人；多名年轻的硕士，如董德信、许铭本、覃仙玲、朱冬琳、牙韩争等深造获博士学位，成为各学科的中坚力量。研究人员涉及物理海洋学、海洋环境学、海洋生物学、海洋微生物学等专业。实验室面积约2300平方米，仪器设备价值2500多万元。

2014年5月，因年龄因素，我不再担任广西科学院副院长行政领导职务；2016年6月，不再承担广西北部湾海洋研究中心行政管理工作。从行政领导管理岗位退下来，不但身份在转换，工作也在改变，行政管理工作少了，业务研究时间多了，有更多的时间来做自己专业上力所能及的工作。现在我只负责广西近海海洋环境科学重点实验室的工作。省级重点实验室的主要任务，就是围绕实验室的方向开展学科领域研究，完成管理部门下达的年度科研指标和任务，为地方经济社会发展多出成果、多出人才。

说实话，从领导到普通科技人员的转变还是有很多感触的。我从进入大学至今已48年，毕业参加工作后，1/3的时间从事科研工作，曾到上海水产大学、中国海洋大学学习专业基础理论知识，这使我的业务水平和科研能力有了很大的提高；2/3的时间从事科研单位行政管理工作，偶尔承担一些科研项目任务也是利用日常行政管理工作间隙，真正投入科研的时间少之又少。在担任行政领导期间，上级领导、单位广大科技人员对我的工作给予了大力支持和信任，让我在行政管理这个岗位上学到了许多新的知识，也让我有机会走访美国、德国、法国、英国、比利时、土耳其、韩国、越南等国家，了解国外同行许多先进的管理理念，开阔了工作视野，启发性的收获不少。同时，在从事行政管理工作的2/3时间中，一起共事的

**浪声回荡
北部湾**
Langsheng Huidang
Beibuwan

● 我的海洋历程

几位领导让我受益匪浅。

先是时任广西壮族自治区政协副主席陈震宇，1988年他兼任广西海洋研究所所长（时任广西科学院副院长），贺根生同志和我为副所长。陈震宇副院长是广西海洋界老一辈科学家的代表，是他的培养和举荐，才让我有机会走上海洋研究所领导岗位。后是时任自治区人民政府副主席黄日波，2000年，他兼任广西科学院院长，在他的领导下，广西科学院迎来了最好的发展期，"十二五"期间，"国家非粮生物质能源工程技术研究中心""特色生物能源国家地方联合工程研究中心""非粮生物质酶解国家重点实验室"3个国家级科研创新平台挂牌成立，作为一个地方省级科学院是少有的。广西科学院优势学科之一的海洋科学也得到较快发展，这些都是黄日波院长及他所领导的团队努力拼搏、团结一致的结果，当然也离不开广西壮族自治区党委、政府的正确领导和大力支持，以及全院广大科技人员的同心协力。2013年，黄日波不再兼任广西科学院院长，由院党组书记钟夏平同志兼任院长。他为人正直，处事公正，心地善良，办事灵活，给每一个科技人员营造了更加广阔的空间和舒展才华的舞台，使广西科学院的发展更加稳步推进。此外，还有广西科学院各处室一批积极支持我开展工作的中层领导，如何碧娟、毛卫华、高崇敏、彭元、黎贞崇、邓大玉、刘晖等，正因为有了以上这些好领导和全院广大科技人员的努力，广西科学院科研事业得到更好的传承，我作为一个普通的科技人员也深感广西科学院这个平台的重要，是它给予了我好的运气，让我遇到了这些好的领导和众多的科技人员；是它给予了我更大的力量，让我有勇气战胜工作中的种种困难；是它给予了我谋事的空间，让我有机会在工作实践中增长本事。广西科学院这个平台培养了我、造就了我。未来，我将继续为广西科学院的发展贡献微薄力量，为

● 我走访美国

广西海洋科研事业发光发热,培养和组织更强的海洋科研团队,沿着未来的海洋路继续前行!

前行,永不止步!

时光流逝,岁月匆匆,五十年光阴已过,
我走过了人生的正午艳阳,走入了午后的斜阳。
岁月如乌飞兔走、白驹过隙,人生如露亦如电,
回想起我在前行海洋路上所做的点点滴滴,
如同梦一样,留给我的是一路上永不停止的脚步,
那就是不畏艰难,继续前行,投身于北部湾海洋事业。
其心若愚,其情可悯!

2. 海洋梦长留

大海

水是人类的母亲,人类起源于大海。
水是生命的本源,所有生物靠水繁衍。
天上的雾霭、极地的雪原、岩峰的冰川,都是水的化身。
水看似无形,其实它深不见底;
水看似无色,其实它千姿百态。
我爱大海里的海水,因为它有日出的瑰丽、磅礴的气势。
大海,她是中华民族的象征。
大海,她有容纳百川的胸怀。
大海,她有愿为人类作出奉献的精神。
我从小生活在海边,曾听说许多关于大海的神奇故事,
青年时进入海洋学府深造,立下投身海洋事业的最初梦想。
五十年栉风沐雨,五十年耕耘不辍,

浪声回荡北部湾
Langsheng Huidang Beibuwan

● 我的海洋历程

是大海给予我舞台，为我提供施展才华的场所；

是大海给予我力量，让我迈出永不停止的脚步；

是大海给予我勇气，为我树立战胜困难的信心；

是大海赋予我一切，为我扬起事业成功的风帆；

我愿成为大海中的一颗水珠，永远融入中华民族的大海，

继续奋斗在祖国海洋事业的明天！

搞"海洋"，真是一个梦幻职业。

我第一次见到大海是1975年8月，那是一个晚上，风很大，黑色的海水从我脚下向远方铺开，海水低沉而有力地嘶鸣着，哗哗地拍打着我脚下的堤岸。停泊在岸边的游艇，在波浪的推动下，有节奏地偃仰起伏。我第一次知道世界上有一样东西这么有力，这么雄壮，这么宽阔。我家在广西沿海的一个渔村，小时候的我几乎每天都能看到海，但那里的海是内湾、内海，只有海水周而复始的节律运动。

8月的夜晚是温热的，避暑的人群携儿带女，奔向海滨，如同暴风雨前搬家的蚁群。只有少数老人悠闲地在梧桐树下散漫地行走着。海鸥，似一缕青烟从容飘落在浩茫海面上，双翼似浮圈支持着身体，趾蹼轻巧地划着海水，随着波涛上下起伏。

◯ 海大秋色

🎧 青岛栈桥远景

当时青岛还是一个不大城市，有几十万人口，但是，男的洒脱，女的秀媚。上百条街道两旁树大茎壮、罗植成行的法国梧桐树，是青岛市一大景色。它们大都是民国年间的产物，大道因势起伏，树木因路而异。每年入秋，积攒一地的橙黄，将大地译成金色的语言。习习生风，熠熠闪耀，让银杏留在这如画的秋色。抬头是暖暖的秋阳，低头是厚厚的秋黄。涉足一条条人迹罕至的小径，一草一木演绎着诗意风流。别有梧桐照疏影，莫道不知秋的感觉；中西合璧的别墅群，是青岛市区的一个历史表征。这里荟萃了20多个国家不同建筑风格的建筑，有希腊罗马柱廊式、西欧的哥特式、意大利的巴洛克、欧洲的古堡式以及法国的摩登主义建筑等。

远处的大海，安安静静透出隐隐的蓝，蓝得那么清澈、那么深沉。

栈桥位于青岛南部，像一条长拳搭在海面，建于1891年，长440米，桥头有民族风格的八角亭，名"回澜阁"。对面的小青岛，树木葱郁，中有白塔，高15.5米，每当夜幕降临，塔上就闪闪烁烁亮起灯。

青岛就是一个海滨公园，一步一景，百看不厌，几天几夜没有睡觉的

浪声回荡北部湾
Langsheng Huidang Beibuwan

● 我的海洋历程

倦慵苍白，顿时光鲜宜人。

人的路在陆地，船的路在海上，鸟的路在天空。

长期生活在小海边，山挡住了视线，走出后才见到了真正的大海，方知我原来居住的地方不是海而是湾，是一个有潮水节律的内湾。大海轻轻地拍打礁石，发出"哗！哗！"的低吟，这是来自海洋深处的絮语，这是发自肺腑的深沉的欢迎。

我拾起一只贝壳，白白的、粗糙的表面，我想它可能拥有与大海一样久远的历史，它是海的精灵，是海的灵魂。

阳光下一只油漆斑驳的小渔舟，靠在码头边，老旧的缆绳在晨风中缓缓颤抖，船身刻满了风和雨、爱和恨、孤独和飘零。

天蓝蓝，海蓝蓝，远方的船儿一帆悬，到处是阳光一片。为着心中的眷恋，为着不悔的信念，为着追求人生的初梦，我们扬起生活的风帆，驰向海洋的远点。这是一条曲折的路，一条平凡的路，一条爱之路。

大学生活是短暂的，但最值得留恋。那时青春正盛，风华正茂，能够在最高学府的知识海洋里畅游，是人生中的黄金时代。

如火的八月，我们开始了自己人生道路上的追梦新长征，那是1975年；金秋的九月，我们带着最大的心愿奔向实现梦想的新岗位，那是1979年。

海洋自然条件严酷，大风、大浪时刻威胁着调查人员和仪器的安全，入海比登天还难。热爱海洋、献身海洋是开发海洋的必要前提和条件。伟大科学家爱因斯坦有一句名言："对于一切来说，热爱是最好的老师。"对自己事业热爱，可以萌发出无穷信心、力量和智慧，可以克服艰难困苦，在平凡工作中创造出不平凡的业绩。古今中外，但凡在事业中有所成就、有所作为的人，无不深深爱着自己的事业。我们要把对海洋事业的热爱根植于对伟大祖国的热爱，提倡一个"苦"字，古人有诗："梅花香自苦寒来"，有一分耕耘，才能有一分收获；再提倡一个"恒"字，学贵有恒，日积月累，循序渐进，不可能一蹴而就、立竿见影。

从入学那天起到现在，我们正是秉持着热爱海洋、献身海洋的精神，在不同的岗位上尽心尽力、勤勤恳恳，在风光无限的海洋大课堂里，贡献了自己的青春力量，为北部湾海洋科学研究事业默默奉献。

海洋科学过去是伟大的，现在是动人的，未来是辉煌的。同时，祖国的海洋事业是一项伟大的事业，需要有人传承与发展，需要有人不断攀登与勇于创新，我愿与年轻人一道，再续余热辉煌，愿海洋梦长留！愿逐梦岁月永存！

岁月荏苒

岁月的脚步，何其匆匆，
总是在不经意间撂下一些浅浅的回忆。
在季节的流转中，昨天将去，明天要来。
也许，昨天还有许多不尽如人意，
也许，明天还有一段艰难和不易；
回眸那些不曾起舞的日月，
经历那些文火慢熬的光阴；
虽然没有惊艳那段时光，
却也丰饶了我们前行的脚步。
海洋，其实就是一个探索科学奥秘的课堂。
为了圆梦要学会锲而不舍，懂得永不放弃。
不辜负每一寸光阴，不辜负每一次坚持，
沿着心中不灭的梦想，走向更广深蓝。
感恩荏苒的岁月，感谢不服输的自己。
再见，昨天！你好，明天！

浪 / 声 / 回 / 荡 / 北 / 部 / 湾

第二章

海上岁月

栉风沐雨，踏海前行
风里浪里，数我风流
从北到南，有趣回忆

追忆岁月

岁月
常如一个为大海遗落沙滩的贝壳,
装着吹不响的风,
数着相伴无几的沙粒。
记录生命不息,
灵魂不止的岁月,
窥探流星的秘密。
寻找乌云藏起的日月,
借着星光淡淡的夜空。
追寻走进深蓝的足迹,
找回海水冲走的岁月。

一、栉风沐雨，踏海前行

湛蓝的海浪拍打着沙滩，海舟叶叶，沙鸥点点。海洋对于每一个海洋人来说，是一个永远值得守护的梦、追求的梦，正是为了实现这个梦，而不忘初心、牢记使命，去筑梦深蓝。

到海洋中去。昨天还感慨城市的喧嚣和拥挤，今天就见到大海的冷穆和浩瀚。与陆分割的海，渐行渐远，岚烟缥缈，隐约成了铅灰色。我躺在船的甲板上，仰面看云，水上的云总是五彩缤纷的。咕嘟咕嘟一杯浓茶，浑身滚动着汗珠，三万六千个毛孔无不酣畅淋漓，哦，我出海了。

生活中不能没有鲜花，更不能没有美酒，经常在海上浪里出没的人，更不能没有琼浆玉液。对着蓝色的海水，啜饮装在瓶中那绝妙的液体，酒的海洋、海洋的酒融为一体，飘然羽化而登仙。

当船被漫天波涛包围时，人就会失去曾经有过睥睨一切独步天下的抱负，才感到自己渺小、无助和孤独。每经过一次毁灭性摧残，便完成了一次脱骨换胎的洗礼。许多先天低矮、其貌不扬的人，经过海的洗礼变得高尚，满脸皱纹，那饱经风霜和岁月沧桑的嶙峋铁骨般的手，就是大海给予的印记。

是啊，看似温和平静的大海，无风时，像一块碧玉，要怎么澄澈就怎么澄澈；海面上有缕缕水汽升腾，远处船只便如蜃景般缥缈迷离；在阴晦的彤云下，海就像一块铅，要怎么沉重就怎么沉重；小风吹起涟漪，阳光把海面拨动出一片耀目的辉煌；大风天气，怒涛跌宕，海就成了一只面目狰狞的野兽，没有铁般的意志和强健的体魄，绝不敢和它较量。

浪声回荡北部湾

Langsheng Huidang Beibuwan

● 我的海洋历程

小时候的我对海并不陌生，因为我生在海边。但那时我只知道跟着大人们下海去玩耍、捉鱼抓虾，给生活增添精彩，并不知道大海还如此凶猛，甚至还吞噬过无数人的生命。

大学毕业参加工作后，才真正认识现实中的大海，它就像一位神秘的魔术师一样，谁也不知道下一秒会有怎样的变化。或许依然那么平静，或许会刮起狂风，或许会变得波涛汹涌，这些意外随时会吞噬人们的生命。

在我的记忆中，1980—2020年我参与海洋调查有120多次，东至广东汕头、南至我国西沙海域、西至与越南交界的广西北仑河口。几乎每年都要出海调查2～3次，最多的一年5～6次。

海洋科学是一门观测科学。海洋科学研究工作最基本、最平常的一项工作就是出海调查，获取现场观测数据。这门课我在大学二年级时就开始接触了，到国家海洋局南海分局工作时，几乎每两个月出海做一次调查，范围从广东汕头至海南岛，最远还到过西沙永兴岛附近海域，乘坐的是国家向阳红5号科考船，船上不仅配有实验室、工作室、休息室，还有半个篮球活动场，可想船的吨位有多大。

调回广西后，1983年开展广西海岸带和海涂资源综合调查时，我们乘坐的是从广西北海海洋渔业总公司划拨的、"退居二线"的两艘50吨的木船。广西海岸带和海涂资源综合调查范围水深为0～25米，50吨的木船勉强可用。调查结束后，两艘木船就宣布"退役"了。所以，当时在一般情况下进行海洋调查，我们只能租用小渔船。风浪季节，尤其是台风季节，这些小渔船就难以支撑了，出海调查晕船是常有的事。

北部湾是一个半封闭的海湾，水较浅，面积也不大，但北部湾沿海地区是台风多发区，每年登陆和影响北部湾北部的热带风暴（台风）5～6个，每次台风都会给海上作业造成很大的影响。此外，北部湾处于亚热带，季风特征明显，冬半年盛行东北季风，夏半年则盛行西南季风，东北季风期长于西南季风期。两种不同的季风对湾内会产生中浪甚至大浪，而海洋调查很难避免东北季风和西南季风的影响。在我的记忆中，从1983年开始的全国海岸带和海涂资源综合调查，至2018年的北部湾北部海域赤潮生态环境调查，范围从东至海南岛的琼州海峡，西至与越南交界的北仑河口，北至0米水深岸线，南至涠洲岛南面海域。

海上调查工作是枯燥的，大部分人因为烦闷而感到疲倦，初登船时的那种欣喜、激昂、踌躇满志、"天将降大任于是人"的豪迈之情，也荡然无存。加之，

🎧 近海生物调查

夏天船甲板酷热难耐，只有在太阳之火熄灭之后，我们才能在船甲板上徜徉一回，面对漆黑一片的海水，更感到索然无味，于是钓鱼成为晚上大多数人的最爱。这只能在天气状况好的情况下，如遇刮风下雨，海就不会给你"面子"了，晕船、呕吐是常见的事。还有，遇上一些突发事件，更使你胆战心惊，不知所措。一些经历令我记忆深刻，至今难以忘掉。

1. 子夜惊魂白苏岩

白苏岩，位于北仑河口西南面中国与越南海界附近。是由东西两大块礁石组成，北面与相距10海里的白龙半岛相望，西北正对中越交界的北仑河口，东北为防城港，正西与越南永实岛相对。白苏岩是海上交通要塞、海疆前沿和军事要冲。

白苏岩四周水深15米以上，水质清澈见底。礁石犬牙交错，高低不平，长满青苔，凌乱而没有规则，石面长满锋利的蚝贝，高潮时被海水淹没，成了暗礁，海风将浪涛打在其表面，呈现出一片跳动的海中雪花。

白苏岩历来就是中国的岛屿。中华人民共和国成立前，中国渔民为捕鱼和航海船只安全，用人工撬起一些零散的石块，垒起一个高出大潮的石堆，警示过往船舶。1966年，中国海军在白苏岩用片石建造了一座灯桩，为这条中越海上运输航线安全纽带打上了一个完满的纽结。灯桩建成后，中国大量的援助物资从此经过运往越南，越南的橡胶及农产品也在灯桩护卫

浪声回荡
北部湾
Langsheng Huidang
Beibuwan

● 我的海洋历程

○ 白苏岩灯塔

下，运抵我国广西的珍珠港、东兴港。灯桩见证了两国人民悠久的友谊。

　　进入20世纪80年代，灯桩移交沿海航标管理部门管理。中国海事局提出"使沿海航标亮起来"的目标，饱经日晒雨淋、风吹浪打的白苏岩灯桩终于迎来了涅槃新生。2003年，北海航标处实施灯桩改造，在桩顶上浇筑电池室，装上LED（发光二极管）灯器，白苏岩灯桩重现光辉；2007年，又在原基础上进行了重新加固建成灯塔。灯塔为白色混凝土结构，塔高19米，灯高22.3米，灯器射程18海里，成为我国南海边防前沿的重要导航标志。从此，灯塔屹立在大海、蓝天之中，庄严地耸立在北部湾海面，将耀眼光芒投射在碧波银涛上，成为中越两国跨海运输、贸易船舶的重要安全保障。半个多世纪以来，白苏岩像一位忠诚的卫士，一直守望沧海，倾听温馨的海风，笑看欢乐的浪花，同时，又见证狰狞的波涛、演绎的历史。

　　1983年4月，广西海岸带和海涂资源综合调查的其中一个调查站位就布设在东经108°20′、北纬21°20′附近，距离白苏岩灯桩约3千米。虽然调查站位与白苏岩灯桩尚有一段距离，但也能清晰看见耸立于海面上的灯桩及发出的灯光。

　　4月的北部湾是美丽的，风很柔和，空气很清新，太阳很温暖，海水很蓝。这次调查主要是进行海流全日连续观测，同时进行生物、水化调查

044

等。海流观测是海岸带调查的一个重要组成部分，每个海流观测站位必须连续观测26个小时以上，也就是说，一旦观测站位确定，船就要在固定位抛锚连续工作26个小时以上，才能确保资料的有效性，观测期间船是不能随意移位的。这次调查，我们是租用湛江水产学院的调查船，上午10时左右，船就在事先布设的站位抛锚，还有其他3艘船分别在防城港湾口、企沙半岛沿岸附近海区进行同步观测。当时，各站位之间只能通过对讲机联系，预定观测时间为上午11时。白苏岩附近的观测船是指挥船，其他3艘船由指挥船统一指挥，我正好在指挥船上。还不到预定观测时间，仪器已经全部调试完毕，10时45分将准备好的仪器放到预定水深处，11时检查，仪器运行正常。从上午11时开始，每隔半个小时读取一次流速、流向资料。这时我们觉得很轻松了，坐在船头甲板上，白龙半岛、防城港尽收眼底，白苏岩灯桩的灯光也在隐约发光。

就在观测工作按计划正常开展时，晚上11时40分左右，突然看见白苏岩灯桩的西北方向有一艘船朝着我方开来，不到一刻钟，这艘船在离我们调查船相距大约30米处减缓了速度，然后绕着我们的调查船慢慢地转了一圈，好像在寻找什么似的。船长告诉我们，这是越南的武装巡航船，还说，大家不要在甲板上随意走动，工作完后尽快回到船舱去。

听到这是全副武装的越南巡航船，我们猛然间紧张起来，包括大部分船员在内，大家心里都很害怕。我们全都回到船舱内，担心会有意想不到的事情发生。我在船舱内透过玻璃看见越南武装巡航船船身全为灰色，船上大约有8人，他们站着不动，全副武装。越南巡航船约为30～40吨，与我们的调查船360吨相比小多了。越南巡航船绕我方调查船转了一圈后，仍在我方调查船的左前方，不过速度放慢了许多。时间过去了20多分钟，越南巡航船还不愿离去，此时一位越南武装人员在讲话，大家都听不懂他在说些什么。船长即刻说，不要搭话。后来看见我们没有反应，大约晚上12时20分，越南巡航船才朝着西面驶去，我们这才松了一口气，虚惊一场。船长说，越南巡航船驶到我国领海完全是挑衅行为。话说得一点都没错，可是在中越边境、边海上，挑衅事件时有发生，1978年12月9日，广西东兴县5101号和5102号渔船在我国白苏岩海面捕鱼时，被越南5艘海警船包围并射击，两船中弹186处，正副船长一人中弹身亡，两人身受重伤。我是当地人，想起家乡人说起的那件事至今还觉得很害怕。也是在此后的1979年，随着对越自卫反击战一声枪响，白苏岩的灯桩灯器也被越南人一个爆炸震碎，灯光黯然熄灭。

1983年4月，白苏岩海域海流观测调查任务总算完成了，取得了宝贵的观测数据。返航时我望着白苏岩闪烁的灯桩，脑海里仿佛还演绎着午夜时发生的片段。时隔40多年，20世纪的车轮早已过去了，但白苏岩灯桩成为历史的印记深深地刻在我的脑海中。有人说，少年情怀总是诗，而我说，难忘经历才是诗！

白苏岩情怀

走近半个多世纪的白苏岩，

我能倾听到一位守望沧海卫士发出的浪花声；

穿越白苏岩被时光雕琢的斑驳表面，

我能感知到大海的深邃和厚重；

透过岩礁灯桩跌宕起伏的变化，

我能清晰地看到祖国风雨兼程的足迹；

大海上，飘扬的国旗见证了中越人民的悠久友谊；

灯塔里，贮藏着中华儿女滚烫的爱国护海情怀；

灯光中，闪烁着激越昂扬的祝福：中国，永放光芒！

2. 夏日蚊子闹海滩

海洋调查中的潮间带生物调查几乎都涉及的内容，就是在最高潮位至最低潮位之间进行生物采样，这项工作须在海水退至最低潮的时候进行。

潮间带内有红树林、岩礁、沙砾、淤泥及其他海洋植被。调查工作就

◐ 潮间带生物调查

是用人工的方法挖泥放到滤网上，然后滤去泥土将生物样品放到已加好保存剂的瓶子里，带回实验室分析。潮间带生物调查分别以一定的距离设置与海岸垂直的断面，然后在各个断面的高潮带、中潮带、低潮带设置3~4个采样点，每个潮间带生物调查样点之间保持相对距离，所以，工作量很大。而且，退潮后的潮滩绝大部分为淤泥潮滩，人走在泥滩上双脚往往抬不起来，沙质潮滩还好，淤泥潮滩就相当困难，何况还要带上采样铁铲、滤网、瓶子等。一天下来，顶多能完成8~10个采样点的生物采样。

夏天，走在齐腰深的红树林滩及杂丛湿地时，有一股淡淡的香草味弥漫在空气里，其中能明显闻到海水咸咸的味道。被我们脚步惊扰起来的蚱蜢和草虫，窸窸窣窣地在身前身后跳动。那令人讨厌的蚊子总是如影随形地跟着你，对脸面、脖子、手面和小腿等身体裸露部位叮咬，不消片刻，被叮咬部位就布满红疙瘩，痒入心肺。几乎在海滩的每一处，都有它们的同伴在等候你。

海滩深处，偶尔会突然出现一泓碧蓝的池水，水质清澈，却看不到一条游动的鱼，只有生长其中的水草，随着流势轻轻摆动。

到了晚上，断霞横空，月影在水，一片空明。据说，这是风暴潮引发的潮水登陆之后遗留下来的，经过蒸发浓缩，其盐度高达千分之三十以上，水质咸苦，连海鱼都难以生存。也有人说，这是20世纪70年代兴起建塘养虾时留下的产物。现今，池塘荒废，杂草丛生。但是，这些池塘里的杂草，正是蚊子的滋生地。在咸水中繁殖的蚊子，比淡水中滋生的蚊子厉害十倍！传说三只蚊子一盘菜，虽有些夸张，但海滩内的蚊子，确实个头大、眼睛大、嘴巴大、翅膀大，对人虎视眈眈。

在海滩内滋生的蚊子有大也有小，小的个体仅次于芝麻，杀伤力一点也不亚于大蚊子。小蚊子是以成群结队作战方式叮咬你身体裸露处的，我们曾做过统计，有意裸露手面和小脚部位让小蚊子叮咬，在不到20分钟的时间内，一个仅巴掌大的地方少则4~5只，多则8~10只，若按这个密度计算，每平方米海滩范围内将会有几十只甚至近百只蚊子。

夏日，南方的蚊子无孔不入，就连夜宿海边酒店开门窗的瞬间它们都有可能飞入。傍晚时分，蚊子会尾随你到酒店门口，在开门前如果不四处看看，拍打几下，保不准蚊子会先你而入。入睡时在你的耳朵周围发出嗡嗡声，通宵扰乱你的清梦。小小的蚊子能有多大能耐？人被叮咬之后，轻者伤处瘙痒，重者红肿甚至溃烂，所以，必须及时用消炎药水处理蚊子叮咬处。据渔民介绍，蚊子会把卵产到海边阴湿的草丛中或水坑里，十天半个月，就会滋生出一大群黑色的小蚊子。尽管夏日海滩蚊子成群结队，而每一次潮间带生物调查我们都靠着坚强的毅力战胜蚊害，排除困难，圆满完成预定的调查任务。

时过境迁，每当回忆夏日海滩蚊子叮咬的情景，总是历历在目。联想起唐朝诗人刘禹锡《聚蚊谣》中"沉沉夏夜兰堂开，飞蚊伺暗声如雷"的比喻，确实恰如其分。

3. 台风光顾钦州湾

1996年9月，我们应钦州港务局的邀请，对钦州港深水航道进行清淤前海流观测。观测原定在8月，但因天气状况一直不好，推到了9月。

9月天气仍不好，9月8日，先是"莎莉"强台风在太平洋面上陀螺般旋转，随后进入南海，并且快速向西移动，我们租用渔民的小渔船正在钦州湾作业。由于"莎莉"强台风影响，我们只好等强台风过后再观测一次。原来预报"莎莉"强台风是不光顾广西沿海地区的,结果后来改道直扑北海。9月16日,我们以为强台风已过,便接着上一次的观测站点继续工作。早上10时许,船就到位了,同步观测是采用4条船进行,其中湾口1条、湾内3条。计划于17日下午3时完成全部观测任务,但到了17日上午,海面风力加大,大雨滂沱,乌云低垂,天昏地暗。中午,风力骤增,估计有8级,昏黄的海面剧烈地翻滚,涌起的浪头如同千百只野兽腾越而至,拍打岸边礁石,溅起入云的水花,远处山坡上的树木向着同一方向倒伏,长长浪坡上迸出一串串白浪,似山包狂啸着从船头滚滚而至,浪花把船身高高托出水面。突然,一个大浪差点把船上仪器固定架卷入海中,船在海面上像个醉汉左右摇摆。此时,在钦州湾口站点观测的同事通过对讲机告诉我,风太大,渔船无法再坚持下去了。我所在的这条渔船也开始抖动起来,并且发出"吱吱咯咯"的声音,风越吹越大,海面黑乎乎一片。怎么办?我心中忐忑不安,时间正好是下午1时,离原定的完成观测时间还有2个小时。不能犹豫了,安全第一,我立即通过对讲机告诉在湾口观测的这条船立刻靠岸避风,湾内3条船视风况变化再作决定。还好,在钦州湾内,海面较窄,四周为山包,风区不算大,湾内的3条船仍顶着8级风浪坚持到下

🎧 "莎莉"强台风肆虐下的钦州湾海面

第二章 海上岁月

午3时完成观测任务。此时，我们每一个人全身湿透了，肚子里的东西全部吐空了。幸好人员、仪器和船都安全。

这次台风，事实上是"莎莉"强台风的延续，于9月18日袭击海南海口。这股古怪的台风，先是在南海中部生成，然后沿着海南东部海面北上。起初大家认为台风已过了，放松了戒备，结果它却突然转向西南，正面袭击海口和西部地区，围绕着海南岛转了整整一圈多，广西沿海受到了持续的严重影响。俗话说，海上没有三日静，1996年9月的天气正好印证了这句话。海洋调查就是这样，首先要克服自然困难，战胜晕船呕吐，掌握观测技能，然后才能获取所需要的现场资料和数据。

回到所里，我写了一首诗，记录这次出海过程。

重任

——记一次海上调查

乌云在头顶狂奔，浪花在足下飞溅，
风挟着恐怖的嘶鸣，将海水推上船舱。
船摇使人头晕目眩，雨下使人衣湿全身。
风吼浪飞催人走离，唯有任务不可丢弃。

4. 卷地潮声响龙门

潮声响龙门

午夜海雾影海岛，白日舟楫泛中游，
潮声泛起白浪沫，两岸落差撼龙门。

龙门岛，是钦州湾群岛中最大的岛屿，面积约10平方千米，人口有9000余人，为龙门镇政府所在地。龙门岛是著名的渔乡，岛上居民大多以捕鱼为生。龙门岛位于茅尾海出口，是水上进出钦州的门户，因山脉自西

○ 龙门岛一侧

向东蜿蜒起伏如龙状，前屏左右山岭东西对峙如门，扼茅尾海与钦州内湾出口，故名"龙门"。

龙门岛东与钦州港隔海相望，西与防城港市茅岭乡毗邻，南与防城港市光坡镇交界，北濒茅尾海，四面环海，是一个由众多岛屿组成的岛镇。龙门岛地处钦江、茅岭江两大河流入海口，属咸淡水交汇区，海水盐度适中，水质肥沃，适宜各种鱼虾贝类繁衍生息，海洋捕捞和海水养殖业历史悠久，有对虾、青蟹、大蚝、石斑鱼四大名产，历来是广西沿海最大的渔业生产基地之一。

龙门岛，亦是历代兵家必争之地，素为国防要地。明代以来就在此修筑炮台以御外敌，还可看到抗战时留下的遗迹，岛上高高的那座楼，叫"将军楼"，是中华人民共和国成立前任广东江防司令的申葆藩中将的指挥所，目前保存完好。登上楼顶眺望，水光山色，海岛风光，一览无余。到了晚上，海面上渔船星光点点，更有一种"江枫渔火对愁眠"的滋味。岛上除将军楼外，还有五井流香、中流砥柱（亚公山）、龙泾还珠（七十二泾）等旅游景点，可谓风光旖旎。

20世纪60年代，龙门岛已筑堤与陆地相连，可通汽车，岛上渔民来往于陆地不需再乘小船。

从20世纪60年代至80年代末，龙门岛一直都是海军南海舰队水警区，是广西沿海地区唯一的军港所在地，依托岛上的自然环境和水深条件而建

第二章　海上岁月

051

浪声回荡北部湾
Langsheng Huidang Beibuwan

我的海洋历程

的龙门军港，在对越自卫反击战和保障北部湾海洋安全中发挥了重要作用。直到90年代初，南海舰队龙门水警区才移址北海。可想而知，龙门岛这个战略要冲何等重要。听老一辈人说，日本侵略中国时，龙门港成为日本军舰登陆的重要港口。1945年8月，日本投降撤退时还在龙门港附近投下一颗炸弹，给当地百姓的生命财产造成沉重损失。

1984年6月，我带领6个年轻人第一次奔赴龙门岛进行海流观测调查，这次任务是1983年全国海岸带和海涂资源综合调查内容之一。我们租用的是当地的渔船，测流站点布设在亚公山附近，即茅尾海与钦州港水道出口处的左侧。测站离岛很近，基本可以看见岛上的人员来来往往，因为各水道相间处全部由海岛围绕，我们选择的观测时间又是在农历五月的大潮期间，所以上午9时，船到达预定测流点时为涨潮时段，测站水深13米，按调查规范只能观测3层，即表层、中层（5.0米）、底层（11.0米）。那时观测海流有埃克曼海流计和直读式海流计，直读式海流计很不稳定，只好采用埃克曼海流计。埃克曼海流计是靠数小球来计算流速的，每观测一个水层的海流，必须取仪器计小球数一次，手摇绞车固定于船舷边，利用钢丝绳将海流计吊起放下。为了避免巨大流速引起的钢丝绳倾斜，绳端还要系上一个15千克重的大铅鱼，每半个小时要收放1次，连续工作26小时下来，要收放52次，所以，观测海流是最艰苦的一项海上调查工作。

第一次去龙门岛测流，心里有点担心，据当地的渔民说，龙门岛周边的水道狭窄，水流非常急，尤其是龙门岛东面的茅尾海与钦州港水道的出口处，落潮时船即便抛锚也很难固定。所以，测流过程中可能遇到意想不到的结果，如人身安全、仪器安全、资料安全等问题，这些都是我们必须认真考虑的问题。上午约9时，我们的船就位后，海面风平浪静，阳光在海面上闪烁着，在蓝色背景上织出由光点构成的网，不时有海鸟从头上飞过，甚至落到离船不远的海面上嬉戏。在船的四周，大小不等的海岛像天上的星星散落在海面，一切如此自然。海面上的舟楫，如蚕如蚓，有下网的，有垂钓的，也有观岛的。这一天正好是大潮期，我之前了解过广西沿海各港口的历史潮差，龙门港最大潮差6.48米，平均潮差2.49米，是全广西潮差最大的港湾之一。

开始观测时，正好是涨潮，海水由南向北流入茅尾海，一切还算正常，涨潮流速85～90厘米／秒，比一般港湾最大涨潮流速大1/3左右。可是到了晚上10时左右，海水由涨转落，由北向南流出钦州港，水流很急。我们的船小，船长为5～6米，船宽不到2.3米，人坐在船上就能清晰地看到海水从船边流过，听到"哗哗"声和潮声敲打船舷的"哐哐"声。人站在船上就好像躺在摇篮里，一会儿向左，一会儿向右。潮流卷起的浪花击打船头的响声，扰得你心烦意乱。此时，船开始剧烈晃动，缓慢拖锚，甚至能听见固定锚与石块间摩擦的"喀喇喀喇"声，明显感到船有漂移的迹象。船长反应很及时，即刻加固了第二个固定锚，船总算稳定下来。由于水流急，我们放到各预定水深层的仪器在落潮流推动下由垂直变成45度角，3个小伙子几乎用尽全身力气才将仪器拉上读数，观测流速为128厘米／秒。这个数据太惊人了，这是在广西沿海各个港湾中第一次观测的结果。时间在向午夜慢慢靠近，潮水继续发出"哗哗"声，我们谁也不敢放松警惕，大家穿上救生衣，半站半坐蹲守在船甲板上，一边看着绞车，一边用手拉着钢丝绳，因为船小，稍有不慎就会失去平衡。零点到了，提起仪器读取数据，最大落潮流速为130厘米／秒。午夜过后，落潮流速才逐渐开始减弱，潮声也由大逐渐变小。直至次日上午9时，一切恢复如初。

此时，天气很好，东方的天空，虽迷蒙一片，可弥漫的云海已经由厚变薄，极目眺望，远远的天际透出一线天光，渐渐氤氲一片动人的霞光，红光熠熠投射在波光粼粼的海面上，金光愈来愈亮，金带也越来越宽，直奔头顶展开，我们看见半轮红日从霞光中冉冉升起，把茫茫无际的云海映照得通红，云和浪相互拥抱，火与水彼此交融，一天的劳累一扫而空，我们向着东边欢呼起来！

船上取水样分析

龙门岛的落差虽不像黄河、长江那样气势雄伟，一泻万丈，但它的落差速度是全广西港湾中少有的。这个资料对于后来研究和开发钦州港港口资源起到重要参考作用。钦州港之所以具备良好的建港条件，是因为由北向南的茅尾海落潮流起到了关键的冲刷作用，而落潮流的稳定性是钦州港港口航道保持水深不淤的条件。同时，它也为广西沿海港湾潮汐能资源利用提供了重要的科学依据。

5. 腊月寒风锁红沙

核能安全问题一直广受社会各界关注，特别是2011年日本福岛核事故发生后，核能的安全使用更成为舆论和公众关注的焦点。建立一套科学严谨的技术支撑体系，成为实现核能产业安全发展的关键环节之一。

红沙，位于广西钦州湾西岸，东、西、南三面环海，是防城港市港口区光坡镇一个以渔业为主的渔村。2010年7月30日，防城港核电站在红沙村沿岸投入建设；2015年10月25日，电站1号机组并网发电。核电站的循环水过滤冷却系统是直接利用海水进行过滤处理，临近海域一旦暴发球形棕囊藻赤潮，产生的大量黏性物质堵塞过滤系统，核电机组产生的热量就

防城港核电站

防城港核电站赤潮应急治理　　　核电站取水口海洋沉积物取样

无法得到冷却并及时带走，核电生产安全就会受到严重威胁。

球形棕囊藻是一种广温性、广盐性的藻类，广泛分布于世界各地的海洋中，是少数具有游泳单细胞和群体胶质囊两种生活形态的浮游藻类之一。近年来，广西沿海曾多次暴发赤潮，对海洋生态系统及社会经济发展产生了严重影响。为了防止球形棕囊藻赤潮暴发影响核电站循环水过滤冷却系统，2015年9月至2016年3月，中国科学院海洋研究所与广西北部湾海洋研究中心共同承担"防城港核电厂一期（2×1000兆瓦）工程取水海域球形棕囊藻赤潮暴发应急治理"任务。监测发现，核电站取水口海域球形棕囊藻囊体密度已达到11000个/米^3（直径30～200微米），直径为1～3毫米的囊体密度为3个/米^3，监测海域球形棕囊藻细胞丰度呈现稳定上升趋势，已威胁到核电站循环水过滤冷却系统的安全运行。为了保证核电站取水口海域不被球形棕囊藻囊体堵塞，对取水口海域赤潮实施连续喷杀作业，使用改性黏土应急治理措施取得明显效果，有效控制了棕囊藻赤潮的生长，保证了取水口循环水过滤冷却系统的正常运行。

2015年春节期间的天气特别冷，且持续时间长，冷空气一个接着一个袭来，寒气逼人。广西北部湾海洋研究中心负责巡视应急跟踪及监测工作，2015年9月至2016年3月，连续对核电站取水口及其附近海域球形棕囊藻赤潮及相关因子进行了8次现场大面监测，监测站位13个，监测海域达38平方千米。在现场大面监测基础上，从2015年9月29日起，启动了对核电厂取水海域的现场巡视工作，每天沿着核电站取水口沿岸海域取样，从上午10时至晚上10时,每两个小时巡视一次,从不间断。

防城港的冬天虽然没有雪,但海风特别大,人走在开阔海岸上难以顶住迎面吹来的寒风。遇上雨天,寒冷更无法想象。我记得腊月廿九这天,天空格外低沉,远处村庄早起的行人拉紧衣领快步隐入居室的楼门,准备过年的年货。而我们的科技人员正在核电站取水口巡航监测,来源于水汽和泥土的冬日寒气,把队员们的双脚冻成了冰坨,走路没有半点感觉。队员们仍顶着渐盈的月色,踏着片片残霜偎依着的簇簇杂草,在崎岖不平的海岸上,踉跄而行。山坡上的农家,家家门上早已贴着红红的对联,字里行间充满吉祥和对新年的祝福,而队员们一天没吃东西仍在坚持工作,直到完成任务,才在核电站的食堂吃了一碗面。

是的,科技人员不怕苦、不怕累,在气温低于8℃、大风7~8级的情况下还要战胜寒冷、晕船的困难,每天坚持清晨出海取样,中午送样品回实验室,下午立刻做检测分析,晚上写出分析报告。在他们的不懈努力下,一份份核电站取水海域赤潮生物球形棕囊藻预警监测报告及时、准确、高质量地报送、传递,为做好赤潮灾害应急处置工作打下了坚实的基础,为防城港核电的安全生产作出了重要贡献。

回来后,他们告诉我,我感慨万千,随即作诗一首以记之。

渔村冷月眠何晚,红沙风寒起更迟。
满眼白云朦胧雪,为谁滞留在异乡?

6. 风暴突袭古琼州

2016年8月,因我们承担国家自然科学基金项目"北部湾北部赤潮发生与动力响应机制研究",所以需要到琼州海峡西面进行水文环境大面调查,调查时间为4月、6月、8月,共三次,前两次调查较为顺利地完成了任务。

琼州海峡,位于广东省雷州半岛与海南省海南岛之间,东口为南海,西口为北部湾,全长80.3千米,最宽处39.6千米,最窄处19.4千米,平均宽度29.5千米。最大水深超过1000米。琼州海峡是海南省与大陆之间的重要交通通道，也是南海与北部湾两个海区水交换通道。自古以来，波腾浪涌的琼州海峡，如同一道蓝色的屏障，阻隔了交通，阻隔了脚步，也阻隔了文明。海南岛因琼州海峡之隔而孤悬，历史上被视为蛮荒之地，历朝历代的流放之人在这孤岛上，留下了许多艰难的足迹和无穷的遗恨。

去琼州海峡调查，我们还是头一次。4月是北部湾季风转换季节，海面还是蛮平静的。6月开始就不一样了，西南风、台风频频袭来，加上海峡水深流急，海面就变得不老实了。8月夏末秋初，是由西南季风转向东北季风的过渡季节，按照北部湾海洋气候分析，在此期间海面应是没有较大风浪的，而调查时间接近9月。天有不测之风云，8月的调查我们遇上了突如其来的风暴。那天，上午取样时，天气还算好，海况大概为4级，船虽然在不断摆动，但基本能坚持工作。到了下午4时左右，天空突然黑了一片，云层似乎要碰到头顶。船老大发话，叫大家注意安全。很快，风来了，浪白了，下雨了，我们也吐了，可还有5个站没取完调查水样。风越刮越大，浪也越来越大，足有3米高的浪头一个接着一个拍打着船头，船在浪谷中时隐时现，安放在船上的仪器、电脑等很难固定，采样瓶也乱成一堆，相互碰撞。5位调查人员有3位晕船爬不起来了。我一边看着起伏摆动的船头，一边想着人员的安全问题。怎么办？蹲在我身旁的陆家昌博士说："领导，风太大了。"顷刻间，我在船舱内已看不清船走的方向，阴晦的天空告诉我，不能再犹豫了，我立即与船长商定，赶紧选择最近的避风点靠岸。船老大即刻调转航向，坚持把船开回广东徐闻港，此时已经是晚上7时许，不到5海里的距离足足开了3个小时。过后回想，还真有点胆战心惊，突然间刮起的风暴瞬时风力达到8级以上，海况6级以上。船老大说，徐闻开往海南岛的客轮都停航了。

🎧 2016年8月我在琼州海峡调查

浪声回荡北部湾

我的海洋历程

我们还算幸运，人安全了，仪器安全了，船也安全了。

3个月的琼州海峡水文环境调查任务完成了，8月虽遇上大风，但总算有惊无险。3个航次的调查都完成测站45个/次，取得了海洋生物、生态、环境等大量的第一手现场资料，与同步开展的涠洲岛附近海域的观测资料进行了对比分析，为琼州海峡水进入北部湾对广西沿海生态环境的影响提供了重要基础数据。

风浪袭击琼州海峡西岸海安码头

时隔两年后，我回想起琼州海峡这3次海洋调查经过，总有一段难以忘掉的记忆。

别了，古琼州

四月科考下琼州，海峡两岸舟楫走。

人乘船，车坐舟，海面游！

六月科考下琼州，酷夏袭人人难受。

晓风无，热依旧，何时休！

八月科考下琼州，狂风大作打船头。

天沉沉，海茫茫，船在摇！

国家项目扛肩走，三下琼州写春秋，

古琼州，风生起，白浪滔！

风吼浪叫何畏惧？风里浪里也风流！

思前事，如梦里，别了，古琼州！

二、风里浪里，数我风流

1. 渔家灯火照京岛

在我国大陆海岸线最西南端与越南隔海相望的地方，有三个并联的小岛：巫头、万尾、山心，称为"京族三岛"。这里生活着中国唯一的海洋民族——京族。这里还流传一首诗：

冬季草不枯，非春也开花，
季季鱼泛鳞，果实满枝丫。

碧水云天，古老的京岛，传唱着渔家的歌谣。靠山吃山，靠海吃海。这就是京族三岛人最朴实的理想。

据悉，京族是越南的主体民族，曾称为"越南人"或"安南人"，瑶族称他们为"交趾人"。而京族三岛的京族人，自500多年前在北部湾追捕鱼群时来到"三岛"，见荒无人烟又有较好的渔场，便在此定居，繁衍生息，至今已16～17代。

据文献记载，先祖父洪顺三年（1511年，明武宗正德六年）从涂山漂流到此，立居乡邑，这一带本是一望无际的大海，海中的白龙岛上住着一只蜈蚣精，吞食过往的渔民，荼毒生灵，附近渔民苦不堪言。一天，有户渔民一家三口出海，又被蜈蚣精吸住船底，动弹不得。夫妇俩非常惊慌，但他们的小孩非常机智。他叫父母把船上的3个南瓜煮得滚烫，然后丢入海中。蜈蚣精以为是船上的人跳海逃生，便一口吞了下去。三个滚烫的南瓜下肚，当场

浪声回荡北部湾

Langsheng Huidang Beibuwan

我的海洋历程

京岛渔港

京族人的除夕活动

京岛风情

京族人传统的高跷捕鱼

把蜈蚣精烫死，尸体断成三段，变成三个岛，尾巴的岛叫万尾，头部的岛叫巫头，中间心脏部分的岛叫山心。

1996年，开展广西海岛资源综合调查，我们科研组第一次来到京族三岛。海岛调查的主要内容，包括海岛自然环境、港口资源、生物资源、滨海旅游资源等。调查发现，京岛海岸树木茂盛，郁郁葱葱；环绕三岛长达13千米的海滨沙滩宽10～20米不等，滩平、坡缓、无淤泥，沙质细软金黄，被誉为"金滩"。京岛沿岸海水洁净碧蓝，白天风平浪静，渔舟点点，晚上潮涨浪涌，波涛阵阵。海洋、沙滩、树林、鹤群，构成了京族三岛独特的海滨天然风光。同时，还有京族最有民族特色的独弦琴和每个村子都建有的哈亭。哈亭和一般汉族的庙宇没什么不同，但是哈亭的房顶上一般都有双龙的装饰。哈亭主要是在"哈节"时用来迎神、祭神和唱哈。京族的春节也很有意思。每年的农历十二月初五起，家家户户喜气洋洋，大人们上山下海，备好柴火、海鲜；小孩子则准备新衣新裤，以全新的面貌过一个吉祥如意的新年。农历十二月二十六、二十七、二十八在万尾岛、巫头岛"拜山""祭海"，祈望祖先来年给京族人带来吉祥幸福。

京族人过除夕很隆重，全家人一边"守岁"，一边做白糍和包粽子，把过年的粽和菜肴做好，年初一就可"坐享其成"。这乐融融的情景，就像我国北方汉人大年三十晚全家在一起包"团圆饺子"，其情绵长，其意神妙，其趣欢畅。

"妹坐小桥上，二更不见郎。水不说，蝉在唱，月儿游，夜成网。"

这歌里唱的，便是淳朴而旖旎的南海风情。

吹着习习的海风，看着星星点点的渔家灯火，品尝着咸鲜味的鱼露，踩着高跷下海捕鱼，每天往返于岛与海之间，这就是京族人的传统劳作。每年农历六月至九月，京族三岛沿海渔民，每天用虾笼、支柱和拦网在海面上排成错落有致的几何虾笼灯队列，傍晚时分，渔民将虾塘的虾笼灯点燃，诱捕海虾，这点亮的虾笼灯等便成了一道奇妙的风景。

靠海吃海。原来，简单的生活才最快乐！

今天，随着京族人观念的改变，借助岛、滩、海自然风光优势资源发展旅游业，为京族群众拓开了增收的新路子，简单的生活又添上了新的元素。

2. 清风永伴茅尾海

茅尾海，位于广西钦州湾的北面，因滩涂盛长茅尾而得名。茅尾海南面岛屿众多，北面河汊交错，东面红树林密布，东西走向最宽处约15千米，南北走向最宽处约17千米，面积约135平方千米。

▶ 茅尾海（图片来自钦州市海洋局）

浪声回荡北部湾
Langsheng Huidang Beibuwan

● 我的海洋历程

茅尾海是富饶美丽、半封闭的内海，也是钦州四大海产品大蚝、对虾、青蟹、石斑鱼的主要产区。茅尾海的美在于"浪静、径幽、岸绿、岛多"，从空中俯瞰，宛如一面巨大的镜子镶嵌在北部湾的北端。遨游在茅尾海上就像荡漾在巨大的湖中，壮观的海景、秀丽的小岛、旖旎的水径交触一处，风光之美，与西湖有异曲同工之妙。

茅尾海周边居住着10万多人，人们临海而居，依海而富。近年来，通过调整产业结构，发展海水养殖业和捕捞业，很多人住上了漂亮整洁的楼房，过上了幸福美满的生活，成为靠海发家致富的新型农民。

由于钦江的淡水和茅岭江的咸淡水在此交汇，水质咸淡适中，饵料丰富，茅尾海特别适宜大蚝生长。大蚝，学名近江牡蛎，当地人称之为大蚝。茅尾海的大蚝，不但好吃，还可加工成蚝豉、蚝油。蚝肉蛋白质含量超过40%，营养丰富，味道鲜美，还可入药，素有"海中牛奶"之称。因此，钦州湾茅尾海成了全国最大的大蚝天然苗种繁殖区，钦州市也成了著名的"中国大蚝之乡"。

更令人高兴的是，2011年5月13日，经国家海洋局批准，建立茅尾海国家级海洋公园。公园总面积为3482.7公顷，边界南连七十二泾群岛，西临茅岭江航道，北连广西茅尾海红树林自然保护区，东接沙井岛航道。海洋公园具有旺盛的初级生产力和丰富的生物多样性，同时拥有处于原生状态的红树林和盐沼等典型海洋生态系统，也是近江牡蛎的全球种质资源保

🎧 茅尾海大蚝养殖　　🎧 茅尾海红树林

留地和我国最重要的养殖区与采苗区。海洋公园内连片分布的红树林——盐沼草本植物群落，景观独特，在我国较为罕见，具有非常重要的研究价值。

茅尾海是我们调查次数最多的海区之一。从1983年至今，每年都在茅尾海调查5～6次，从春到夏，秋到冬，从不间断。调查内容涉及生态、生物、环境、地貌、河口水文、社会经济等，有国家级项目、自治区级项目，也有地方和企业委托项目等，这些工作为茅尾海的海湾生态整治修复、海洋资源开发与环境保护提供了重要依据。同时，也为茅尾海具有的独特的自然环境资源条件所打动。茅尾海既是一个内海，更是一个内湾，因为只有南面才与钦州港水道相通。通道四周布满岛屿，水道弯曲且狭窄。但是，绕着岛屿与水道相间有着郁郁葱葱的红树林，红树林中的万点小红花，在树影婆娑之中闪烁，引来了不少的海鸥和白鹭，这些海鸥和白鹭常常在这里戏浪，有的在搏击长空，有的在追逐，有的在树丛间依偎。

夏日来到茅尾海开展海洋调查，更是让人有一种舒适的感觉，海风温馨、浪花欢笑、海鸥翩舞、红花点点。清晨，看见东边的太阳远远从海面升起，晨光把茅尾海的海水映照得通红，阳光与海水彼此相互交触；傍晚，缓缓下沉的夕阳映出一片余晖，把海面照得澄碧透明，一片片红云从眼前飘过，先是变成玫瑰云，后又变成了深蓝色。

凭海临风，看海天一色，不觉心旷神怡。愿茅尾海的自然生态环境更加自然，愿清风环绕的红树林相伴茅尾海更加娇艳。

3. 船声轰鸣北仑河

北仑河，从大山奔向大海。山、水、河、海相连。

北仑河发源于广西防城港市境内的十万大山，向东南在我国东兴市和越南芒街之间流入北部湾，全长109千米。北仑河是我国和越南边境的一条界河，其下游60千米构成我国和越南之间的边界线。大清1号界碑就位于北仑河出海口即竹山港码头的位置，正好处在中国大陆海岸线与陆地边界线的交会点。从碑文来看，1号界碑立于清光绪十六年二月（1890年2月），系清政府界务总办、四品顶戴钦州直隶州知州李受彤所书。100多

浪声回荡北部湾
Langsheng Huidang Beibuwan

- 我的海洋历程

北仑河口竹山港码头

年来，大清1号界碑历尽沧桑，屹立于北仑河口岿然不动，显示了我国领土神圣不可侵犯，故大清1号界碑具有较高的历史价值和现实意义。现在我们走进北仑河口，还可以看到广西沿边公路零起点纪念碑、山海相连地标广场等。

1983年，全国海岸带和海涂资源综合调查开始。从那个时候起，每年我们都根据不同的任务要求到北仑河口进行生态、生物、环境、水文、地貌等专业方面的海洋调查，为不同时期河口环境变化提供基础数据，所以，北仑河口科考是我们科研工作的重要组成部分。正是这些重要的背景调查，让我们有更多机会看到不同年代北仑河口河面上游荡的船只，听到很久以前曾发生在北仑河口的一段段鲜活的历史故事，使我们萌发对期间发生的许多事情的追忆。

不同的时期有不同的主题，不同的音乐跳跃着不一样的旋律，回首往昔，笑看今朝，北仑河畔，友谊之巅。

忆往昔，北仑河口硝烟弥漫，刀剑铿锵，喊声震天，曾记下许多战事鲜活的历史。看今朝，北仑河跨越稚嫩，走向成熟，友谊长存，中越人民握手言谈共同谱写绵延不断的诗篇。如今，国门对着国门，家门对着家门，东兴与越南同饮北仑河水，近在咫尺的北仑河将两国紧紧相连，北仑河水从边上欢快地流过，养育了一代又一代淳朴、善良、勤劳的人们，孕育着人们太多的欢乐与梦想……

继续追溯北仑河的历史，寻找北仑发展的足迹，我们不难发现，这是一条背负着太沉太沉的历史、古老而永不枯竭的河流，不管是伤痕累累还是精神抖擞，其由来和去向都该是一支和平的歌，而这歌声终究以悠扬的旋律唱响在中越边境。曾经的几十年里，北仑河倒映过战争的影子，倒映过无数商船沉甸甸的负载，人们每日乘船漂流在这片流淌的河水上出国、回国。然而，历史的足迹总是停留得很短暂，随着世界的发展，便改变了当初的面貌。为了更好地促进两国的友谊，一声春雷敲响了希望的钟声，经历三次重建的中越友谊大桥，终于在1994年4月17日建成并正式通车。那以后的每天清晨8时，就有一两千人在国门前排队等候通关出国到越南做生意，晚上8时前，数千人甚至上万人又从国外回到东兴的家居住，这种出国如上班的景象，实在也是一种天下奇观，这要归功于北仑河，不是吗？正因为它身上架起了友谊之桥，中越之间的友谊才变得更加深厚。

2019年3月19日，中国东兴—越南芒街口岸北仑河二桥正式开通。北仑河二桥是连接中越两国的陆路通道，为中越边境口岸物流发展和边境贸易提供了坚实基础。新桥开通后，将加快把东兴建设成为"一带一路"西部陆海新通道枢纽城市，构建大开放、大通道、大物流发展新格局。北仑河二桥启用前，长期以来东兴辖区货物和旅客出入境均是通过东兴口岸北仑河一桥。据东兴出入境边防检查站提供的信息，北仑河二桥开通后，中越跨境旅游呈井喷式增长，当年从东兴口岸出入境旅客达到1219万人次，出入境车辆达到47056辆次，同比2018年增长22.3%，远远超出一桥口岸的容纳能力。北仑河二桥的启用，极大地缓解了北仑河一桥的通关压力。北仑河二桥与一桥成为直通西南中南和东盟的陆路通道的重要组成部分。

◐ 2019年3月19日中国东兴—越南芒街口岸北仑河二桥开通（图片来自中国冶金报）

岁月如轮，随着北仑河一桥、北仑河二桥的开通，已无战事的北仑河畔的黎明是欢快的。晨曦微露，清晨的北仑河边少了份热闹与拥挤，多了一份恬静与安然。在界河段，除了中越两国河岸美丽的绿化景观外，我们看见最多的是来往于河两岸的繁忙船只、听到最多的也是这些船只的轰鸣声。北仑河畔的商贩，戴着越南斗笠的妇女……每天乘着小船，从早到晚，从晚到早，手提着包，肩扛着麻袋，奔忙于两岸，成为一道跨国亮丽的风景线。而河岸上，玉器店、烧烤摊、小吃店都披上了梦幻琉璃的色彩。北仑河从古至今的变化，可以用一首诗来形容。

北仑河

谈古论今，说中道外；

北仑河畔，春意绵绵；

岁月如轮，硝烟尽散；

搭建友谊，千秋共欢；

一河之谣，共饮延年；

缘起缘续，笑看北仑；

船来人往，传承友谊。

4. 日出映红涠洲岛

涠洲岛，位于广西壮族自治区北海市北部湾海域中部，北临广西北海市，东望雷州半岛，东南与斜阳岛毗邻，南与海南岛隔海相望，西面面向越南。涠洲岛总面积24.74平方千米，岛的最高海拔79米，距离北海市37千米，现已被列为省级旅游度假区。每天均有游轮迎送客人，岛内景区包括鳄鱼山景区、滴水丹屏景区、石螺口景区、天主教堂景区和五彩滩景区等。岛上绿荫掩映，陡壁幽洞，怪礁奇岩，黄沙碧浪，景物奇美。涠洲岛之美可以形容为：日涌云飞，碧波蘸绿岸堪染；霞收雾敛，海岛迷人秀可餐。

涠洲岛是火山喷发堆凝而成的岛屿，有海蚀、海积及熔岩等景观，有"蓬莱岛"之称，是中国地质年龄最年轻的火山岛，也是广西最大的离岸

◐ 涠洲岛全景

岛。1995年，开展全国海岛资源综合调查，我第一次带队赴涠洲岛调查，从那时起，几乎每一次的海上调查都与涠洲岛有关，上岛的机会自然多了起来。

2016年6月，我们承担国家自然科学基金项目"北部湾北部赤潮发生与动力响应机制研究"，对涠洲岛附近海域1995年以来多次发生赤潮的现象进行了溯源调查，发现涠洲岛赤潮多发与海洋动力学有着更深层次的关系，琼州海峡含有高浓度氮、磷营养元素的水体西向输入是重要的促成因子。所以，涠洲岛不但自然环境美，而且所处位置也非常特殊，一直都是我们研究的重要区域，无论是环境学、生物学、生态学、动力学，都有着许多尚未揭开的科学之谜。

2017年8月，我们又在涠洲岛附近海域进行赤潮水环境要素跟踪调查，这是广西重点研发项目最后一个航次的大面调查。

8月的北部湾海面风平浪静，我们乘坐广东湛江海洋大学船舶服务公司的"海顺号"调查船，停靠在广西涠洲岛南湾港休息。第二天清晨，我起来后站在船头眺望着海面的自然美景，海面宁静，海风轻拂，连海涛声也出奇的轻，似乎怕吵醒睡梦中的人们。海被大雾覆盖着，而天则覆盖着

浪声回荡北部湾
Langsheng Huidang
Beibuwan

● 我的海洋历程

大雾，远远望去，只看到灰蒙蒙的一片，水天一色，分不清哪里是水，哪里是天。黎明前的黑暗渐渐退去，海天之间透出一抹亮光，像是点燃的火把，燃烧着深蓝的海水、灰色的云絮。渐渐地，整个东方的天空都被燃烧得红彤彤的。这是黎明的曙光，太阳从大海的寝宫冉冉升起，海天之间顿时光芒璀璨。

太阳越升越高，在骄阳的照耀下，海面仿佛铺上了一层闪闪发光的碎银，浪花互相追逐，像顽皮的小孩不断向岸边奔跑跳跃。早晨的大海是五彩缤纷的，这变化完全取决于云。晴朗处的大海是雪白的，白云下的大海是绿色的……各种颜色的组合，好像一块硕大无朋的调色板，为大海绘出了多彩的画卷。在涠洲岛附近海面上，看见海鸥在海面翱翔，时而发出悦耳的鸣叫；看见渔船缓缓地在水面行驶着，发出"呜呜"的汽笛声；看见岛上早起的人们在海边嬉戏，有的拾贝壳，有的洗海澡，有的享受沙滩日光浴……好一幅人与自然的和谐画面。

我一边看着北面码头上人们忙碌的身影，一边看着东方远处海面的日出，心里特别高兴，新的一天开始了。随后即赋诗一首。

🎵 涠洲岛海上日出

再见，涠洲岛

清晨，远处海面上露出一道白光，
极目凝望，遥见远远天际，
渐渐透出一线奇艳的霞光，
早晨的太阳从东边冉冉升起了。
霞光熠熠投射在波光粼粼的海面上，
愈来愈亮，越来越宽，渐向头顶展来。
霞光把茫茫无际的云海耀映得通红，
此时间我们看见远处的海面上，
云和浪相互拥抱，火与水彼此交融。
昨天的劳累一扫而过，今天的忙碌即将到来，
我们对着东边喊，新的一天开始了！
起航，向着下一个目标出发！
战斗，继续下一个站点取样！
再见，涠洲岛！

三、从北到南，有趣回忆

从1975年我进入中国海洋大学学习，到走向社会，先后参加南海海洋调查，以及广西海岸带和海涂资源、海湾、海岛调查，长期从事与海有关的科考工作。从北到南，从南到西，时间的车轮横跨两个世纪近50年之久，许多事早已忘得一干二净，但唯独没有忘的是亲身经历过的与海有关的那些趣事。真可谓是海洋情，情浓于水。至今还能想起……

1. 第一次吃河豚

1984年春天，我带领广西海岸带和海涂资源综合调查水文专业组8名同事，前往钦州龙门岛出海观测海流，乘坐的是在该港租用的小渔船。船不足10吨，是用渔业资源调查的拖网渔船改装的，因此船上还装有拖网网具。

小渔船从龙门港出发到达观测点足足驶了两个小时，早上起来因忙于准备还没吃上早餐，感觉饥肠辘辘的，当我看到那在阳光照耀下反射出青光的渔船网具，便计上心来。我跟船长说，船到站之前，能不能拖几网鱼，看看渔业资源状况？船长说，这次调查没有拖网任务，让"上头"知道要挨批的。我说，既然是海洋调查，在不影响调查任务完成的情况下可以适当灵活一些。船员也纷纷要求船长"高抬贵手"。那时候的人脑子不活泛，"上头"说什么，就一点也不敢变。船长为人厚道，就对大家说，打两网吧，"上头"知道，我去解释。结果一网下去，别的鱼很少，几乎都是河豚。

那身上具有斑斑点点的河豚，鼓着大肚子，在甲板上一蹦一跳地挣扎。我就像见了妖怪，叫船员快扔掉，唯恐扔晚了，那可怕的毒素就会将全船人毒死。因为河豚据说是有毒的，在我们家乡是不准吃的。可是船员不答应，说："没关系，河豚好吃。"船员将20多只河豚集拢到一起，将肚皮破开，挖掉内脏，冲净血水，到锅里折腾一下，拿到甲板上来，大呼小叫地一边叫我们就座，一边大口地吃起来。

听人说，河豚味道鲜美，但含有剧毒，食用不当可能会引起中毒反应，甚至会有生命危险，一旦中毒，虽然你的神志非常清醒，手脚却麻木无知，不能站立；你可以思考，甚至想嘱托后事，但是口不能言，不久就无法呼吸。所以，很少有人敢于尝鲜。可在那饥肠辘辘的年代，面对这美味可口的鲜鱼，怎能不馋涎欲滴？这时候我下令先不尝试，看一看船员吃后的反应再说。后来看到船员一个个活蹦乱跳，没有任何中毒征兆，我才让队员们上前品尝。

我拿起一块鱼肉片，只见粉红的鱼肉片晶莹剔透，忐忑地塞进嘴里，细细一品，滑爽鲜美，稍一咀嚼，薄薄的鱼肉片便化为美味顺流而下。正是：河豚好吃，不吃不知。其色如玉，其肉如脂。甘而不硬，肥而不腻。佐以辛辣之物，则入口而化，五脏六腑无不舒畅，三万六千毛孔处处冒香气。

据说，一些喜欢美食的人，还喜欢吃河豚的内脏，用他们的话说："味之美，值得一死。"因为有毒的内脏，吃起来舌头发麻，但味道无与伦比的鲜美。我国大文豪苏轼居住常州时爱吃河豚，友人请他吃此物，他只顾埋头大吃，连话也不说一句。直至饱嗝连连，苏轼才向主人说："据其味，真是消得一死！"

不仅中国人爱吃河豚，在日本好此味者也大有人在，虽百死而不悔。东京上野公园有一座纪念碑，专门纪念一些因吃河豚枉送性命的吃客。

40年后的一天，应友人之邀，我到北海一家海鲜餐馆去吃饭，餐馆老板向我推介了他们的美味河豚杂味

河豚

第二章 海上岁月

汤，虽然店面装饰堂皇，店家友情殷殷，但是，我总找不到当年出海调查时那种拥甲板而坐，波浪摇摇，对风而啖，视死如归的豪情壮志；连老板精心制作的河豚鱼皮、河豚鱼片、河豚鱼杂汤，也没有船员从一口大铁锅中现捞出来的大杂烩令人垂涎欲滴。

河豚并非国家保护动物。其实河豚有毒，不乏有人吃了河豚中毒的新闻，因此我们建议，不要乱吃、贪吃河豚，即使偶然遇上餐厅有这道菜，也要拒食为好。

2. 撞船

1990年7月，我们来到广西防城港珍珠湾进行海湾水文观测。这是广西海洋研究所承担的国家海洋局下达的全国海湾志资源调查（广西部分）项目。

珍珠湾位于广西沿海西部，东与防城港毗邻，西靠与越南交界的北仑河口。海湾呈漏斗状，东部、北部丘陵直逼海湾，西部由沙堤所围，南面与北部湾相通。口门宽约3.5千米，全湾岸线长约46千米，湾内面积约94.2平方千米，其中滩涂面积约5333.3公顷。珍珠湾水下地貌类型主要为潮沟和潮槽。潮沟呈枝状分布，潮槽在湾口的白龙台至蛤墩沿岸，呈"Y"字形分布，槽宽约1千米，长约6千米，深5～10米，最深达13米，潮槽于南部与湾外航道相通。珍珠湾具有建设万吨级以上泊位的水深条件。

珍珠湾自古以来就是我国闻名遐迩的南珠产地之一，养殖珍珠的历史悠久，出产的珍珠质量上乘。早在2000多年前，《后汉书》就记载白龙珍珠港一带"不产谷实，而海出珠宝，与交趾比境，常通商贩，贸籴粮食"的史实。珍珠湾出产的珍珠以颗粒圆润、凝重结实、色彩艳丽而著称于世，曾在1980年美国国际珍珠评比会上获得"第一珠"的殊荣，同年在日本博览会上被评为世界第一流珠品。

环绕珍珠湾，有蜿蜒绮丽的海岸线、远古的贝丘遗址、西汉的珍珠场、唐代的古运河、清朝的白龙古炮台，古风悠远，耐人寻味，还有湾北沿岸连片分布的面积达10平方千米的红树林。走进珍珠湾，你还可以看见

清朝时期珍珠湾之白龙古炮台　　夜幕下的珍珠湾

湾西侧洁净的海水、细软的沙质京岛金滩，看见那属于你的一片蓝天与大海。在这里，演绎着很多故事与传说。

　　1990年7月的一天晚上，天刚黑下来没多久，我们将租用的一艘铁皮船停靠在离珍珠湾口门西面约300米处，进行海湾水文调查。20世纪90年代还没有GPS（全球定位系统）这种方便而又精确的定位仪器，只能用手拉的六分仪来找寻船只位置。在近岸或海湾内调查最好的定位方法就是借助海岸某一参照物。晚上，只好依据海图并利用罗盘确定船的位置。7月，正是北部湾海面西南季风盛行的季节，珍珠湾口风较大，船只有点摇动。我坐在船舱内紧闭双目，耳听船上收音机中的歌曲《洪湖水浪打浪》，以转移对晕船的注意力。正在此时，听见船上不断鸣笛和船员的喊叫，我迅速睁开双眼跑上甲板，只见船只正位于"白迷迷"水界中，船的西北面是黄色的咸淡水，东面是天蓝色的海水，泾渭分明。"白迷迷"水界只是一个过渡带，就是渔民常说的"流隔"。珍珠湾口不大，但进出的船很多，有下钓的、拖网的，还有越南运输船等。船只麇集，百舸争流。在这条锋线上，波浪垂直跳动，发出急骤的"噗噗"声，类似雨打蕉叶声。船只急剧摆动，控制不住方向。说时迟，那时快，我们的船还未完全停稳，对面一艘木帆船就横切过来！只听"喀嚓"一声，船连风帆一起撞在我们的船上。木帆船甲板上的货物顿时乱成一团，有的洒落到海面上，船员急于使用各种工具拉住顺着水流漂走的洒落的木片、木炭等，木炭全是用麻袋捆住的，眼看漂动的木片、木炭越漂越远，木帆船上的3个船员只好跳到水里用

第二章　海上岁月

手将木片、木炭（麻袋）推到我们船的旁边。还好，木帆船除帆布被刮破外，船身无破损，船上的木片、木炭也只有1/4洒落于海面。

后来，这艘木帆船上的5人全部下水，有的用手抓着木片、木炭，有的用绳子拴住漂动的木片、木炭。铁皮船虽然已急速倒车，但是在惯性的作用下仍向前滑行了一段距离。其间，旁边的渔船都不敢靠近铁皮船，只在远处呐喊、嚎叫。有的对落水的东西表示可惜，也有的对这次事故进行诅咒。当时水温26～27℃，下水船员虽衣衫尽湿，但在水中仍坚持了40多分钟，直到把全部洒落的东西找回。我们只能表示同情。

晚上10时，我们将载着5名船员的木帆船用绳子拴住船头拉到白龙港码头，大家才依依惜别。总结这次教训，船长说，主要责任在对方。由于这里水急，船密集，船长亲自操船。看到前方另一艘渔船挡道，他拉响汽笛，长长的一声，表示船向右转，希望对方也向右拐，谁知这艘渔船一时慌乱，竟将船头打左，将整个船身横在我们船面前，为了躲避才造成以上局面。最后，木帆船船员还有点埋怨我们："你们这群不食人间烟火的书生，不该把船停在这个航道区域！"而我们只好接受这种批评。此时，夜幕早已降临，我们坐在甲板上，看着渐渐远去的木帆船，仰望天空，只见星河耿耿，明月在天。从海面吹来的夜风，掠过水面，掠过船头……

3. 夜宿小海岛

1995年8月，我第一次带队到斜阳岛进行全国海岛资源综合调查。

从出发到这次登岛，我们已经跑遍了多个海岛。几天巡岛，加上海上颠簸，全身像散了架似的。衣服酸溜溜，头发乱糟糟。10吨渔船带的淡水，只够每天做饭和饮用，限制洗衣和冲凉！十几个人看起来，个个像"逃犯"，再不靠岸，身上虱子都要生出来了。于是，我决定让船停靠斜阳岛，休整、补给2天。

斜阳岛，位于涠洲岛东南方向约9海里处。该岛由火山喷发堆凝形成，面积1.89平方千米。因为从涠洲岛上可观太阳斜照此岛全景，又因该岛横亘于涠洲岛东南面，南面为阳，故称斜阳岛。

斜阳岛四周山岩高耸，中部凹陷，宛如一朵巨大的莲花，盛开在万顷碧波之中。浪涛拍岸之处，几乎全是悬崖峭壁，不可登临。幸亏东南西北四面各有一处缺口，可以泊船、上岸。东南北三面的缺口小而且水浅，只能停泊小渔船，故岛上渔民用作渔业码头，但无任何码头设施。这三处码头各有一条羊肠小道从礁岩中蜿蜒而上，通往岛上唯一的村庄——斜阳村。小道两旁密密麻麻地长满了仙人掌，开着金黄色的花朵。西面的缺口较大，水也较深，曾在岛驻守的部队在这里建了一个简易军用码头，可停泊登陆艇和稍大一点的船只。一条宽约3米、长约2千米的便道从码头陡峭而上，翻越山口，穿过丛林，通到已废弃的部队营房，再通往斜阳村。此便道是部队当年建码头时修筑的，是岛上唯一可通小型车辆的道路。东南西北四个小码头，岛上渔民轮流使用，哪个码头风最柔、浪最小，便从哪个码头出海打鱼，并将渔船全部停放在这里。风掉头、浪转向时，渔船又来一次大迁徙。大大小小、色彩斑斓的渔船，横七竖八地系在避风码头嵯峨的礁岩上，渔船旁，凌乱地堆放着各种渔具，构成一幅偏远蛮荒的图画。

斜阳岛上约有280人居住，民风淳朴，村民多靠打鱼为生，夜不闭

🎧 远处的斜阳岛

户,恍如世外桃源。斜阳岛上还驻有一支守岛部队,部队每天的军号声、出操声、战士们的歌声、笑闹声和一个个年轻健壮的草绿色身影,给岛民们的生活带来热闹和欢乐。

斜阳岛因为缺水,农业靠天,收获没有保障,粮食不能自给。所以,渔业是斜阳岛人的主业,岛周围的海域里盛产石斑鱼、金线鱼、鱿鱼、墨鱼、对虾、海参等优质海产品,供他们一年四季捕捞,卖给从涠洲岛和北海来的鱼贩子。他们在主业上的收益,远远超过农业,每户人家靠捕鱼收入可维持正常生活,但只能过温饱的生活,因为大米、油盐酱醋和各种日用品样样都得花钱从岛外买,只有柴火,漫山遍野,取之不尽,用之不竭。

我们上岛后先找旅店住下,本想经过简单盥洗再外出吃饭,但是多数人饥肠辘辘,要先吃饭后睡觉。我也只好从众。饭店老板看到我们逡巡饭店,便连推带拉将我们领进店。虽然饭菜上得很快,但是经不住十几双筷子左右腾挪,风卷残云,不一会就吃得干干净净。店主就像遇见"梁山好汉",赔着笑脸送我们出来。

晚间的斜阳岛静悄悄的,行人都不多一个,沿街边的几户渔家人早已闭门休息。这正是休息的好地方。经过一个晚上的休息,疲劳去掉一半,一些队员又在想换换花样来改善生活。当时,正是农历七月,梭子蟹上市季节。早晨起来,岛上有人叫卖夜间捕捞来的鲜活梭子蟹,每斤只要2~3角钱,比北海便宜得多。尽管有的个头不大,可拿在手里,沉甸甸的。揭开盖子,蟹黄流油,个个饱满。我随即买了一筐梭子蟹,抬到船上,一边看着朝阳从东边悄悄升起,一边剥食梭子蟹,很快一筐梭子蟹就吃光了。这时船长老周说:"吃买的不过瘾,今晚我要亲自下钓。"

🎧 产于北部湾的梭子蟹

我们租来的渔船就停在离住店不远的小码头。晚上10时许，我们趁着上弦月朦胧的月色，来到船上看船长老周开始兑现他的诺言，亲自钓梭子蟹。

钓蟹和钓鱼有些类似。钓鱼是鱼咬钩，只要鱼将钩吞进嘴里，想跑也跑不掉。钓蟹是在绳子头绑一块肉，蟹闻到味道，即钳住绳头不放松，钓者随即将吊绳拉出水面，取下蟹放入袋中。两个小时后，袋中蟹满，我们埋锅造饭，煮蟹夜餐。

斜阳岛海产丰富，梭子蟹就是其中之一。老周说："斜阳岛梭子蟹鲜而肥，蟹壳薄而黄多，甘而腻，白似玉黄似金，色香味三者至极，无一物可比之。"此言果然不谬。

凌晨3时，我们品尝蟹夜餐后回到旅馆，含着满嘴蟹香，很快进入梦乡。天亮要远航。

4. 观海潮

2006年7月11日，受钦州市人民政府邀请，我前往钦州三娘湾参加观潮节，并作观潮感言。

钦州三娘湾，位于钦州市犀牛脚镇东面约5千米处海湾边，南临北部湾，背倚乌雷山，掩映在枝繁叶茂的红树林里的海滩洁白柔软，站在如天外流星坠落海滩的三婆石上，朝可观旭日东升，晚可赏夕阳斜照。

三娘湾吸引人之处：一是乘船出海可以观看珍稀的白海豚；二是赶海观潮，可以感受宁静的渔村生活。

要说海潮，应以钱塘江口最著名。在我国北起辽宁省的鸭绿江口，南至广西的北仑河口，在长达1.84万千米的海岸线上，有一个令人震惊和陶醉的地方，那就是钱塘江口。千百年来，钱塘江口的涌潮一直深深地吸引着人们。钱塘江北岸的海宁盐官一带

钦州三娘湾海潮

浪声回荡北部湾
Langsheng Huidang
Beibuwan

● 我的海洋历程

是远近闻名的观潮胜地,每年一到农历八月十八,成千上万人涌集到这里观赏这一奇景。人们站在高耸的石堤上,放眼遥望,但见碧海茫茫,水天一色,白鸥翱翔,柔波细语。猛然间,汹涌的潮头,如同玉岭雪城一般向前推进。潮声低沉,如万千狮吼,震天动地。很快,潮头形成10多米高的潮峰,喷珠吐玉般涌到人们脚前,甚至扑上海堤,掀起一两丈高的浪花。这时,"踏波翻浪"的弄潮儿便大显身手,迎潮而上,在潮水中表演各种惊险动作。历代诗人来这儿观潮,心潮澎湃,浮想联翩,留下不少精彩诗篇。

钦州湾位于广西沿岸中部,属于喇叭形海湾。东、西、北三面为陆地环绕,南面与北部湾相通。口门宽25千米,纵深39千米,海湾面积380平方千米,向西北航行20千米到达鹰岭和龙门岛附近,水道宽不足3千米,具有和钱塘江口一样的地形。因此,涨潮时,外海水涌来,在湾顶狭窄的龙门和鹰岭附近也会形成和钱塘江类似的涌潮,只是潮高没有钱塘江涌潮那么大罢了。但是,由于钦州湾是全日潮海湾,涨潮时间长,所以海潮持续时间要比钱塘江涌潮长,游客可饱览和欣赏海潮奇观的时间更长。此外,钱塘江涌潮在农历八月中秋左右最大,但是钦州湾恰恰相反,最大海潮推迟3~5天。加之湾内岛屿星罗棋布,港汊众多,海岸线曲折,海潮具有多种多样的特色,是广西滨海旅游产业中一个重要的景点。

三娘湾的海潮可与钱塘江的涌潮相媲美。有人说:"东有钱塘江涌潮,南有三娘湾海潮",应该说,两者各善所长,各有特点,基本类同⋯⋯

三娘湾位于北部湾顶及钦州湾的内侧,水体进出主要通过钦州湾的水道与外海接通。但是,在水道之间均有大小不等的栏门沙带,尤其是靠近三娘湾口的栏门沙带最大、最长、最宽,每当三娘湾的水体外流到达栏门沙带附近,遇到海床抬高、水深变浅的栏门沙带时,水体的水质点在向前推进的过程中突然受阻,然而其后的水体仍不断涌至,大量的水体积聚,能量高度集中。所以,每逢农历的初一、十五,太阴、太阳两者距离地球最近,引潮力达到最大,在引潮力作用下的水位升降也达至最大,故而形成三娘湾近6米高的大潮。

每年农历的五月、十月为北部湾大潮期。2006年7月11日，这一天正好是天文大潮期。钦州市人民政府几乎每年都在农历五月组织一次观潮活动，吸引海内外更多的游客到三娘湾观潮，以观潮为切入点宣传滨海特色旅游产业，扩大对外影响。

"八月涛声吼地来，头高数丈触山回。须臾却入海门去，卷起沙堆似雪堆"，这是唐代大诗人刘禹锡对钱塘江涌潮的真实写照。今天用它形容三娘湾海潮也很确切，还别有一番含义。

5. 钓鱼

海洋调查是枯燥的，然而渔猎就是海洋调查中最好的娱乐形式之一，如钓鱼。

琼州海峡水道西口附近是垂钓的胜地。每天晚上在灯光照射下，到处游荡着鱼，因此招来许多来自广州、香港的游客，他们专门从广东乌石一带租船出海垂钓，据说，收获甚多。

琼州海峡有各式各样的鱼类，其中最为常见的是：身体扁平黢黑，表皮粗糙，背鳍带刺的橡皮鱼（马面鲀）；体呈白色，一伸一缩向斜上方运动的鱿鱼；身体全白、长约1米，金色的斑点在灰暗的水中闪闪发光，游动速度极快，活像一条旗舰向我们驰来的鲈鱼；还有，能把小鱼吓得一哄而散的大鲨鱼；等等。

2016年4月，正是大地回春、鲜花初绽的美好季节，我们调查组一行5人乘坐涠洲岛"北渔"一号船，从广东的乌石港出发前往琼州海峡水道西口附近调查，当船开到预定海区停下来的时候，看到海面上各种大小鱼儿游来游去，它们好像在戏耍、跳跃、竞相比美、比亮、比快。此时，船员放下了吊钩，它们还不知道危险已临近。

海面上还有许多水鸟，如海燕和海鸥等。这些水鸟因长途跋涉，一路劳顿，便落到我们船上休息。其中有属于长翼类的信天翁，它们的鸣叫就像驴叫那样刺耳。

虽是4月，但琼州海峡的夏天却早已匆匆赶到。白天，太阳明晃晃地

浪声回荡 北部湾
Langsheng Huidang Beibuwan

· 我的海洋历程

悬在头顶。整个甲板像个蒸笼，冒着热气，不把人烤熟誓不罢休，不值班的人都躲到船舱内。一到夜晚，船员和调查队队员从船舱内涌上甲板，这时钓鱼成了最大乐事。这里的鱼大概未受到人类捕杀，不管钓钩放着什么饵料，甚至是空钩，它们也要向前咬夺，从而铸下大错。

因为我们大约每半个小时就要取一次水样，无暇参与垂钓，所以只有船员才学会了钓鱼这项"独门绝技"，每天晚上只要船一停下来，他们就将钓上来的鱼洗净，扒掉鱼皮，割去鱼头，从船上厨房拿来姜蒜和食油，然后放在电热锅（上船之前就准备好了）里，驾轻就熟，烹烹炒炒，一会儿香气四溢的鲜鱼就呈现在我们面前。吃过"小鲜"后，满嘴鱼香。老子曰："治大国若烹小鲜"，治大国我们没有那个能力，烹小鲜本领在船员身上却发挥到极致。

6月的这次赴琼州海峡调查，果然收获颇丰。这一天，我们把调查的资料整理完之后已是晚上9时许，夜间，由于琼州海峡西口附近海面几乎全是当地渔民在围网捕鱼，所以，一到夜晚外地船就不敢开动了，只能停下来休息。

船老大把船开到预定海区休息。吃过晚饭，船老大把早已准备好的钓鱼绳及饵料轻轻抛入水中，几分钟后，开始收获了，最初都是些小鱿鱼，"大家伙"还不敢上钩，大约半个小时的工夫，钓上来的小鱿鱼足足有2斤多。姜子牙曰："不想活的鱼儿，愿意的话，就自己上钩吧。"商朝末年姜子牙隐居在渭水边，他在渭水边用笔直的鱼钩，不挂鱼饵，鱼钩离水面还有三尺高开始钓鱼。有人笑他100年也钓不到一条鱼，他则念念有词地说了这句话。

鱼与人有相似的一面，饥不择食，琼州海峡海域的鱼更是如此。瞬间，只见船老大将吊钩一拉，稳稳地，好像有东西拴住似的，我想，这下可以验证"姜太公钓鱼，愿者上钩"这句名言了。果然，看见船老大将吊钩慢慢往回收，"这家伙"太大了，快拉会断了钓绳的，这就是经验，只有实践过的人才有这种本领。当船老大将"这家伙"拉到船边时，我们一看，这条鱼足有1米多长，估计有15千克重，船老大用尽全身招数才把它

🎧 喜获丰收——钓鱼（图片由姜发军博士提供）

提离水面，然后用事先准备好的渔网套住才能拉它起来放到甲板上。

接下来，是饱餐一顿，真是太美味了。第二天返航的时候，船老大还给我们每个人预留了2斤鲜鱼肉带回家。调查组的姜发军博士说，这次出海调查我们赚大了，家属还能分享来自琼州海峡的"小鲜"。

过后我写了一首诗：

海洋调查总是诗，
多少浪漫无人知。
船驶八面都有菜，
不问其他只问吃。

浪/声/回/荡/北/部/湾

第三章

走进
这片海

特殊的海水运动形态
独特的海洋生态系统
广布的滨海文旅资源
丰富的海洋药用资源宝库

走进北部湾

北部湾，三面环陆，环境独特，陆架宽广。
这里的海水节律运动，让北部湾人依潮赶海大获丰收；
这里的海水日涨日落，带走海底泥沙形成港口航道深槽；
这里的海水向岸爬升，携带营养水体供给表层鱼类生物，
还带来厚厚的沉积矿物，为众多生物提供营养成分；
这里的海滩沙泥混合，为中国鲎的孕育场、白海豚的栖息地，
汇集陆地养分的海湾，是红树林终身所系的故土和家园……
是啊，还有火山喷发堆积而成的火山岛，
河流泥沙沉积而成的冲积岛，
珊瑚虫礁体形成的珊瑚岛。
这些众多岛屿，拥有独立和脆弱的生态系统，
保留了许多珍稀的物种，成为生物多样性的富足之地。
布氏鲸，海湾最神秘的访客；
海牛，出没于大海的"头披长发美女"……
这里的一切，都源自北部湾自诩的海水、丰富的物质、
热带习习的海风。
走进北部湾，就会感觉到它的内涵广博、深邃；
就会知道它的资源丰饶、稀奇；
还会感觉到更多更多……

一、特殊的海水运动形态

1. 我国最典型的全日潮海湾

海洋，蕴藏着巨大的力量，太阳、月亮、地球相互作用产生强大的引力，使海水规律地隆起，然后落下。

潮汐，是沿海地区的一种自然现象，是海水在天体（主要是月球和太阳）引潮力作用下所产生的周期性运动。习惯上把海面垂直方向的涨落称为潮汐，而海水在水平方向的流动称为潮流。人类的祖先为了表示生潮的时刻，把发生在早晨的高潮叫"潮"，发生在晚上的高潮叫"汐"。这就是"潮汐"的由来。

（1）全日潮的节律

全日潮，是指潮汐在一个太阴日内，只有一次高潮和一次低潮，高潮和低潮之间相隔的时间大约为12小时25分。

北部湾，是我国最典型的全日潮海湾。一个月当中，大约22天为正规全日潮，约8天为正规半日潮。一年当中，60%～70%的时间为全日潮，其余时间为半日潮。北部湾的潮汐比我国其他沿海复杂许多，存在正规全日潮与正规半日混合潮。在北部湾北部沿海，每14天（一流水即一个水期）只有2～5天是两次潮（半日潮）。北部湾沿海渔民称两次潮为子老水，其余为一次潮（全日潮）。每个水期都要经过从两次潮转一次潮，使潮汛变得复杂。

面对北部湾复杂的潮汐，聪明勤劳的北部湾渔民经过千百年的实践，

浪声回荡北部湾
Langsheng Huidang Beibuwan
● 我的海洋历程

根据潮汐涨落规律总结出世界上独一无二的"潮汐口诀",当地渔民按照该潮汐口诀计算每天发生的高、低潮时间。口诀依据地球上某点与月球的相对位置随时发生变化(每天,太阳约24时48分)为一周期,而水期(潮汐周期)是以眼子即天(24小时)计算。潮汐口诀[①]如下:

一、七月初七、廿一

二、八月初五、十九

三、九月初一、十五、廿九

四、十月十三、廿七

五、十一月十一、廿五

六、十二月初九、廿三

口诀是指每年的农历一月、七月的初七、廿一为一眼子(即半日潮);农历二月、八月的初五、十九,农历三月、九月的初一、十五、廿九为一眼子……,以下类同。

口诀为子孙后代(特别是渔民后代)一直沿用至今。居住在北部湾沿海地区的人们,根据这个口诀会知道每一天的潮涨潮退时刻,从而计划每一天的赶海时间。

赶海,是沿海渔民传统的生活日常。每当退潮的时候,渔民们便赶到浅水或裸露的海滩,打捞或捡拾退潮留下的鱼虾蟹贝等海产品,这就是所谓的"靠海吃海"。北部湾沿海渔民是祖祖辈辈的赶海人,代代享受着这片海湾日复一日的美食馈赠!事实上,赶海就是赶潮,依潮水的退涨而作。

赶海,有许多技巧,也要有些经验。相传赶海的顺口溜、俗语,就是渔民实践经验的总结。例如,"初一十五两头干"说的是,农历初一与十五,早晨与傍晚都退潮,一天之内可有两次赶海的良机;"西北风,落

---

① 春杨叶:《北部湾潮汐子水周期表(农历)》,2014年11月16日。

🎧 北部湾畔赶海人

🎧 传统的捕鱼工具

脚赶大潮"则是说，连着几天刮西北风，风停之时潮退得很远，是赶海人的节日；"东北风，十个篓子九个空"告诫人们，正刮着东北风的日子赶海是不会有收获的。

　　美丽的北部湾清晨，映现在我们面前的是一幅令人憧憬的赶海画卷！

　　在北部湾海边长大的人没有不会赶海的，追逐着退去的潮水，手里拿着铁钯，扒着藏在沙滩里的花蛤、毛蚶。遇到礁石底下的小蟹、小鱼，还有水面上跳动的小虾也不放过，有时直接把它放进嘴吞进肚子里。生吃蟹子活吃虾，挖到海蛎等贝类就回家。这里的人们没有一顿能离得开海味的！

　　清晨，浅水的海滩、晨曦、电筒灯光，构成了色彩斑斓的美丽画卷！人们披着初露的霞光，蹚着清澈的海水，寻觅嘴边的美味！

　　海是真正孕育生命的摇篮，渔民把大海比作母亲，也把她比作蓝色的土地。在海里，人类是最渺小的，想起成语"大海捞针"！但海潮退却，

第三章　走进这片海

裸露了大海的胸襟、平静、宽广、恩赐！北部湾这片海，目前还算是原生态。潮起潮落，无数个世纪的变迁和进化，养育了与她亲近的一代代北部湾人。

"江上往来人，但爱鲈鱼美。君看一叶舟，出没风波里。"这首脍炙人口的古诗，既描述了人们对鱼的喜爱，又讲出了1000多年前渔民的艰辛。尽管现在捕鱼工具比古人要先进得多，但渔民的辛苦与困惑仍然不少。

愿慷慨的大海不断造福于人类，每年无私地为我们提供大量的海产品。

感谢大海！感谢大海母亲！祝福每个快乐的赶海人收获多多！

（2）日潮作用下的天然良港

潮汐，是自然界最规律的现象之一。潮汐的涨落运动产生巨大的作用力，对沿海港口航道起到重塑作用，永不停歇。

海洋是生命最初诞生的地方，是数量庞大的海洋生物生死相依的故园。海洋制造的氧气占地球产生氧气总量的70%以上，潮水的起落消长与循环往复，让整个地球的海洋水体始终处于运动之中。潮水永恒不息的运动，关系到海洋的健康、物种的延续和我们所在星球的未来。同样，海洋中的许多物理现象及其变化规律，都是潮汐（水平与垂直）节律影响的结果，包括物理海洋学要研究的海—气相互作用、海洋热盐结构、海水宏观运动、海洋湍流、物质输运，以及航道冲淤变化等。

潮水的涨落节律及流动，对于赶海人掌握赶海的时间太重要了。然而，潮汐的巨大作用又何止这些呢！人们利用潮汐造福人类、造福社会。比如，利用潮汐发电、捕鱼、产盐、发展航运、养殖海洋生物，以及用于很多军事行动。早在1000多年前的唐朝，我国劳动人民就利用潮水来碾磨粮食和压榨甘蔗。新中国成立后，我国潮汐能发电拉开了序幕。1979年以来，先后建成山东乳山潮汐电站、山东金港潮汐电站、浙江小沙山潮汐电站、浙江象山潮汐电站等。沿海潮汐资源作为一种可观的动力资源，日渐得到充分利用。

北部湾由于特定的自然地理条件，全日潮占60%~70%。广西沿岸各港湾具有潮差大（最大潮差6.24米，平均潮差2.40米）、涨落潮时间长（平均涨潮时间为11.60小时，落潮时间为12.40小时）的特点，落潮时大于涨潮时，水交换条件好，港湾航道淤积少，故而形成天然的深水良港。广西北部湾防城港、钦州港、北海港、铁山港、珍珠港等，就是深水良港。

同样，深水岸线资源也非常丰富，拥有深水岸线164千米，占海岸线直线距离185千米长的88.70%。广西沿海众多港口，正是得益于北部湾特定的自然地理条件和天然全日潮的作用，从东至西，分布着英罗港、铁山港、廉州湾、大风江口、钦州湾、企沙港、防城港、珍珠港、北仑河口等10多个天然港湾，其中不少港湾具备水深港阔、避风隐蔽、潮流深槽不淤等特点，而且这些港湾的深槽水深为10～15米，航道长度为8～15千米，如龙门港，航道深槽长约20千米，建港自然条件十分优越。

按照交通运输部门规划，广西北部湾可建成万吨级深水泊位120个以上。规划实施后，港口年综合通过能力将达到17亿吨，开发潜力和空间巨大，其中，钦州港、防城港、铁山港的靠泊能力可达20万～30万吨级，珍珠港可达5万吨级。这些潜在的港口资源，能够满足海运业向大型发展的需要，具备与世界各大港口直接往来的条件。

目前开发的防城港20万吨级码头及进港航道、钦州港30万吨级油码头及进港航道、北海铁山港1～4号泊位及进港航道等一批标志性工程都是依托港口天然的水深条件建成的。现在的北部湾港拥有生产性泊位268个，其中万吨级以上泊位95个，最大靠泊能力达30万吨级，吞吐能力达2.6亿吨。与世界100多个国家和地区、200多个港口通航，实现了东南亚、东北亚地区主要港口的全覆盖，港口基础设施和吞吐能力都迈上了新台阶。2017年，北部湾港货物吞吐量增长7.2%，集装箱吞吐量增长30%。2019年，北部湾港完成货物吞吐量2.59亿吨，集装

🎧 发展中的北部湾港

箱吞吐量382万标箱，增幅在全国沿海主要港口中排名前列。2020年，北部湾港完成货物吞吐量近2.96亿吨，集装箱吞吐量505万标箱。2021年，北部湾港完成集装箱吞吐量601万标箱，同比增长19%，排名从2020年的第11名上升至第9名；完成货物吞吐量3.58亿吨，同比增长21.2%，从第15名升至第10名，双双跻身前十。北部湾港口建设取得了显著成效，已成为我国西南地区对外交流的重要口岸，对促进广西和其他腹地的经济、产业发展发挥了重要作用。这与北部湾全日潮作用下形成众多的天然良港有着密切联系。

观沧海以豪志，汇百川而潮涌。今天的北部湾港，正呈澎湃之威势，书写国际门户大港之故事。

2. 复杂的近海环流运动形态

北部湾是一个半封闭的浅海湾，岸线曲折，岛屿众多，陆架宽广，底层充满着各种中尺度涡，海水流动复杂、形态多变、特征各异。湾内各种流系、水系的交叉、交错、交汇构成了独特的流动形态。

20世纪60年代初，中越联合开展北部湾海洋综合调查，取得了一系列有关海洋科学发展的首次观测资料和研究成果，填补了北部湾海洋科学研究的历史空白。1964年出版的《中越合作北部湾海洋综合调查报告》描述：冬、春两季，北部湾内为逆时针气旋式环流；秋季湾内受逆时针环流控制，东北部有一顺时针环流；夏季湾内为反气旋式环流。冬季，在东北风影响下，南海水通过琼州海峡进入北部湾；夏季，在西南风影响下，北部湾水体则通过琼州海峡流向南海。对北部湾来说，经过琼州海峡的水交换是"冬进夏出"的传统收支形式。在此期间，大部分的文章都是建立在风生环流的基础上，把风当作主要驱动力。这些论述与最近20年的研究结论截然相反，传统的观点不断受到挑战。

近20年来，我们基于"广西近海环流的特殊现象及其产生机制"等多个国家自然科学基金项目的研究，以大量调查的资料作为研究和分析依据，采用国际上最为先进的三维斜压湍封闭动力学数值模型，对北部湾环流尤其是广西近海环流进行更细网格计算和边界条件改造，从实际观测数

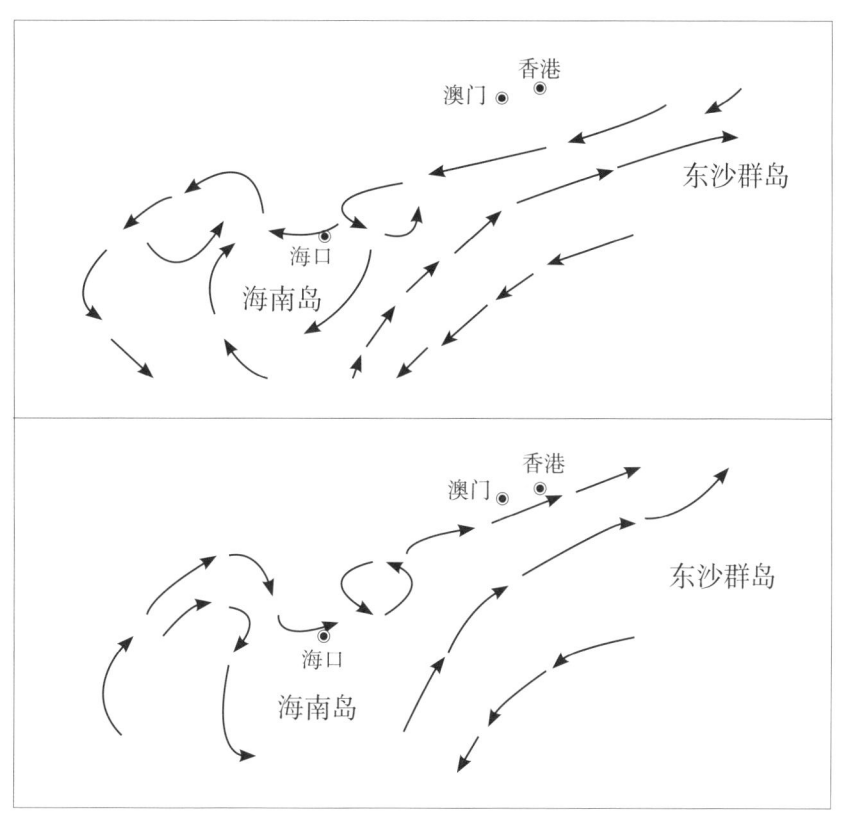

❶ 北部湾冬季（上图）、夏季（下图）环流模式示意图

据和理论计算结果两个方面进行比较，揭示了近浅海区海底地形与环流运动之间的响应关系，合理解释了北部湾环流的特殊现象及其产生机制，成功解决了北部湾50年来夏季环流结构与机制存在的争议。得出北部湾北部夏季存在一个气旋式环流，而不是反气旋式环流的研究结论。形成这个环流的主要原因：

一是夏季入海径流量增加，大量冲淡水在入海河口处堆积，导致海面由近岸向外海逐渐下降，混合水形成的斜压效应，驱使冲淡水沿越南沿岸向南流出湾口，促使气旋式环流形成。

二是夏季西南风向北岸吹刮，使得外海水在广西近岸堆积，岸边海平面高于远岸。按照地转流计算方法，由岸向外海面倾斜的正压效应，将驱使沿岸水向西运动，促进了气旋式环流的形成。

三是琼州海峡东部南海水持续向西流入北部湾加速气旋式环流形成。

同时，研究还发现：因为北部湾西北面为陆地和岛屿、东面为琼州海峡、南面湾口与南海相通，所以湾内环流受地形、风、外海水、海水密度分布及河流冲淡水注入等影响，呈现出一些复杂的特殊现象。

该研究成果丰富了我国浅海物理海洋学的研究内容。

（1）北部湾北部近底层水北向爬升

近底层水北向爬升，是指表层以下水沿直线向上升（上升流）。上升流是由表层流场产生水平辐散所造成的。如风吹走表层水，由下面的水上升得以补充。因表层流场的水平辐散，表层以下的海水沿直线上升的流动，称为上升流。相反，因表层流场的水平辐合，海水由海面沿直线下降的流动，称为下降流。上升流和下降流合称为升降流，是海洋环流的重要组成部分。它和水平流动一起构成海洋（总）环流。上升流一般产生于较为开阔的区域，但在近岸区出现实属少有。

北部湾北部近底层水北向爬升，对广西近海水体更新产生重要的影响。但相关研究依然不足，还存在不少未知的领域，许多现象找不到科学解释。如，北部湾北部白龙半岛以西海域为海洋初级生产力高值区。根据卫星遥感数据，该海域的叶绿素a浓度分布最高值为3~7毫克/米^3，比其他海域高出1倍以上。叶绿素a是反映浮游植物现存量的良好指标，其数量和分布直接影响海洋初级生产力的水平。北部湾西部白龙半岛以西海域，成为广西传统的渔民作业区，每年渔获量的70%~80%产自北部湾西部，应与这里较高的海洋初级生产力水平关系密切。"大鱼吃小鱼，小鱼吃虾米，虾米吃浮游植物。"海洋浮游植物是一类单细胞的光合自养生物，是海洋的初级生产者，也是海洋生态系统的基础。2015年，我们根据国家自然科学基金项目"关于北部近底层水北向爬升对环流及水体更新影响研究"，通过构建南海西北部的三维斜压数值模型，利用观测资料和模式计算结果，分析北部湾北部近底层的北向流对广西近海输送的水通量及其季节性变化特征，发现北部湾北部近底层常年为北向流，并在广西白龙半岛以西和涠洲岛附近海域向上爬升。该北向流通常把深层高盐、富营养物质水体带到上层，有助于鱼虾类的大量繁殖。因此，上升流对应的区域通常是著名的渔场。白龙半岛以西和涠洲岛附近海域是鱼虾类资源繁殖区，为北部湾西北部重要的渔场区域之一，这与近底层水北向爬升携带的丰富浮游生物有关。

近底层水北向爬升的主要原因：广西沿海气旋式环流导致雷州半岛西岸水流走，琼州海峡水密度高于北部湾水，不能直接从表层加以补充，只有从底层上升，弥补当地水的损失。同时，受冬季、夏季两种不同形式环流的影响，夏季盐度底层明显向近岸弯曲（上升趋势），冬季近岸盐度曲线则向岸外弯曲（下降趋势），这两种温盐分布形式的不同也易于引起上升流。

海水中的初级生产者——浮游植物，不仅决定着海洋中的渔业资源，也在一定程度上影响海洋的碳汇和气候调节能力。近底层水向上爬升的发现，对于全面认识北部湾全海域生态要素的分布特征及其渔业生产等都具有重要意义。

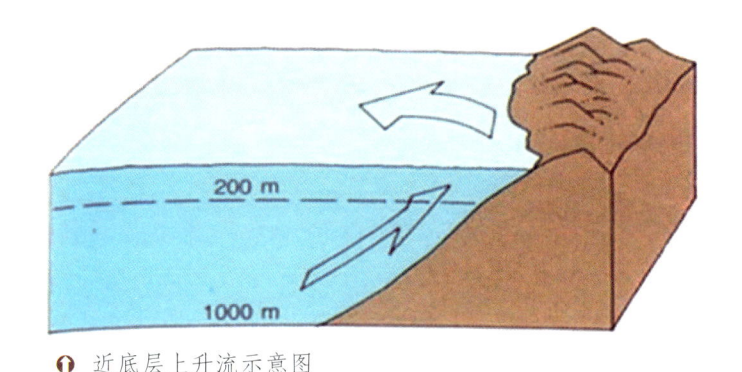

近底层上升流示意图

（2）白龙半岛近岸少见的逆风流

逆风流即逆向流，别说见过，就是听也甚少。然而，在白龙尾近岸却出现了。

白龙半岛，也叫白龙尾。半岛沿岸区水浅，又属于日潮区，平均潮流

浪声回荡 北部湾
Langsheng Huidang Beibuwan

· 我的海洋历程

流速一般在25～30厘米/秒，水体输运能力较弱。然而，在一次台风影响期间，我们发现了一个令人吃惊的观测结果。2011年9月29—30日，"纳沙"台风进入北部湾，广西白龙半岛沿岸海面的风向从西北转向北，在9月29日17—20时的4小时内平均风速达到8.0米/秒，9月30日风速一直较大，广西沿海出现11～14级大风，降雨量达到332毫米。随后，风向逐渐转为东北，到了30日17—20时，风力才显著减弱。此时，位于白龙半岛南面10米水深处，锚系浮标测得的表、中、底层流速分别为103.7厘米/秒、94.1厘米/秒、71.0厘米/秒，表层流向为西南向，表层以下流向为东北向，均

白龙半岛近岸西向逆风流观测点位置（S1）

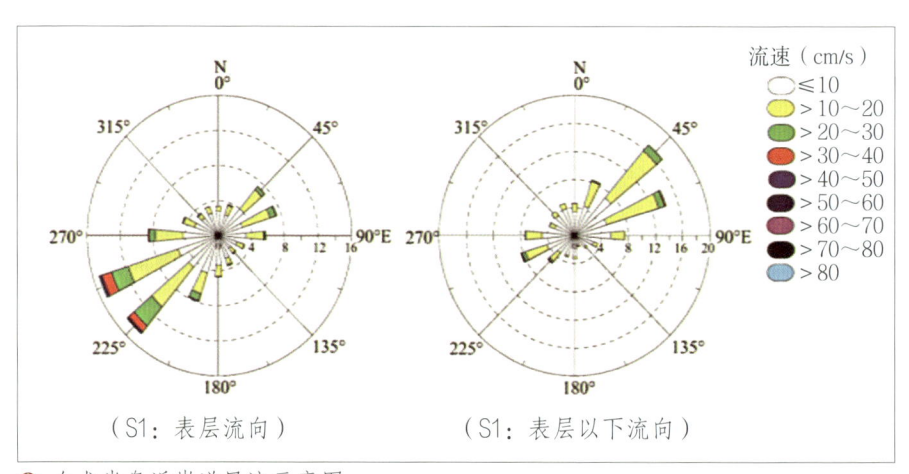

（S1：表层流向）　　（S1：表层以下流向）

白龙半岛近岸逆风流示意图

为很强的逆风流；而正常天气期间，各层海流流速一般在20～30厘米/秒，超出正常值3倍以上。台风期间，余流流速最大值达60.9厘米/秒，也超出正常值3倍以上。表层以下均为逆风流。

逆风流的出现，在广西乃至世界，实属少见。

在国内外关于逆风流的研究中，国内称之为"风暴流"，国外则称之为"射流"。近年来研究发现，白龙半岛沿岸逆风流形成的原因：一是风的作用，由于风向为偏南风，风吹向岸边，水在岸边堆积，产生增水；二是地形的作用，白龙半岛向西南插入北部湾，所以，外海水在向白龙半岛移动时受阻，而来自沿岸的入海径流与外海水相遇，外海水受到径流冲淡水冲击后，不得不改变原来的流动方向，故在白龙半岛西南处构成一个逆向流模式。受地形走向的制约，主流向发生了改变，从而形成由西南转向东北的逆风流。

逆风流的出现，改变了许多传统观念。在台风影响下，原本为西南向流突然变成东北向流。由台风激发的逆风流，在短时间内驱使海水流动速度加快，对沿岸污染物输送产生重要的影响。如果是风海流，它的运动形态和我们的观测结果不一致，我们的观测结果具有明显的正压性，增水引起的正压流才是此近岸西向逆流形成的重要原因。"纳沙"台风平均风速只有8.0米/秒，沿岸产生增水65.0厘米，就可使流速增加3倍以上，那么增水在2～3米的台风，将引起的近岸逆风流是多少？

台风期间出现逆风流（从西南迅速转向东北交换），引起沿岸增水，极大改变平均状态下的物质输运，对海洋生态环境保护、养殖生产、海上定置物等产生重要影响。基于上述工作基础，2019年我们提出"登陆北部湾台风引起广西近岸风暴流产生机制研究"项目，获得国家自然科学基金委资助。

北部湾沿海是台风的多发区。台风降临除给广西沿海造成严重的经济损失外，沿岸增水还会改变平均状态下的物质输运，对污染物稀释、环境保护、生态养殖等产生重要影响。如2014年7月19—20日登陆广西的超强台风"威马逊"，给沿岸珊瑚礁、红树林、海草床等主要海洋生态系统带来严重破坏，海洋生态损失达5亿元以上。同样，由台风激发的近岸西向逆流，也会引起水位抬升与下降，对广西沿岸港湾污染物的输运以及海上定置物等产生重要的影响。虽然我们对白龙半岛近岸东北向逆风流的产生机制还有待进一步深入研究，但它对周边生态环境的负面效应不能轻视，尤其是对位于白龙半岛珍珠湾内约占广西26%的海草床和近1280公顷的北仑河口国家级自然保护区红树林这两个典型生态系统的影响，更是值得重视。由此可见，台风期间出现的近岸逆风流，应是我们今后在防灾中重点关注的一项工作。

（3）琼州海峡东部水持续向西流

琼州海峡位于广西沿海东部，海峡北面为广东省雷州半岛，东面为南海，南面为海南省海南岛，西面为北部湾。全长80.3千米，最宽处39.6千米，最窄处19.4千米，平均宽度29.5千米，最大水深超过1000米。琼州海峡是海南省与大陆之间的重要交通通道，也是南海与北部湾两个海区水交换通道。

琼州海峡物理动力过程非常复杂，海底地形差异带来的强烈潮汐调整，全日潮、半日潮间存在显著的非线性作用，这一切都直接影响北部湾水的西向交换。

关于琼州海峡东部南海水进入北部湾的问题，存在极大争议。传统结论认为，冬季由于受到东北季风的影响，东部南海水通过琼州海峡进入北部湾，也就是从东向西；夏季由于受到西南季风的影响则完全相反，水体输运方向是由北部湾通过琼州海峡进入南海东部，也就是从西向东。对北部湾来说，经过琼州海峡的水交换，就是冬进夏出的收支形式。以往大多数文章认为建立在风生环流的基础上，都是把风当作主要驱动力来定论北部湾北部环流形成的基础，但实际并非如此。

从21世纪初开始，我们通过对国家自然科学基金项目"琼州海峡水西向输运对广西沿海的影响"及"北部湾北部赤潮发生与动力响应机制"的研究，采用大量的调查资料和数值模拟计算结果综合分析得出"北部湾北部环流受琼州海峡东部南海水的支配，东部南海水主要由粤西沿岸水和珠

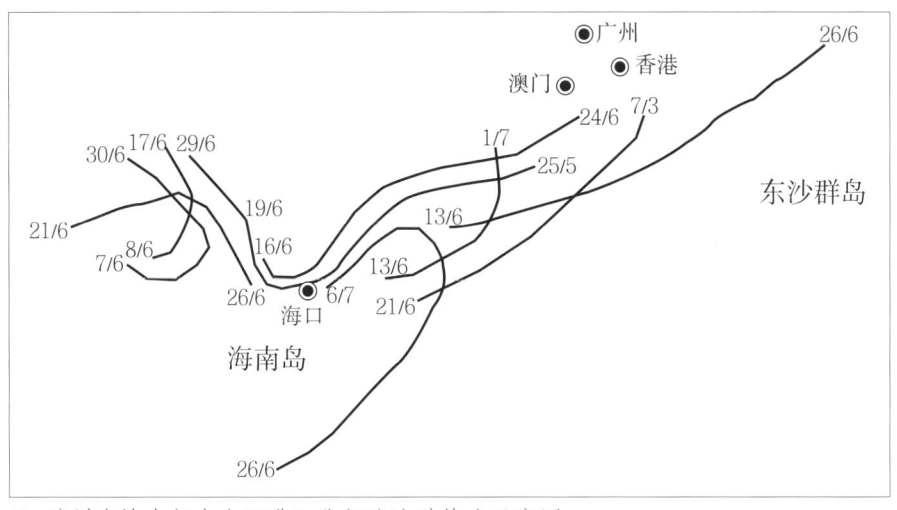

◯ 琼州海峡东部水向西进入北部湾流动轨迹示意图

江口冲淡水组成"这一结论。

造成粤西沿岸水和珠江口冲淡水向西流的主要原因：夏季，虽然西南季风不支持琼州海峡东部南海水向西流，但由于降雨量明显增多，粤西沿岸入海径流增大，形成近岸海平面升高、岸外海平面降低趋势，水平压强梯度力自近岸指向外海，从而迫使近岸海水向西流动；冬季，受东北季风和我国大陆架沿岸流的影响，珠江水系径流沿着海岸向西流动的势力同样产生压强梯度流，沿着粤西沿岸向西南流，自东向西通过琼州海峡进入北部湾，促进了北部湾北部气旋式环流的形成。自东向西进入北部湾的琼州海峡水，在夏季强西南风的作用下，产生较强北部湾西岸北向沿岸流，促使低盐冲淡水向外海输运，然后在涠洲岛东部附近形成更大范围内的气旋式环流。

琼州海峡东部南海水进入北部湾对广西沿海环流产生重要影响。近10年来，涠洲岛海域连续多次发生赤潮现象，赤潮发生次数占广西近海赤潮总数的60%以上。涠洲岛远离广西北海大陆岸线37千米，岛上没有任何工业设施，周围水域向来以"干净水质"自诩，为什么远离陆岸的涠洲岛赤潮发生次数反而比近岸多？显然，涠洲岛赤潮多发与该海域高浓度氮磷营养物质有关，而这些丰富的氮磷营养物质并非全部来自广西沿岸，而是通过动力途径输运而来，源头主要是琼州海峡东部粤西沿岸及珠江口入海河流的冲淡水。琼州海峡东部高浓度的含有氮、磷元素水体西向输送进入北部湾，是涠洲岛附近赤潮暴发的主要促成因子。所以，要解决广西沿岸水污染问题、控制赤潮发生，除了控制广西近海排污，还必须控制珠江口及粤西沿岸的源头污染物，这是最重要的。

研究成果向北部湾和琼州海峡南海东部水体交换的传统结论提出了新的挑战。

（4）海南岛西南沿岸稳定的上升流

北部湾存在多处上升流区域，仅我国大陆北部沿海就有广西白龙半岛以西海域、涠洲岛附近海域以及海南岛西、南部近岸海域的上升流区。北部湾上升流的存在，主要是与沿岸混合水、琼州海峡水西向流、风场等产生离岸水体输运引起的底层水上升有关。除此之外，地形也是影响因素之一。上升流通常把深水区大量的海水营养盐带到表层，提供了丰富的饵料，因此，具有高的浮游植物生物量和初级生产力。

北部湾存在上升流的研究，一些文献在观测资料中做过介绍，但并未对产生机制进行分析。2017年以来，我们基于广西重点计划项目"北部湾北部赤潮藻类生态环境特征与动力学响应机制"研究，利用观测资料和卫

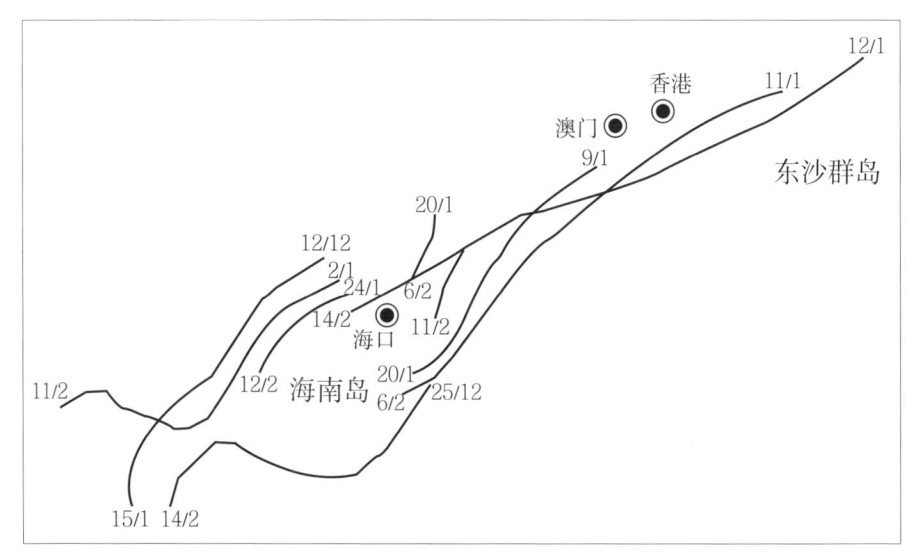

🎧 琼州海峡东部水向西进入北部湾海南岛西南沿岸流动轨迹示意图

星遥感反演数据,以及冬季、夏季北部湾漂流瓶的漂移轨迹,结合FVCOM潮流数值模型计算结果,综合分析琼州海峡入流、南海北部风场与海南岛西南部沿岸上升流存在的关系。

琼州海峡入流对其上升流的贡献。琼州海峡入流促进了北部湾北部环流的形成。冬季,北部湾环流是气旋式;夏季,北部湾北部环流是气旋式,南部是反气旋式,其中分界线大致在北纬19°30′处。正是这个气旋式环流的存在,将从东向西进入北部湾的琼州海峡水体分成两支,一支沿着涠洲岛向西流,另一支沿着海南岛沿岸向南流,形成北部湾北部环流系统。所以,琼州海峡入流与气旋式环流关系密切。琼州海峡水向西流的主要原因:夏季,由于南海北部周边地区降水量大,年降水量超过2000毫米,5—8月超过年径流量50%的淡水注入海洋,引起海平面升高,促使海水西向流动;冬季,受我国大陆架沿岸流的影响,粤西沿岸低盐混合水与淡水在沿岸堆积产生压强梯度流,自东向西通过琼州海峡进入北部湾。东部琼州海峡水持续向西流,引起外面底层水流向近岸加以补充,从而促使上升流的形成。海南岛西南部沿岸上升流的出现与琼州海峡入流有着密切联系。

南海北部风场对其上升流的作用。北部湾位于南海的西北部,常年受南亚季风的影响。夏季(5—8月)西南季风盛行,平均风速约为4.5米/秒,风力较弱;冬季(10月至次年3月)东北季风盛行,平均风速约为7.0米/秒,风力较强。季风的变化对北部湾海水的运动及上层海洋的热运动产生强烈的影响。在西南季风和东北季风的交替作用下,北部湾内的海水混合作用增强,并将下层海水中的营养盐带到了上层。不同方向的西南季风和东北季风驱使海南岛西南两侧水位呈横向振动,从而产生深层冷水上抬。尤其是强大的东北季风的搅拌增加了海水的混合层深度,并且由于水温较低,上层水体发生增密效应,引起上层水体的不稳定。海南岛西南部沿岸稳定的上升流受东亚季风影响,季风造成海水正压场与斜压场的相互补偿,从而促使上升流的出现。

上升流通常发生在沿岸地区,海水通过补偿作用上升后通常将营养物质丰富的次表层水带到表层,从而形成大型渔场。从卫星遥感反演数据看,秋季较于春、夏两季，在海南岛西南部沿岸的浮游植物数量有明显的增加。表层颗粒无机碳（PIC）浓度在近岸达到最高，超过1000毫克/米^3；表层叶绿素a浓度高值区北从海南岛昌化江口起，向南绕过莺歌海折向东，到三亚港西缘崖州湾止在2~3毫克/米^3，最大占据海域面积约5000平方千米，比其他区域明显升高。PIC是海洋生态系统中物质循环和能量流动的重要指标之一，也是海洋高的初级生产力水平的重要表征。北部湾是我国著名渔场，渔场面积近4万平方海里。其中，以夜莺岛为中心的渔场的渔业资源最为丰富，渔场位于几个水系交汇的区域，浮游生物丰富，饵料充足，这与稳定的上升流出现改变了海域中的海洋初级生产力的结构有着密切的联系。

3. 改变生态系统的入海径流

入海径流是指通过河流带入海洋的冲淡水。冲淡水入海后通过混合扩散，在改变沿岸海水的温盐特性的同时，对近海环流结构和生态系统产生重要的影响。

北部湾沿岸入海河流众多，主要的入海河流有：广西壮族自治区的南流江、钦江、大风江、北仑河以及海南省的昌化江、南渡江等，越南的红河、马江和兰江等。根据1964年出版的《中越合作北部湾海洋综合调查报告》，流入北部湾诸河流的年径流总量为1400亿立方米。其中，越南沿岸河流径流量约4195米^3/秒，占总径流量的94.5%，广西与海南沿岸河流径流

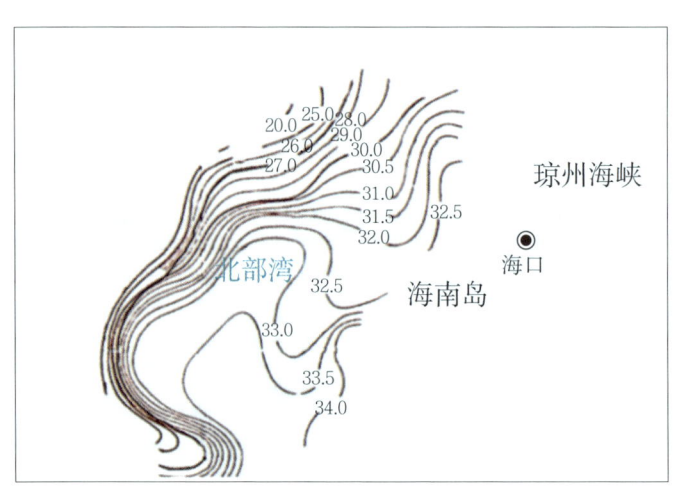

北部湾夏季表层低盐水分布示意图

量约244米³/秒，占总径流量的5.5%。北部湾处于亚热带，全年总降水量在1100～1700毫米之间。7—9月雨量最大，占全年总雨量的55%～70%。夏季大量降雨为入海河流提供了充足的水量来源。流入北部湾北部沿岸的入海径流量约为珠江径流量的70%。如此巨量的径流进入半封闭的北部湾，毫无疑问会给这个浅海海湾的生态环境和动力环境带来巨大影响。

北部湾北部入海径流的主要特征是低盐。夏季，越南红河等冲淡水分别向南和东南向入海，受科氏力作用，产生偏西向运动。加之，入海冲淡水抬升当地的海平面，这种沿岸水位抬升的梯度可进一步驱动西南向沿岸流。注入北部湾的入海冲淡水，对北部湾北部的水文要素（盐度）产生重要的影响。我们从1964年出版的《中越合作北部湾海洋综合调查报告》中可看出，受沿岸冲淡水影响，北部湾北部北纬20°以北海区为入海低盐水所盘踞的区域，红河冲淡水入海后在东南向呈舌状分布，前锋可以达到海南洋浦港西面深槽，影响范围到达40米等深线附近。夏季，在西南季风的影响下，红河冲淡水迅速向外扩展，沿东南向流具有很强的势力，对北部湾北部环流的形成产生重要影响。在低盐水所盘踞的北部湾北部沿岸，形成一个小尺度的反气旋涡。正是这个反气旋涡环流的存在，引起水体的上升与下降，并给予了这里夏季叶绿素a浓度（3～7毫克/米³）最高值形成的动力学依据。叶绿素a含量是表征海域浮游植物现存量和反映海水肥瘦程度的重要指标，其数量和分布直接影响着海洋初级生产力的水平。但是，对于叶绿素a浓度高值区形成与入海径流的内在联系，目前仍缺少一系列的直接观测和深入研究，所以，不了解约占北部湾总径流量95%的越南沿岸径流进入的扩展影响，很多观测结果就很难解释。按照夏季风场，广西近岸入海径流应该在南风、西南风推动下向东运移。而实际情况恰恰相反，西向余流自表层以下，基本全是西向流，显然不能仅用科氏力来解释。同样，海南省西部沿海物质输运、环境保护，也离不开红河径流扩展。但在以往的研究中，由于缺少对红河入海径流的研究，近海许多动力现象找不出规律性的解释。所以，研究广西近海物质输运、环境保护，建立良好生态系统，都不能脱离这一重要事实。

入海径流是北部湾海洋生态系统的两大驱动因子之一。入海径流形成的冲淡水不但对整个北部湾北部环流结构的形成有着重要贡献，而且能显著改变河口、海湾、近海附近海域温盐特性，对该区域的浮游生物、底栖生物和鱼类等的生存环境产生巨大影响。入海径流还携带大量富营养物质，有利于海洋初级生产力高值区的形成。所以，研究入海径流形成的冲淡水的空间分布、变化特征、发展趋势及其规律，对近海生态环境保护具有重要意义。

4. 惊人的河口东向动力冲蚀

河口，历来都是人为、自然各种要素干扰的地方，所以，其生态、环境、资源受到的冲击最大。但很难想象，像北仑河口这样小的河口，却出现惊人的东向侵蚀并造成国土流失的严重现象。

北仑河位于广西东兴市的西面，是我国和越南边境上的一条界河。根据1999年12月30日签署的《中华人民共和国和越南社会主义共和国陆地边界条约》，通航河流上的中越边界线是沿主航道中心线。确定主航道的主要依据是航道水深，并结合航道宽度和曲度半径加以综合考虑。但从20世纪70年代初开始，在台风、暴潮和洪水的不断冲刷下，入海口河道中间的深水航道不断向中方偏移，最大偏移量为2.2千米，造成我方一侧海岸冲

北仑河口竹山海岸侵蚀

刷，约1.9平方千米滩涂、多个小岛以及水下小沙洲等受到严重的破坏和变迁，约8.7平方千米的岸滩面积存在权属争议。

该地区我国海洋领土的流失，是一个严肃而应引起高度重视的问题。

从21世纪初开始，我们在多年来对北仑河口海岸侵蚀不断研究的基础上，立项申报"产生北仑河口东向侵蚀的动力因子研究"项目，并获得国家自然科学基金委员会的资助。通过采用三维高分辨率非结构网格有限体积潮流与风耦合模式，研究夏季主风向作用下流场分布特征和小尺度涡；用已经取得的流场和风场，计算这个海域波浪场和泥沙分布规律，结合多年来长序列连续观测数据，分析各种涡旋所造成河口的冲刷和淤积区；求出局部海域的侵蚀和淤积，了解影响我国一方海岸不断变迁的主要动力因子，进一步探讨这些动力因子对河口主航道和海岸的再塑作用，找出了河口东向动力冲蚀的主要原因：

（1）潮流动力，是河口东向冲蚀的驱动因子

潮流是北仑河口发育一个极为重要的因素，该河口以全日潮为主，潮汐作用很明显，平均潮差为2.04米，最大潮差达4.64米，非常利于河岸冲刷作用的增强。此外，夏季盛行西南风，而大潮期间，涨潮历时大于落潮历时2个多小时，输送至河口的海水停留时间较长，在此期间如遇大风，便会产生明显的风暴潮增水。1983年7月8303号台风期间，北仑河口的最大增水超过1.86米。风暴增水可在短时间内造成河口水下地形的巨大变化与海岸的崩塌，给该地区的河口形态造成很大的影响：一方面，风暴增水造成河口水面涌高，引起涡流，造成横向环流，使底床遭到破坏，导致局部航道骤淤。另一方面，加速河流的上溯流速，增强对河道两侧的冲刷；而风暴过后，外海水位下降，又造成入海流速加快，引起底床更多泥沙的起动，并随流扩散至口门或更远区域，重塑河口的形态。因此，风暴潮是塑造北仑河口的主要动力之一。同时，该地区海域开阔，波浪强度大，同样为塑造河口形态创造了动力条件。

（2）径流冲刷，是河口东向冲蚀的加速因子

北仑河年径流量年内分配变化很大，且月分配极不均匀。夏季（汛期）是全年径流量最集中的季节，入海径流持续时间长，径流量大，此时风浪作用最为强烈。汛期，在波浪的作用下，河流所携带的大量泥沙在口门附近进行再分配，若最大径流能量与最大波浪能量出现期不一致，则年内某一时期将以径流作用为主，此时，河口三角洲较有规律地平滑向海推进；另一时期将以波浪作用为主，在这种情况下，河口三角洲岸线将较为曲折，并在河口两侧发育有沙嘴、沙坝和沙岛。北仑河口同时具备这两种情形，但是，以第二种情形更为突出。该河口是一个风暴浪影响、风暴潮侵蚀等多种动力因子共同作用的典型河口海湾。此外，夏季西南季风期间盛行偏东向沿岸流，冬季东北季风期间盛行偏南向沿岸流，而夏季盛行的偏东向流对河口东北侧海岸冲刷影响更大，会加速对该河口的物质输运与分配。

🎧 受波浪作用影响的河口红树林

（3）人为干扰，是河口东向冲蚀的胁迫因子

由于潮流运动的动力学作用，河口的深水区一般都在左侧（面向海而立），河口右侧水浅，多沙洲（拦门沙）。例如，钱塘江口和珠江口。径流量小的河口更是如此。这是因为：涨潮流带着泥沙少的海水在科氏力作用下，从河口北缘进入，不断侵蚀海底；落潮流带着大量泥沙，在科氏力影响下，从河口南缘入海，受海水絮凝作用，河口南缘海底会沉淀更多泥沙。在无人干扰的情况下，一定时间之后就达到稳定。北仑河口也是这样：主航道深水区偏向我国一侧，拦门沙则偏向越南一方，如果没有人为的干预和环境的突变，这种自然态势将保持相对稳定，只是随着径流大小作周期性摆动。可是，越南一方利用浅滩优势，不断向河口沙洲围垦，截断河水一部分出水通道，随着河口的地形改变，导致沿岸流、风暴潮等海洋动力学因素的改变，使河口水文动态失衡，除去加速越方一侧淤积速度外，还加速主航道冲刷和左向迁移。这种主航道深槽东移的现象，随着越南一方不断向主航道围填而加剧，不会自动停止。

北仑河是我国与越南的界河，地理位置特殊，区域特色明显，资源敏感度强。北仑河口的红树林生态系统，包括海草床生态系统、盐沼草群落、滨海过渡带生态系统的变化和面积的变迁，直接关系到海洋国土安全问题。为此，提出应对河口东向动力冲蚀的科学对策：

——在红树林自然保护区的基础上，针对局部地区红树林出现退化和减少的问题，采取人工种植红树林扩大原有面积的措施。北仑河口潮间带和浅滩面积为66.5平方千米，潮间浅滩面积约占河口总面积的60%。河口海岸类型以沙质海岸为主，加之红树林海岸很适宜红树林生长，完全可以通过人工种植的办法，增加红树林自然保护区的面积和岸线。同时，严格控制北仑河入海口污染物排放，减少城市污水及沿河生活废水的排放量，维持河口区红树林生长水质环境良好状态。

——由于人为活动等因素，河道中间的主航道（深水线）不断向中方偏移，使我国海洋国土环境与资源安全受到严重影响。为此，提出我方河

口海湾海岸改造建设方案，在河口北侧人工修建护岸沙堤、沙坝、沙洲，保护河岸河滩，抬高我方北侧河床，防止水流向我方冲刷；加快北仑河口我方高标准红树林生态护岸工程建设，提升红树林生态海堤抗自然灾害能力，最大限度地发挥北仑河口红树林"海岸卫士"的作用。

——牢固树立河滩就是国土的思想，保护河滩就是保护国土。对北仑河口我方一侧的河滩，严禁挖沙、围塘、开垦等人为活动，保护红树林潮滩不再受到人为破坏。为提高当地百姓经济收入，结合林滩自然环境条件，在林滩资源不被破坏的前提下，可以在林区潮滩内采用地埋式生态养殖模式，既可以保护红树林的湿地生态系统，同时还能解决附近百姓养殖增收的问题，防止红树林生长环境遭到破坏。

5. 异常的港湾风暴潮增减水

流云滚滚，雨声潇潇，狂风浩浩，激就海面花飞下。这就是我们常说的风暴潮降临的征兆。

风暴潮是指由于强烈的大气扰动（如强风和气压剧变等），海面异常升高的一种巨大的海洋自然灾害现象。

风暴潮灾害的产生形式主要表现为增水和减水。增水灾害表现为淹没及冲毁堤坝、房屋等，减水灾害表现为航运受阻及码头作业不便等。风暴潮灾害居自然灾害首位，会对国民经济造成巨大损失，严重威胁人民生命财产安全。

形成于洋面台风暴潮　　台风暴潮袭击海岸

台风引起广西北部湾沿岸增水造成的损失之大、危害之严重实属可怕。

广西沿海是台风的多发区。根据有关文献、报道，每年登陆和影响北部湾北部的热带风暴（台风）2～5个。而每一次台风入侵都会引发不同程度的风暴潮增减水。据统计，1965—2015年，登陆和影响广西沿海的台风引起水位升高0.5～1.0米的有25次，1.0米以上的有16次，2.0米以上的有6次。风暴潮增水会造成严重的灾害，例如：2014年第9号超强台风"威马逊"，诱发广西沿岸增水1.65米。此次台风给广西带来的经济损失达138.4亿元。其中，受灾最为严重的北海市、钦州市、防城港市，有161.12万人受灾，紧急转移安置16.9万人，倒塌房屋1140间，损坏房屋6837间，淹没农田82864.7公顷，水产养殖受灾面积13160.7公顷，船只损毁216艘，损毁防波堤3.86千米，损毁海堤护岸21.2千米，并使珊瑚礁、红树林、海草床等主要海洋生态系统受损，海洋生态直接或间接损失达5亿元。

风暴潮增减水传入近岸港湾后，极值出现及分布均随地理环境的不同而发生重大的变化，给预警预报带来很大困难。为解决这一难题，20世纪80年代我们开展了广西近岸主要港口台风暴潮特征及其预报模式研究，20世纪90年代开展了广西近岸台风暴潮的形成与台风路径和地形的关系、增减水分布规律与强化机制的关系等研究。进入21世纪，我们基于国家自然科学基金项目"广西沿海主要港湾风暴潮增减水及变化机制研究""登陆北部湾台风引起的广西沿岸风暴流产生机制研究"，建立潮位、潮流、波浪、海底与风场等多要素耦合、多参数方法的风暴潮模型，有效提高了广西风暴潮灾害预防研究水平。研究发现：由于广西沿海港湾众多，且都为半封闭状态，深入陆域很远，地理环境条件复杂，加之北部湾海区尺度小，沿岸受越南沿岸反射的回潮波影响较大，增减水特别明显且有别于我国其他海湾。主要表现在：增水幅度大、上升快，恰遇天文大潮，风暴潮诱发增水一般都达1米以上；减水时间长、下降慢，无规律可循，一般为10～20小时以上；增减水变化异常，易于造成突发性的特大灾害。风暴潮增减水在近岸港湾的强化、分布及极值出现，与台风传入路径、港湾地形、大气重力波及海湾共振有关。

台风暴潮增减水强化机制理论研究的突破，填补了该区域研究空白，为提高北部湾台风暴潮灾害预报精度作出了重要贡献。然而，北部湾台风暴潮灾害预防是一项巨大的系统工程，包括对台风暴潮灾害进行后期评估、建立台风和风暴潮灾害档案和数据库等，不仅要弄清楚北部湾台风暴潮水位变化及分布规律，还要对台风暴潮增减水传入近岸之后的极值形成与强化找到一个全新的理论依据，建立起一套可供预报的实用方法，提高灾害预报的精度，减少灾害造成的损失，还有大量的、更多的研究工作要做。

二、独特的海洋生态系统

海洋不但是生命的起源和孕育之处，海洋生态系统也远比陆地丰富和独特。

海洋生态系统，是指海洋中由生物群落及其环境相互作用构成的多样化的自然系统。北部湾，不但有红树林、珊瑚礁、海草床三大典型生态系统，还有牡蛎礁、海藻林、盐水沼泽等生态系统与河口、海岸、海湾、近海环境所构成的天然滨海湿地。这里自然环境优越，生物种类众多，生物多样性丰富，海洋生态系统独特，是我国沿海最具特色的海洋生态系统之一。

1. 生境多样的河口海岸类型

海岸，从河口到海滩地，从红树林到盐水沼泽，从基岩到泥沙湾，从珊瑚礁到海藻林，它们的存在特色各异，生境多样。这是一片具有生物多样性的富足之地，是诸多生命实现物种存续的根基，也是人类利用开发自然最基本的前提和条件。所以，海岸是一种奇缺资源，极其宝贵。

由于人口压力和经济发展的需要，我国从北到南的海岸上都布满了不同规模的经人为开发形成的各种工程海岸，这些海岸已经成为当地群众谋生和改善经济状况的重要收入来源。因此，我们现在看到的海岸只有两种，一种是人工海岸，一种是自然海岸。在很多地方，两种海岸或平行或重叠，呈现出复杂的海岸线地理地貌特征。

绝大多数的海岸被占用后，实际的海岸越来越少。因此，虽然我国拥有长长的海岸线，但海岸线仍然是一种奇缺资源。

广西海岸类型各具特色、生境多样。根据海岸成因、形态、物质组成的分类原则，有河口海岸、粉砂淤泥质海岸、生物海岸、基岩海岸、人工海岸、沙质海岸等六大类型（表3-1）。依次为：人工海岸占海岸线78.61%，沙质海岸占海岸线6.88%，粉砂淤泥质海岸占海岸线6.79%，生物海岸占海岸线5.48%，基岩海岸占海岸线1.89%，河口海岸占海岸线比例最少，为0.35%。

表3-1　广西海岸类型及其岸线长度统计

海岸类型	北海市岸线长度/千米	钦州市岸线长度/千米	防城港市岸线长度/千米	合计岸线长度/千米	占海岸线的比重/%
河口海岸	3.08	1.55	1.09	5.72	0.35
粉砂淤泥质海岸	4.64	23.46	82.51	110.61	6.79
生物海岸	27.18	57.66	4.46	89.30	5.48
基岩海岸	3.28	8.35	19.16	30.79	1.89
人工海岸	439.39	445.47	395.35	1280.21	78.61
沙质海岸	50.60	26.14	35.22	111.96	6.88
合计	528.17	562.63	537.79	1628.59	100.00

资料来源：黎广钊等：《北部湾广西海陆交错带地貌格局与演变及其驱动机制》，北京：海洋出版社，2017年。

（1）河口海岸

河口，是指一个半封闭的沿岸水体，与外海直接相连，海水在这里被来自陆地的径流冲淡。所以，海岸与水系密不可分。

河口海岸，一般是以明确的海陆分界线进行划分，如果没有明确的海陆分界线，则以河口突然变宽的位置连接线作为河口海岸线。

流入北部湾北部沿海的大小河流有123条，其中95%为间歇性的季节性小河流。广西共有独流入海河流22条，年径流总量250亿立方米。其中100平方千米以上流域面积的河流13条，年径流量225亿立方米。南流江、大风江、钦江、茅岭江、防城江、北仑河6条流域面积较大，占沿海河流流域面积的79%，年径流量为182亿立方米。此外，还有流入东部铁山港湾的南康江等。

南流江：河长287千米，流域面积为8635平方千米，多年平均径流总量为50.81×10^8立方米，多年平均输沙总量为61.4×10^4吨。

大风江：河长185千米，流域面积为1927平方千米，多年平均径流总量为5.61×10^8立方米。

钦江：河长179千米，流域面积为2457平方千米，多年平均径流总量为10.56×10^8立方米，多年平均输沙量为48.5吨，多年平均输沙模数203吨/平方千米。

茅岭江：河长121千米，流域面积为1949平方千米，多年平均径流总量为14.12×10^8立方米。

防城江：河长100千米，流域面积为750平方千米，多年平均径流总量为9.16×10^8立方米。

北仑河：河长107千米，流域面积为1187平方千米（部分面积在国界线以外）。

南流江、大风江、钦江、茅岭江、防城江、北仑河、南康江等河流分别流入不同海湾。如，南流江河口分布于廉州湾北部，呈支状河口分布；大风江河口分布于钦州湾的东部，呈指状分布；钦江和茅岭江河口分布于茅尾海东、西北部，呈分叉状分布；防城江河口分布于防城港西湾顶部，北仑河口分布于珍珠湾西北部，南康江口分布于铁山港湾西部，防城江、北仑河、南康江均呈单一出海口分布。

河口海岸特征：主要特征是通过河流带入海洋的冲淡水与海水混合形成低盐的冲淡水。河口海岸处于陆地水循环与海洋水循环耦合的关键节点。河流系统被认为是陆地、海洋和大气之间生物地球化学循环的重要纽带，通过河流、海、陆、气之间不仅实现水循环过程，同时，每年携带的悬浮泥沙及其他悬浮物质，伴随着冲淡水的向外扩散而相应演化，不仅可以改变河口、海湾附近的水文性质，甚至还会影响整个陆架浅海水域的生态环境特征。

（2）沙质海岸

一般的沙质岸线比较平直，海滩上部因大潮潮水搬运，常常堆积成一条与岸平行的脊状沙质沉积物，这条沙质沉积物就是沙质海岸。

沙质海岸几乎覆盖整个广西沿岸区域。

东部沿岸：北海市半岛北岸北海外沙—高德—草头村，北海半岛南岸白虎头—北海银滩—电白寮—大墩海、大冠沙、福成竹林—白龙—营盘—青山头—淡水口，沙田半岛南岸沙田—下肖村—耙朋村—中堂（总路口）—乌泥等岸段。

中部沿岸：钦州市犀牛脚大环—外沙、三娘湾—海尾村等岸段。

西部沿岸：防城港市企沙半岛东部沿岸沙螺寮—山新村，企沙半岛南部沿岸天堂坡—樟木万—赤沙、江山半岛东南岸大坪坡，江平万尾—巫头—榕树头—白沙仔等岸段。

🎧 分布于广西沿岸的沙质海岸（图片由黎广钊教授提供）

沙质海岸特征：岸线平直、沿岸沙堤、沙滩广泛发育。沙堤后缘直接与北海组、湛江组海蚀陡崖相连接，或在沙堤与古海蚀陡崖（古海岸线）之间有宽度不等的海积平原；沙质海岸的物质在东部地区主要来自其后北海组、湛江组的侵蚀和破坏，在西部地区主要来源于河流及其海岸基岩的侵蚀。不同岸段有侵蚀与堆积的差异，反映了局部泥沙的运移，但整体上并无大规模的泥沙纵向运动。

(3) 粉砂淤泥质海岸

粉砂淤泥质海岸主要是指由潮汐作用塑造的低平海岸，潮间带宽而平缓。在这种海岸的潮间带之上向陆一侧，常有一条耐盐植物生长状况明显的界线。另外，受上冲流的影响，在岸边常有植物碎屑、贝壳碎片和杂物等分布的痕迹线，通常将此痕迹线划为海岸线。

粉砂淤泥质海岸，沿岸区均有分布。

东部沿岸：北海市的铁山港、丹兜海、英罗港。

中部沿岸：钦州市的大风江口、钦州湾东西两岸潮流汊道。

西部沿岸：防城港市东湾的暗埠口江、珍珠港湾等港湾及潮流汊道沿岸。

🔺 分布于广西沿岸的粉砂淤泥质海岸（图片由黎广钊教授提供）

粉砂淤泥质海岸的特征：岸线曲折、港汊众多、形如指状。潮流汊道多深入于低丘、台地之间，沿岸多岛屿和侵蚀剥蚀台地；陆上通常有小型河流注入，但流量很小，多依靠涨潮倒灌的海水维持水域，永久性水域仅在潮沟中出现；湾内汊道泥沙充填微弱，西侧通常发育有宽度不等的淤泥质潮间带浅滩，在滩面上往往生长着红树林。湾顶及两侧的潮滩的沉积厚度较小，一般为0.5～3米之间，局部有基岩出露于滩面。

(4) 基岩海岸

基岩海岸由岩石组成，常常有凸出的海岬和深入陆地的海湾，岸线比

较曲折。

基岩海岸有如下几个片区：

东部沿岸：北海市北海半岛西部冠头岭、英罗港马鞍岭半岛东南岸等岸段。

中部沿岸：钦州市钦州湾东南岸犀牛脚镇乌雷岬角岸段、钦州湾西南岸沙螺寮村东北岸岬角。

西部沿岸：防城港市簕山渔村东北岸九龙寨岬角、西部企沙半岛东南岸天堂角岬角、江山半岛海岸等岸段。

基岩海岸主要由基岩、岩脊、沙砾滩海、沟槽、锯齿地貌组成，抗自然灾害能力较强。

分布于广西沿岸的基岩海岸（图片由黎广钊教授提供）

基岩海岸的特征：多为侵蚀剥蚀台地，直逼海岸边缘，岸线向海凸出，形成基岩岬角，海浪侵蚀强烈；基岩海岸海蚀崖、岩滩（海蚀平台或海蚀阶地）、海蚀洞（穴）、礁石发育；多数岩滩低潮期间出露、高潮期间淹没，岩滩面形态多样，既有阶梯状、沟槽状、岩脊状、锯齿状，也有平坦状、柱状、凹坑状。

（5）人工海岸

人工海岸是指水泥石块建造"丁"字坝式人工海岸，有水泥混凝土标准化海堤人工海岸，水泥标准化阶梯式海堤人工海岸，水泥石块建造斜坡式海堤人工海岸，石块砌造的斜坡式海堤人工海岸，码头斜坡式水泥混凝土人工海岸，直立式、阶梯式水泥混凝土、石块结构人工海岸等。

广西人工海岸线长1280.21千米，占海岸线78.61%，分布区域最广。

建于广西沿岸的标准化海堤人工海岸（图片由黎广钊教授提供）

建于广西沿岸的斜坡式水泥混凝土人工海岸（图片由黎广钊教授提供）

东部沿岸：北海市英罗港乌泥、铁山港湾、营盘、竹林、大冠沙、北海侨港—大墩海、北海港—外沙、乾江—党江—沙岗—西场。

中部沿岸：钦州市钦州湾犀牛脚、钦州港、康熙岭。

西部沿岸：防城港市红沙、沙螺寮、簕山、企沙港、防城港、白龙尾港、江平交东—贵明—万尾、竹山—榕树头等沿岸。

人工海岸的特征：常见于河口区海岸、开阔海岸、沿岸港口码头、农田、盐田、养殖场、临海工业区、临海城镇等岸段。

（6）生物海岸

生物海岸包括珊瑚礁海岸、红树林海岸和芦苇海岸等。红树林和芦苇岸线的界定方法与粉砂淤泥质岸线相同。珊瑚礁岸线的确定方法与基岩岸线一致。

广西生物海岸根据生物种类不同可划分为红树林海岸、珊瑚礁海岸等两种类型。

1）红树林海岸

红树林海岸分布于沿岸东部的英罗港、丹兜海、铁山港、南流江口，沿岸中部的大风江、钦州湾鹿耳江、金鼓江、茅尾海，沿岸西部的防城港渔洲坪、马正开、暗埠口江、珍珠湾北部沿岸、北仑河口等岸段。

潮滩上生长的红树林植物群落

海岸特征：常见于入海河口湾和潮汐汊道、港湾内两侧潮间浅滩中上带，岸线多与海湾、汊道海岸一致；海岸有红树林保护，湾内波浪微弱，潮流流速降低，淤泥质海滩较为发育；红树林有的连片生长，面积较大，种类较多。如：山口国家级红树林生态自然保护区，现有红树林面积818.8公顷；北仑河口国家级自然保护区，现有红树林面积1274公顷；广西茅尾海红树林自然保护区，现有红树林面积1969.52公顷。

红树林有的为块状分布，如铁山港、大风江口、防城港港内；有的为沿岸带状分布，如鹿耳环江、金鼓江北仑河口；还有的成片状零星分布，遍布全广西沿岸。

2）珊瑚礁海岸

珊瑚礁的面积不到海洋表面积的1%，却分布有大约1/4的海洋物种，是所有海洋生态系统中最具有多样性的，因此常被称为"海洋的热带雨林"。

珊瑚礁海岸目前仅见于涠洲岛、斜阳岛海岸。

涠洲岛苏牛角坑近岸水下珊瑚礁

主要特征：分布局限性。北海市涠洲岛西南部滴水村—竹蔗寮、西岸北部后背塘—北部北海—苏牛角坑、东北部公山背—东部横岭沿岸近岸浅海区；斜阳岛沿岸有零星分布。

广西北部湾共有5个珊瑚分布区，总面积3068.2公顷，其中主要的2个分布区——涠洲岛、斜阳岛珊瑚礁分布区——位于北海市海域，是广西唯一发育成礁的珊瑚礁分布区，面积约2848.0公顷，占广西珊瑚礁总面积的97.5%。涠洲岛珊瑚礁于3100年前开始形成。如今涠洲岛活珊瑚分布面积平均覆盖率约为10%，其中覆盖率最大的区域在涠洲岛的北部海域，覆盖率达到30%~80%。同时，这片面积达30公顷的海域里，还分布有我国近岸连片面积最大的牡丹—刺孔珊瑚群落。

2. 浑然天成的海湾潮间湿地

海湾，是深入陆地形成明显水曲的海域。它三面环陆，汇集陆地大量的养分。它是海洋生物存续的避风港，也是人类生存发展的空间。

生命从海洋延伸到陆地，创造了一片神奇的地域，咸淡水在这里进行物质交换，强大的生态净化功能让它成为地球之神。它是海陆之间的过渡地带，受河流、潮汐共同作用和影响演化形成了包括浅海滩涂湿地、河口湿地、海岸湿地、红树林湿地、珊瑚礁湿地、海岛湿地等海湾潮间湿地生态系统。它富有生物多样性，是鸟类迁徙通道上的重要驿站，也是众多生物栖息、繁衍、哺育、索饵之地。

🎧 栖居于海洋中的生物（图片由刘昕明博士提供）

🎧 海水运动（退潮）

丰富的湿地生态系统，还有更多的奇迹等待被发现。

（1）海湾潮间湿地的形成过程

海洋由陆地环绕，同时也接纳着由陆地带来的各种物质，可以说，海洋是一个时空尺度巨大的开放型的复杂体系。在海水的总体积中，水约占96.5%。此外，海水中还溶解了许多物质，这些物质主要来源于地壳岩石风化产物、火山喷出物以及全球的河流每年向海洋输送的溶解物。迄今在海水中发现的化学元素已达80多种，而且含量差别很大。海水中的各种组成物质，构成了对人类生存和发展有着重要意义的海洋环境，其中海水运动是决定海洋环境的核心因素。海水运动的形式主要有三种：波浪、潮汐和洋流，海水运动对海洋中的多种物理过程、化学过程、生物过程和地质过程，以及海洋上空的气候和天气的形成与变化，都有影响和制约作用，海水裹挟着大量营养物质极大地影响着海洋生物的分布和海洋生态系统的变化。

广西沿海海湾几乎都为半封闭的海湾，只有湾口和东面与南海通连。受河流和潮汐的共同影响，其水位和含盐度因潮汐涨落和入海径流大小而变化。在河水与海水交混中受到沿岸水体与海洋水体的相互作用。潮汐的涨落和河水的洪枯使河口水流经常处于动荡中，而河口特性影响着河流终段和近海水域，所以河口段的范围很大，几乎覆盖整个海湾。河口包括以河流特性为主的近口段、以海洋特性为主的前河口段，和两种特性相互影响的河口段。河水进入河口段后在垂直空间上产生了明显的差异，河水汇

钦州湾茅尾海入海河口红树林湿地

防城港企沙半岛东岸淤泥质潮滩湿地

集的大量陆源物质不但改变陆生生物和海洋生物的生存环境，而且影响着整个海湾的生态系统。这些显著差异直接导致海洋生物生态系统和陆地生物生态系统的诸多差异。而正是这些环境差异，塑造了红树林湿地、珊瑚礁湿地、海草床等海洋典型生态系统的存在，从而构成了最具特色、极其丰富的广西海湾潮间湿地资源。

（2）海湾潮间湿地的分布及特点

广西沿海东起铁山港，西至北仑河口，海岸线全长1628千米。沿岸分布铁山港、廉州湾、大风江口、钦州湾、防城港、珍珠湾、北仑河口等20多个大小海湾。众多的海湾、复杂的岸形、变化多样的理化条件，使广西海湾潮间湿地呈现出类型多种、分布集中的特点。根据调查统计，广西海湾潮间湿地总面积为258985.21公顷，其中，北海市145925.73公顷，占56.35%；钦州市53206.06公顷，占20.54%；防城港市59853.42公顷，占23.11%。湿地分为浅海水域、沙石海滩、河口水域、红树林、珊瑚礁、潮间盐水沼泽、淤泥质海滩等共11类。浅海水域（0~6米水深）湿地面积最大，为171177.68公顷，占66.10%；其次是沙石海滩湿地面积46903.56公顷，占18.11%；再次是河口水域湿地面积15623.26公顷，占6.03%。湿地分布与自然环境地理条件相吻合，如：广西沿海6条主要入海河流中，有3条流入钦州市，入海径流量全广西最大；最大的南流江流入北海市，较小的2条流入防城港市，但其入海径流量不如钦州市入海径流量大。红树林面积也同样，钦州市茅尾海红树林面积最大，其次是北海市和防城港市。所以，与之对应的河口水域湿地面积和红树林湿地面积，钦州市均最大，为9841.97公顷，其次是北海市，为8048.79公顷，防城港市为6513.23公顷。珊瑚礁湿地仅分布在北海市（表3-2）。

广西海湾潮间湿地具有两个明显特点：一是河口水域和浅海水域湿地资源丰富（表3-3）。广西湿地总面积为754270.07公顷。其中河流湿地占据最大面积，为268939.88公顷，占35.656%，其次是近海与海岸湿地，为258985.21公顷，占34.336%，人工湿地217707.69公顷，占28.863%。

表3-2 广西滨海湿地地理分布

湿地类型	北海市湿地面积/公顷	钦州市湿地面积/公顷	防城港市湿地面积/公顷	合计湿地面积/公顷	比例/%
浅海水域	96866.55	36061.41	38229.72	171177.68	66.10
潮下水生层	537.29	0	0	537.29	0.21
珊瑚礁	240.08	0	0	240.08	0.09
基岩海岸	60.65	128.31	167.13	356.09	0.14
沙石海滩	30557.48	3623.88	12722.20	46903.56	18.11
淤泥质海滩	4341.15	2450.34	253.93	7045.42	2.72
潮间盐水沼泽	0	389.73	41.62	431.35	0.17
红树林	3038.83	3555.16	2186.74	8780.73	3.39
河口水域	5009.96	6286.81	4326.49	15623.26	6.03
三角洲/沙洲/沙岛	5253.74	702.36	1925.59	7881.69	3.04
海岸性咸水湖	0	8.06	0	8.06	0.003
合计	145925.73	53206.06	59853.42	258985.21	100.00

资料来源：梁士楚，《广西滨海湿地》，科学出版社，2018年。

表3-3 广西主要的湿地类型及其面积

湿地类型	面积/公顷	占比/%
近海与海岸湿地	258985.21	34.336
河流湿地	268939.88	35.656
湖泊湿地	6282.94	0.833
沼泽湿地	2354.35	0.312
人工湿地	217707.69	28.863
合计	754270.07	100.00

资料来源：梁士楚，《广西滨海湿地》，科学出版社，2018年。

湖泊湿地及沼泽湿地面积小，分别为6282.94公顷和2354.35公顷，分别占0.833%和0.312%。从面积大小可以看出，河流湿地和近海与海岸湿地面积占广西湿地总面积的70%，成为湿地的重要组成部分，反映了广西河口水域和浅海水域资源相当丰富。二是红树林湿地生物种类众多。在红树林湿地中，有藻类植物、浮游动物、底栖动物、游泳动物、鱼类、爬行动物、昆虫、鸟类、哺乳动物、潮间带生物等，以及国家一级、二级保护珍稀濒危物种等，红树林湿地蕴藏着丰富的生物资源和物种的多样性。也就是说，红树林湿地生态系统是各种植物、动物及珍稀濒危物种存续的重要基地。

浑然天成的海湾，分割沧海与桑田；长达1628千米的大陆海岸线，散落着无数块大大小小的潮间湿地。在这里，海洋自然环境条件最优越，海洋生态系统最独特，海洋生物多样性最丰富，这就是广布于广西海湾天然的潮间湿地。

唯有它最天然！唯有它最绿色！唯有它永远是春的开始！

3. 自然造化的近海生态系统

大海，生命的摇篮。河流，在这里入海，带来了源源不断的淡水、养分和沉积物。众多的海洋生物孕育在河口和近海，与其赖以生存的海洋环境，构成了红树林、珊瑚礁、海草床三大典型的海洋生态系统。

（1）红树林，广西海洋生态系统的"名片"

红树林是广西最典型的海洋自然生态系统之一，同时，也是广西海洋生态文明建设的一张名片。

我国现有红树植物12科15属27种，红树林面积2.7万公顷（不含港澳台），占全球红树植物种数的37%。主要分布在我国海南、广东、广西、福建、浙江5省区。近50年，我国红树林面积先减少后增加。据贾明明研究团队调研统计数据，1973—2000年我国红树林减少了30199公顷，约62%的红树林消失；2000—2020年我国红树林面积增加9408公顷，增长51%。2020年，我国红树林总面积基本恢复到1980年的水平。

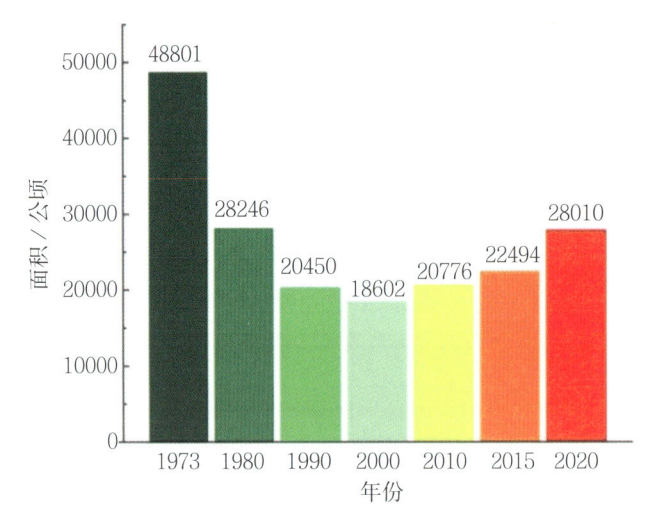

浪声回荡北部湾

Langsheng Huidang Beibuwan

• 我的海洋历程

1973—2020年中国红树林面积变化（面积/公顷）：
- 1973：48801
- 1980：28246
- 1990：20450
- 2000：18602
- 2010：20776
- 2015：22494
- 2020：28010

广西北仑河口国家级自然保护区之红树林

广西红树林面积经历先减后增的变化过程。20世纪70年代，广西红树林面积9000多公顷，90年代减少至7400多公顷。2007年，广西红树林面积仍在继续减少，只剩下6700多公顷。2010年之后，广西红树林面积呈止跌复苏之势，红树林面积恢复为7300公顷。2019年以来，随着人们对红树林保护意识的增强，红树林面积逐年增加，现有红树林面积为9412.11公顷，面积居全国第二，仅次于广东省。广西成为红树林的重要家园。

红树林生物多样性极为丰富。在合浦山口红树林生态国家级自然保护区内，红树林面积818公顷，海草床面积50公顷，其中有昆虫297种、大型底栖动物170种、鱼类95种、鸟类106种。在北仑河口国家级自然保护区，红树林面积1274公顷，其中有大型底栖动物124种、鱼类34种、鸟类194

种。大型底栖动物中，有属于国家一级保护动物的鸭嘴海豆芽（我国古老海洋动物），有属于国家二级保护海洋动物的圆尾蝎鲎（中国鲎）；在茅尾海红树林自治区级自然保护区，红树林面积1969.52公顷，其中有大型底栖动物186种、鱼类27种、昆虫46种、鸟类92种。

红树林与珊瑚礁、海草床一样，具有生物多样性，是世界上最富生产力、生物学特性最多样化的生态系统之一。红树林生态系统也是全球湿地生物多样性保护的一个重要对象。正因为有了红树林湿地，无数的生命，包括各种鱼类、鸟类都把它视为故乡，许多鱼类、鸟类在此度过生命最初的时光，同时红树林湿地也给一些海洋生物提供了终身的庇护。红树林生态系统，在海洋的生命系统中以不同的方式发挥了极其重要的作用。

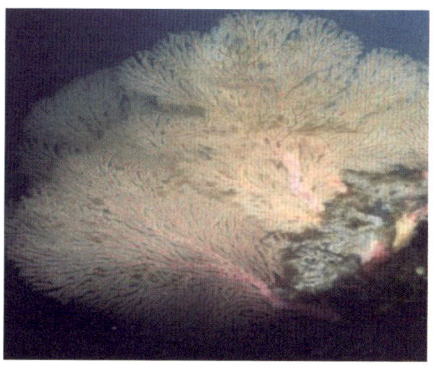

○ 生长在涠洲岛水下的珊瑚　　○ 涠洲岛珊瑚礁（图片由刘昕明博士提供）

（2）珊瑚礁，涠洲岛海洋公园的"守护者"

涠洲岛，位于北部湾东北部，面积约26平方千米，属于我国华南大陆沿岸和离岛的岸礁。7000年前的一次火山喷发，不仅造就了涠洲岛这座我国地质年龄最年轻的火山岛，也成就了今天我国纬度最高的珊瑚礁群。涠洲岛、斜阳岛珊瑚礁面积约2983公顷，其中，涠洲岛2848公顷、斜阳岛135公顷，约占我国珊瑚礁总面积的10%。分布着26个属科49个种类，覆盖度为30%～50%，是世界热带珊瑚分布覆盖度很高的一片珊瑚礁群落，也

浪声回荡北部湾
Langsheng Huidang Beibuwan

● 我的海洋历程

是我国纬度最高的珊瑚礁群。

涠洲岛、斜阳岛珊瑚礁普遍分布于水深2.0~12.5米的范围内。东部：珊瑚礁分布的外缘离岸距离一般在0.9~1.8千米之间，生长带的外缘最大水深为11.0米；南部：珊瑚礁分布的外缘离岸距离一般为0.5~1.1千米之间，生长带的外缘水深为10.5米；西部：珊瑚礁分布仅在近岸水深5米左右；北部：珊瑚礁分布的外缘离岸距离一般在1.5~2.0千米之间，生长带的外缘最大水深为12.5米。

生物多样性，唯"我"最丰富。涠洲岛珊瑚礁生态系里生长着各种各样的浮游植物、浮游动物及藻类生物等水生生物，为草食性动物、底栖生物以至鱼类及其他掠食者提供充足的饵料。这些饵料和珊瑚组织内的共生藻，都是很有效的初级生产者，在珊瑚礁生物的食物链中起着重要作用。所以，在珊瑚礁群蕴藏着丰富的鱼类、虾类、头足类以及种类众多的贝类和藻类等。

以珊瑚礁为依托的生态系统，造礁珊瑚以其形状复杂的骨骼形成多样的生活场所，成为其他特殊生物生活的基础和依存物。例如：极为珍稀的海洋生物布氏鲸等选择了这里极好的自然环境条件。

🎧 涠洲岛海洋公园海底珊瑚生态系统

1982年，广西壮族自治区人民政府批准建设涠洲岛自然保护区，兼属海洋与海岸生态系统类型自然保护区。保护区面积2382.1公顷，其中涠洲岛2193.1公顷、斜阳岛189.0公顷。保护区主要保护对象为海岛生态系统和迁徙候鸟。2013年，国家批准建立广西涠洲岛珊瑚礁国家级海洋公园，公园总面积2512.92公顷，其中重点保护区1278.08公顷，适度利用区1234.84公顷。涠洲岛自然保护区和珊瑚礁海洋公园的建立对于珊瑚礁及其生物多样性保护起到至关重要的作用。

涠洲岛水下的珊瑚，在阳光照射下，红、黄、蓝、绿，绚丽多彩，或树枝状，或人脑形，或如柳条，或似花朵，千姿百态，婀娜多姿，美丽动人，巧夺天工，加上栖息着多种鱼、虾、贝、藻和其他门类的海洋生物，构成美丽的水下景观，令人神往。

（3）海草床，合浦沿海的"海上牧场"

海草是生活在海水中的唯一的高等被子植物，可以吸收海水中大量的二氧化碳和含碳化合物，是初级生产力最高的生物群落之一，年初级生产力为500~1000克碳/米^2，相当于珊瑚礁生态系统的3倍，是全球蓝色碳汇的重要贡献者，素有"海洋之肺"之称。同时，海草床还具有净化海水、稳固近海底质和海岸线的作用，为近岸众多海洋生物如儒艮、绿海龟提供食物来源和栖息地，被称为"水下森林"。

北部湾沿海海草资源丰富，海草床面积有近千公顷之多，堪称"海上牧场"。其中，位于广西沿海的海草床面积约640公顷，是我国目前最大的海草床之一，主要分布在北海市的合浦沙田至英罗港沿岸以及防城港市的珍珠湾。北海市的合浦沙田至英罗港沿岸的海草分布点最多，有42处，占全广西的60.9%；防城港市的珍珠湾的海草分布点有18处，占全广西的26.1%。此外，钦州市沿岸的海草分布点最少，仅有9处，占全广西的13.0%。

据调查，广西海草群落类型17种，海草群落总面积为942.16公顷。喜盐草、贝克喜盐草、矮大藻和川藻是主要建群种，它们的单种群落面积达829.11公顷，占广西海草群落总面积的88.00%。沿海三市海草面积为：北海（含合浦540公顷）558.32公顷，防城港64.43公顷，钦州17.25公顷，分别占广西海草总面积的87.24%、10.07%、2.70%。

广西海草床除面积大外，还具有生物量密度大、生物种类多的特点。

海草床生物量密度。据中国科学院南海海洋研究所对合浦海草床的调查结果表明，广西沿海有海草5种，隶属2科4属。海草床附近海域海水微生物异养菌和石油降解菌的含量，分别为$3.5×10^2$个/升和$2×10^2$个/升。海草床生物量密度，浮游植物48种，平均密量为$8.28×10^6$个/米^3；浮游动物51种，平均生物量为44.93毫克/米^3；底栖生物201种，平均生物量为949.68克/米^2，平均栖息密度1757个/米^2；游泳动物259种，其中鱼类223种（隶属16目77科），头足类16种（隶属2目4科），甲壳类20种（隶属4科）。

海草床生物种类。建于1992年的合浦儒艮国家级自然保护区，是我国唯一的儒艮国家级保护区。保护区东起山口镇英罗湾，西至沙田镇海域，海岸线全长43千米，总面积35000公顷，保护对象为儒艮、中华白海豚、中国鲎等珍稀海洋动物，以及海草床、红树林等海洋生态系统。保护区及其水域内有软体动物215种，虾蟹类93种，鱼类178种，鸟类59种。保护区近5公顷潮间带滩涂有文蛤、毛蚶、锯齿巴非蛤、织锦巴非蛤、裂纹格特蛤、方格星虫、可口革囊星虫、日本对虾、沙栖新对虾、虾蛄等主要经济种类10多种。

海草床生态系统不仅孕育了众多的海洋生物，为不同生物的集聚提供了庇护所和觅食地，还为我国珍稀哺乳动物儒艮提供了重要捕食场所。

4. 物种繁多的海洋生物多样性

大海是生命的摇篮，孕育了地球上最初的生命，诞生了最原始的细胞；海洋也是生物进化的主要场所，经过几十亿年的演化，发展成了"鱼

海水中的矮大叶藻

翔浅底，万类霜天竞自由"的生命世界；海洋又是一个取之不尽、用之不竭的天然生物资源宝库。

今天，就让我们一起走进富饶的北部湾，走入生长于斯的广西沿海，去领略其海洋生物多样性。

（1）种类众多的海洋生物物种

北部湾，位于我国南端。曲折的岸线、复杂的地形、众多的河流、适宜的气候、变化多样的理化条件，使北部湾海洋生物多样性处在一个很高的水平。经过20世纪80年代广西海岸带和海涂资源的综合调查以及21世纪以来的多次海洋调查统计，在北部湾海域记录到的鱼类有626种，隶属2纲27目。其中软骨鱼类为7目16科27属42种；硬骨鱼类为20目122科344属584种，以鲈形目种类最多，有331种，占硬骨鱼类总物种数的56.8%；其次为鲀形目、杜夫鱼目等。常见的鱼类有二长棘鲷、沙丁鱼、马鲛、石斑、石鲈、鱿鱼、墨鱼等；甲壳类有对虾、锯缘青蟹等；贝类有近江牡蛎、马氏珠母贝、日月贝、毛蚶、文蛤、杂色鲍；星虫类有裸体方格星虫、可口革囊星虫；棘皮动物类有花刺参、糙参、玉足参；藻类有江蓠、马尾藻等，品种数量达30多个。

广西沿海生物物种繁多、形状奇异、价值珍贵，这在其他海区是少见的。广西传统海水贝类养殖品种主要为牡蛎，其次是文蛤。除此之外，还有常见的经济品种，如沙虫、青蟹等，这些海产贝类为广西沿海一大特色。

1）裸体方格星虫（俗称沙虫）

广泛分布于北部湾潮间带沙质滩涂中，尤以广西北海市白虎头、大冠沙，合浦沙田、营盘，防城港市沙螺寮、江平等沿岸沙质滩涂资源最为丰富。根据调查结果，在有裸体方格星虫分布的沙质滩涂，裸体方格星虫的平均栖息密度为5个/米^2，资源面积约1.0×10^4公顷。

方格星虫历来是沿海渔民的主要渔作对象，因其味美、营养高而广受欢迎，市场需求量不断增加。方格星虫历史上最高年产量达到500吨。近

产于广西沿海的方格星虫　　　合浦珠母贝

年来，方格星虫人工育苗获得成功，方格星虫养殖业取得突破性进展。

2）合浦（马氏）珠母贝

合浦珠母贝曾是区域内的优势种类，远在2000多年前的汉代就被开发利用，其所产的珍珠以"南珠"之名久负盛誉。

20世纪60年代中期，合浦沿海一带珠民开始利用人工繁殖的合浦珠母贝进行珍珠生产，取得巨大的成功。但是，由于无序开采，合浦珠母贝天然资源急剧减少，种群失去自我更替及延续能力。同时，珍珠养殖业的过度发展，造成合浦珠母贝多代近亲繁殖，导致合浦珠母贝种质资源出现严重退化现象。

3）花刺参（海参）

花刺参为南海重要的食用海参之一，北部湾北部以涠洲岛花刺参最多，个体亦较大。过去花刺参在北部湾北部的产量较大，年收购花刺参的鲜品就达262吨。20世纪60年代后，由于乱捕滥采，资源受到严重破坏。

4）文蛤

文蛤分布广泛，栖息于潮间带和潮下带浅海区的沙质滩涂中。据海洋生物调查结果，文蛤在广西沿海适合其生长的滩涂中的平均栖息密度为2.68只/米^2。近年文蛤人工养殖业发展迅速，年养殖产量近23万吨，占广西海水贝类养殖产量的30%。文蛤成为目前市场上的主要海产品之一。

5）杂色鲍

杂色鲍在北部湾北部多集中生活于涠洲岛和斜阳岛。它属于暖水性软体动物，不但肉味鲜美，营养丰富，还具有一定的药用价值。但养殖发展缓慢，天然品种和数量在市场中的占比都不大。

6）花刺螺

也称为刺螺，分布于我国东海、南海以及台湾沿海等。栖息于浅海的沙底，以小型无脊椎动物为食。在北部湾，尤以广西沙质海岸花刺螺资源最为丰富。花刺螺不但美味可口，营养价值高，成为人们的美食佳品，而且花刺螺壳还具有收藏价值。花刺螺品种以天然为主。

近海海参

潮间带和潮下带浅海区的文蛤

涠洲岛和斜阳岛杂色鲍

沙质海岸的花刺螺

（2）形状各异的海洋生物物种

北部湾的海洋生物不但物种众多，而且形状非常奇异。如儒艮、白海豚、布氏鲸这几种特殊的海洋生物，在其他海区是少有的。

1）海洋哺乳动物，唯"我"最美

儒艮俗称"南海牛"，又称"美人鱼"，是国家一级保护动物，曾经主要分布于我国南部的广东、广西、海南和台湾南部沿海，现在几乎没有踪迹。

"南海有鲛人，身为鱼形，出没海上，能纺会织，哭时落泪"，这是南朝时我国古人在《述异记》中对儒艮的记载。儒艮长期生活在海沟之中，以海沟上淹没在海水下的海草为食，每隔半个小时左右就要出水换气，通常像人类一样怀抱小儒艮喂奶。传说，儒艮浮出海面时头上偶尔会披着海草，故被描绘为"头披长发的美女"。

儒艮，俗称"南海牛"

海牛目动物的进化还没有完全被了解，有关研究表明，大约出现于1500万年前的中新世，到了大约500万年前的上新世，一部分海牛目动物生活于亚马孙流域，进化成现在的亚马孙海牛；另一部分却迁移到加勒比湾进入北美，进化成北美海牛和西非海牛。

儒艮以海草为食。广西合浦沙田至英罗港沿岸的海草分布点最多，有42处，占全广西的60.9%；海草面积540公顷，占广西海草总面积的84.38%。沿岸大片泥沙质的滩涂，形成一个天然的海草牧场。所以，这里既是儒艮的栖息地，更是儒艮进食的好去处。但北部湾现有儒艮多少种、来自何处，至今尚未见报道。但从20世纪50年代至21世纪初，在广西合浦沙田至英罗港沿岸几乎每年都有发现儒艮活动的记录。据《北部湾儒艮及海洋生物多样性》记载，20世纪50年代末至70年代，广西合浦沙田沿岸海域儒艮最多，渔民利用围网可以捕捉儒艮，最多一网捕获3头。90年代后期以来，近岸海区的生产活动强度逐渐加大，如捕捞、养殖、炸鱼、填海等，儒艮数量日趋减少，目前只能偶尔发现儒艮活动的踪迹。

2020年1月10日，生态中国网报道，全球鲟鱼85%正濒临灭绝。由此我们联想到，儒艮与地球上所有的物种一样，是一个独立的生态系，而地球正是由无数个独立的生态系构成。我们绝不能让儒艮这个生态系在地球上消失，这一代，下一代，更下一代……让发源于欧亚的儒艮永远落户北部湾，让更多的人看见合浦儒艮、观赏合浦儒艮，让儒艮永远扎根于广西合浦，让"美人鱼"更加美丽。这不仅是广西人的义务，更是广西人的一份责任！

为更好地保护儒艮，当务之急我们必须研究儒艮在广西消失的确切原因；研究儒艮的生命存续状态、种群迁徙，以及该物种赖以生存的整个生态系统的恢复等，在此基础上，研究儒艮的繁衍和长期的生态重建以及该物种的引进和保护。

大家一起行动吧，保护儒艮，保护儒艮栖息地，保护水生生物多样性，实现人与自然和谐共生。

2）看，我就是"海上大熊猫"

中华白海豚（Sousa chinensis）也称为印度太平洋驼背豚（Indo-Pacific hump-backed dolphin），属鲸目，海豚科，驼背豚属。中华白海豚于2008年被列入世界自然保护联盟濒危物种红色名录。它是我国海洋鲸类动物中唯一的国家一级保护野生动物，有"海上大熊猫"之称。

中华白海豚身体修长呈纺锤形，喙突出狭长，刚出生的白海豚约1米长，性成熟个体体长2.0～2.5米，最长达2.7米，体重200～250千克，3～5年产一仔。

🎧 钦州三娘湾白海豚（图片由吴海萍博士提供）

🎧 中华白海豚（图片由吴海萍博士提供）

世界中华白海豚分布：主要分布于西太平洋的亚热带和热带沿岸水域，西起南非，沿印度洋海岸线，延伸至我国东南与南部沿海以及澳大利亚北部。

中国中华白海豚分布：主要分布于我国的东南沿海，目前报道的有厦门种群、台湾西海岸种群、珠江口种群（包括香港及珠江河口西部）、雷州湾种群和广西沿海种群等5个地方种群。其中，北部湾的中华白海豚分布情况为：

北部湾沿海海域的中华白海豚，正式记录的海域包括钦州三娘湾、大风江口海域、北海沙田海域。其中，在三娘湾、大风江口海域，由于大量淡水和营养物质输入，形成独特的生态系统，初级生产力极高，为中华白海豚提供了良好的栖息场所。这里作为中华白海豚重要的栖息地，吸引了国内外相关研究团队的目光，研究内容涉及种群生态学、种群遗传学、动物声学等。而且，近年来，中华白海豚成为钦州市一张生态旅游名片，海上国宝白海豚喜迎八方来客，钦州三娘湾成为国内外游人的好去处。三娘湾，这个只有15.6千米海岸的小海湾，从此与中华白海豚共存，与人共存，和谐发展。

3）我不是鱼也不是海豚，而是鲸

我国拥有广袤的内陆大地，但也是临海国家。拥有1.84万千米的漫长海岸线，拥有约470万平方千米面积的内海和边海水域。海域分布有11000多个大小岛屿。

在深蓝色的海水里，潜藏着数不清的神秘海洋生物，它们大小不一，形态各异：

🎧 北部湾形态各异的海洋生物

——我不是鱼，也不是海豚

鲸，是海洋哺乳动物中鲸目（Cetacea）生物的俗名，鲸目现存物种可分为两个亚目：须鲸（Mysticeti）和齿鲸（Odontoceti），全世界已知大约80种。所有的鲸目生物都是陆生动物中偶蹄目的后裔，是从陆生哺乳动物经过水生的适应过程而回到海洋。此过程发生在距今3400万～5500万年的始新世。

是鱼，还是……

🎧 涠洲岛海域的布氏鲸（图片由吴海萍博士提供）

乍看之下，鲸豚类动物颇似鱼类，尤其像鲨鱼。例如长须鲸与鲸鲨，体型十分相似，而且都有背鳍、胸鳍与巨大的尾鳍。因为二者实在太相似了，以至于在过去的很多年里，鲸豚类动物一直被视为"会喷水的鱼类"。其实鲸类属于哺乳动物：它们身体恒温，用肺呼吸，胎生，哺乳，身体上无毛，光滑的皮肤形成滑溜的表面，减少前进时水的阻力；前肢退变为鳍足，后肢退化，尾部水平排列（水平尾鳍）；有的种类还有背鳍（实为隆起的皮肤），为平衡器官，可以防止身体左右摆动。

鲸与鱼的区别在于尾鳍：鲸豚类的尾鳍呈水平状，以上下的方式摆动；鱼类的尾鳍呈垂直状，以左右的方式摆动。

鲸与豚的区别在于体型的大小：鲸目动物以体长3.5～4米为基准，小于这个基准者称为豚，大于这个基准者则称为鲸。事实上，鲸和豚都属于同

第三章 走进这片海

133

浪声回荡北部湾
Langsheng Huidang
Beibuwan

• 我的海洋历程

一个目，也就是鲸目。

——涠洲岛惊现庞大布氏鲸

在北部湾深蓝色的海洋里，身长10米、体重20吨的布氏鲸正在专心捕食。

正值早春，它们等到了丰盛的沙丁鱼群。只见布氏鲸张开大口，密布的鲸须将小鱼困住，并将它们全部塞进了胃里。巨大的身体搅动着海水，反射出美妙的光影，既壮美又富有生命力。

涠洲岛海域布氏鲸寻找食物（图片由吴海萍博士提供）

2018—2019年，涠洲岛附近海域发现近20头布氏鲸。鲸类是海洋生态系统的顶级捕食者，也是海洋生态系统健康与否的指示物种。布氏鲸的现身，表明该海域生态系统比较健康，食物链比较健全，适合鲸类生存。

我国海域面积辽阔，分布的鲸豚也相对较多，但是多数分布于较深的远岸水域，活体大型鲸类在近岸的科学记录稀少。2018年3月以来，涠洲岛居民及游客多次在该海域发现巨鲸活动迹象，引起国内外媒体广泛关注。鲸类在涠洲岛海域出现频次高、数量多，在国内极为罕见。涠洲岛旅游区管委会迅速邀请国内研究机构前来跟踪，第一时间通过各种途径开展科研考察，以弄清鲸的物种、生活习性和海洋环境状况，为进一步研究、保护、利用积累科学依据。经多家权威机构专家研究认定，该海域所发现的鲸群，是目前为止我国大陆发现的首例近海岸分布的大型鲸类生活群体。

它们的出现，让涠洲岛无比"鲸"艳！

（3）海洋生物多样性的价值

1）存在价值

——海洋生物多样性，是大自然留给我们及子孙后代的自然遗产

北部湾海域，是海洋生物多样性最为丰富的地区之一。这里气候温暖，地貌类型复杂，河流众多，海域广阔，红树林、珊瑚礁、海草床等多

样的生态系统类型，为多样生物提供了良好的生境。丰富的生物多样性，是自然也是祖先给我们留下的宝贵遗产。

北部湾海域，记录到的生物有7390种，其中海洋哺乳动物15种，鸟类104种，昆虫类200多种，海草3种，红树植物15种，珊瑚礁45种。除此之外，还有很多的种类没有收集到。所有的这些已知的和未知的物种，都是生命历史上不可缺少的环节，每一个物种都有一段灿烂而不能重现的演化历史，它们现今仍存在于北部湾海域中，成为整个地球自然遗产的一部分。它们的可持续存在，也是大自然为我们及子孙后代保留的一份丰厚遗产。

——海洋生物多样性，是未来人类获得新知识的源泉

每一个物种都代表着一个独特的遗传系统，包含着独特的遗传信息，可为人类提供生产粮食的新知识，或制造药物的新工艺。从商业、科学和教育的角度看，每一个物种都是十分重要的，不能任其丢失和被破坏，否则，后人就再没有机会利用或选择。

儒艮等海洋哺乳动物，是经过数千万年进化演变而来的。海洋哺乳动物被认为是再次下水的海兽，还保留了陆生哺乳动物（猪、牛等）的基本形态和生理特征，如胎生、哺乳及用肺呼吸等。海牛目动物是目前尚存的4个"次有蹄类动物"哺乳动物目之一，被认为是早期有蹄类动物不同寻常进化的分支。海洋哺乳动物对于生物进化、动物分类的研究都有极高的科学参考价值。中华白海豚等鲸豚智商高、模仿力强，它的回声定位功能更是人类开展仿生学研究，改进水下通信、通航设备的重要研究对象。

基因工程时代已经到来，基因资源的商用需求，就像目前世界对石油和天然气的需求一样重要。一个物种要千万年才能形成，每个物种具有不同的基因，破坏物种的多样性，也就是破坏基因的多样性。物种多样性的减

海洋生物多样性

少会引起许多新的问题。生物多样性能够维持物种的平衡，每消灭一个物种，就等于给人类断了一条后路。

——物种的存在价值，影响着生态系统的稳定与存在

物种的存在价值也就是伦理或道德价值，即每种生物都有自己的生存权利，人类无权伤害它们，使它们趋于灭绝。

每一个物种都是经过千百万年发展演变形成的，都有其生存的价值，不论对人类的价值如何，都应得到尊重和保护。消灭一个物种就是一种犯罪行为，这就等于毁掉独特的不能替代的物种进化，这是剥夺人类后代的财富。

人类是在生物环境中发展进化而来的，因此，人类与其他物种息息相关。广义上，它们是人类家庭的延伸。因此，无论在身体上或心理上，它们都像我们的家庭成员，其生存及习性对人类精神健康十分重要。

物种的存在价值是难以用金钱衡量的，儒艮、中华白海豚等各种海洋哺乳动物、鱼类、贝类、鸟类、海草、红树植物、珊瑚等许许多多的生物，它们之间各种各样的联系及其所在生态系统，共同构成了海洋生物的多样性。生态系统中物种间具有依赖性，没有一个物种能够脱离它生活的多样性背景。人类的生存也要以生物多样性为基础，从这个意义上讲，生态系统多样性的存在价值在于，它影响和维持了生态系统的稳定性及每一个物种或个体的存在。如红树林及海草床，给我们提供食物、水、氧气，为我们的生态系统作出了各种贡献，我们与生物群落及其有机体的持续健康发展，又有着利害关系。

2）实用价值

——海洋生物多样性，可为人们提供维持生活的资源，并为人类的福利提供服务

生物多样性为人们提供资源，是生物多样性的最初级表现。北部湾的海洋生物多样性为当地人们提供了丰富的野生食物资源。

北部湾渔产丰富，经济品种众多，可口革囊星虫、裸体方格星虫、锯缘青蟹、文蛤、杂色鲍、花刺参等各种各样的海洋动物，是沿海地区千家万

户的日常佳肴。

海洋哺乳动物被人们利用，已有悠久的历史。最初，沿岸居民捕杀哺乳动物是以食用为目的。而后，随着工业的发展，哺乳动物油的用途渐广，转而以炼油为主。到20世纪，随着科学技术的发展，哺乳动物综合利用价值相继提高。例如：

北部湾海产生物——螳螂虾（图片由刘昕明博士提供）

鲸的尾鳍和背鳍可制成食品，曾为人们所食用；鲸类皮下脂肪炼出的油用途甚广，是油脂工业、化工的重要原料，精油耐热性强，可用作金属工具的润滑油，特别是从头部提取的油凝点低，可作为精密机械的润滑油；海兽皮可用作制鞋原料；骨骼可提取药物，提炼骨油；肝脏可用于生产维生素的制剂；胰脏、甲状腺、肾、睾丸、卵巢、脑下垂体等可制成多种营养剂、消化剂，提取胰岛素及多种激素制剂；鲸须过去曾是纤维代用品，可制成工艺品；鲸齿、儒艮齿可雕刻工艺品。

鲸豚类等海洋哺乳动物是海洋生态系统的重要组成部分，也是水生野生动物保护的旗舰物种和海洋环境状况的指示性物种，对整个海洋生态系统的健康与稳定起着至关重要的作用。国家明文规定重点保护，不许食用，更不准捕杀。

此外，还有红树植物，如红树林的果实可食，是海洋绿色食品之一。在北部湾，红树植物果实食用最普遍的是白骨壤果实，白骨壤不但资源量大，而且它的果实具有清凉、降火、利尿之功效，当地人称之为"榄钱"，是一种深受欢迎的海洋保健食品。

——生态系统功能，可维持北部湾人民稳定的生活及生产活动

红树林、珊瑚礁、海草床、盐沼作为海洋滩涂和河口海湾的生态系统，具有促淤沉积、扩大海滩、护堤防浪、净化环境、调节小气候等多方面的功能，还为许多海洋动物提供重要的栖息地和大量的食物。丰富多样的生物与其物理环境，共同构成了人类赖以生存的生命支撑系统。它有效

保护和促进了海洋生物繁殖、渔业产量稳定，有利于人们生产活动的进行。

可见，生物多样性对人类有着巨大的价值，特别是间接价值，即其生态功能带来的社会效益。

生物及其组合多样性的存在，使人类有了适应变化和未来需求的能力。事实上，不断丧失的生物

珊瑚礁生态系统的物种多样性

多样性，是人类需求与自然能力之间不平衡的度量。对生物资源的合理利用，可使之再生以至持续使用，反之就可能灭绝。如果缺乏对生物及其组合多样性价值的认识，不合理利用生物资源，我们将逐步毁掉人类未来生存和发展的基础。

——生物多样性资源，可为人类提供新的重要医药资源

传统医药大部分来自生物，生物至今在维护发展中国家80%人口的健康中发挥着重要作用；而对于许多现代药品，它也是不可缺少的组成部分。

生长在海洋环境中的生物，在生长和代谢过程中产生并积累了大量的天然物质，这些物质具有抗癌、抗菌、抗病毒、促进免疫等生物活性，是近20年世界各国新药研究开发的热点。

海洋动物的药用已有悠久的历史，海洋哺乳动物抹香鲸产生的龙涎香，是一种名贵中药，有化痰、散结、利气、活血之功效。儒艮作为一种食草海洋哺乳动物，其血液循环、生理过程、消化反应与其他动物不同，它们的骨质是异常的，这表明儒艮的甲状腺代谢过程也是异常的，可产生对医药工作有用的物质。中国鲎作为药物具有多种疗效，在北部湾仍流传鲎的多种验方；提取鲎血制成检验内毒素的试剂，在医学检验方面得到广泛重视。

红树植物中，已知有19种具有药用价值，在民间广为应用，其中老鼠簕的应用最普遍，被用于消肿、解毒、止痛、治疗淋巴结肿大、乙型肝炎

等。近20年，红树植物的药用价值越来越引起人们的重视。

随着生物技术的不断发展，人类将从海洋生物中发掘出更多、更有效的新医药资源。

——物种、生态系统及景观的多样性，可成为生态旅游资源

发展生态旅游，是促进当地经济发展的一条有效途径。在合浦儒艮保护区、山口红树林生态保护区、北仑河口红树林生态保护区，众多珍贵稀有生物物种，是发展生态旅游得天独厚的自然条件。

儒艮、中华白海豚等海兽均是迷人的动物，十分讨人们喜欢。人们可以近距离接近野生动物，观赏它们的活动，获得娱乐及新知识。如果非洲没了大象，那么人类居住的地球就少了一份乐趣；如果北部湾没有了儒艮、中华白海豚等海兽，同样也会让人失落。

红树林生态系统在群落结构上和通常看到的陆地植被一样是多种多样的。红树林生长习性变化大，在生长形态上既有单茎树，也有多茎树；既有灌木，也有高大的乔木。可谓千姿百态，观赏价值很高。

在北部湾这片神奇的蓝色国土上，人们可出海寻找儒艮、中华白海豚等珍稀海洋哺乳动物的足迹，可观赏海上森林、海上草原的风景，亦可潜入海中观赏珊瑚千奇百怪的身姿。

千姿百态的海洋生物，给人以美的享受。生态旅游，可使旅行者享受到神奇的野外生活的乐趣，满足人们精神生活的需要，以从经济上和道义上更多地支持生物多样性的保护。在科学管理的前提下，生态旅游在对生态系统破坏最小的情况下，定能给当地带来较大的、持续的经济收入。

北部湾得天独厚的亚热带气候及良好的生境，不仅使初级生产力处于一个较高水平，而且是各种珍稀生物生活的栖息地。北部湾将以其独特的自然环境条件

🔹 千姿百态的海洋生物（图片由刘昕明博士提供）

第三章 走进这片海

139

影响着生物多样性和珍稀性。

科技发展至今，人类远远离不开大自然，我们所吃的食物、饮用的水、使用的能源、服用的药物、所穿的衣服、建造的建筑都依赖着大自然。生物多样性为人类提供了多种多样的自然资源，大自然也为解决人类所面临的环境问题提供了丰富的解决方案，生物多样性是全世界宝贵的财富。然而，在人类不断索取的过程中，全球的物种和生态系统经受着前所未有的严峻考验：生物多样性持续衰退，生物资源不断减少，保护生物多样性势在必行！

5. 保护生态系统，我们一直在努力

2017年4月，习近平总书记考察北海金海湾红树林生态保护区时指出，保护珍稀植物是保护生态环境的重要内容，一定要尊重科学、落实责任，把红树林保护好[1]。以习近平总书记的重要指示精神为指引，广西近年来大力实施生态修复攻坚行动，积极履行联合国《生物多样性公约》、落实国家生物多样性保护战略，红树林保护取得积极成效。

（1）红树林生态系统保护

2015年，联合国政府间气候变化专门委员会（IPCC）指出，在现有100多个国家大约14万千米的热带海岸线上，都能看到红树林的身影，而且在河流带来大量沉积物的岸边生长得最好。红树林及其根部固定在厚厚的富碳沉积物中，可能含有多达64亿吨的碳，每年还能捕获约3.4亿吨的碳。红树林不但在应对气候变化方面具有重要作用，而且具有

全球蓝碳生态系统——红树林

---

[1] 邓建胜、李纵、张云河：《构建全方位开放发展新格局〈沿着总书记的足迹·广西篇〉》，《人民日报》2022年6月16日，第2版。

很高的碳汇能力。

除了固定、储存碳外，红树林的根部还能为海绵、蠕虫、虾和鲨鱼等生态系统提供庇护，同时也是鱼苗生长的重要温床。与茂密的树叶相结合，这些树根也非常善于吸收风暴和潮汐的能量；还能为降低海潮的高度，起到保护海岸的作用。所以，凡有红树林的海岸，就有天然的屏障和堤防。如果红树林面积减少，海岸植被的生态护岸功能就会大为降低，海岸线就会后退加速，海岸侵蚀和水下泥沙输移变化就会加剧。例如：在印度尼西亚，过去30年，曾将40%的沿海红树林变成虾塘，使数千千米的海岸线暴露在风暴潮和致命的海啸之下；在我国，20世纪70年代，广西北仑河口东面红树林面积减少，以河流深水线为界的主航道不断向我方偏移，造成我方一侧海岸冲刷，海洋国土资源流失。

近年来，我国采取多种措施加强红树林保护，建立了52处有红树林分布的自然保护地，大力推进红树林保护和修复，成为世界上少数红树林面积净增加的国家之一。2020年8月14日，发布《自然资源部 国家林业和草原局关于印发〈红树林保护修复专项行动计划（2020—2025年）〉的通知》（自然资发〔2020〕135号）。计划提出，到2025年，全国营造和修复红树林面积18800公顷，其中营造红树林9050公顷，修复现有红树林9750公顷。2021年3月，广西壮族自治区自然资源厅、林业局、海洋局等部门共同编制的《广西红树林资源保护规划（2020—2030年）》印发实施。根据规划，到2025年，广西新营造红树林1000公顷，修复现有红树林3500公顷；通过自然保护地整合优化和新建一批红树林自然保护地，使纳入自然保护地的红树林比例达到50%以上；到2030年，全区红树林保有量稳定在1万公顷以上。所以，红树林保护和自我恢复的任务非常艰巨。

红树林的生长和发育主要受制于气候、潮滩、土壤和沉积物等条件。广西沿海年均气温为20℃左右，有适合于红树植物生长的气候条件；有潮滩面积1000多平方千米，90%位于平均海平面之上；有近1/3的淤泥质浅滩，且80%分布在入海河口处。这些特定的自然环境条件为广西红树林恢复提供了重要的立足基础。2020—2030年，广西将恢复生态系统的计划定格在采用自然恢复和适度人工修复相结合的方式营造和修复红树林的方案是切合实际的，也是完全有可能实现的。红树林还具备发展海洋碳汇的优良条件，广西应加快开发利用海洋固碳储碳功能，选择典型区域进行海洋蓝碳增汇的示范区建设，逐步建立完善的海洋碳汇标准与管理体系。

受波浪冲刷而根系裸露的红树植物

我国滨海湿地是孕育生命的摇篮，同时也是有力搏杀的竞技场（人为或自然的），更是生死所系的故土和家园，唯有人类的保护和协作，才能延续它生命的奇迹。因此，红树林生态系统未来的健康很可能依赖于积极的干预——不仅要保护剩下的，还要恢复失去的。

（2）珊瑚礁生态系统保护

2020年6月，广西涠洲岛散发着迷人的热带风情。以广西红树林研究中心王欣博士领衔的一群珊瑚保育人，在"珊"的那边，海的那边，潜入海底种"森林"。

涠洲岛是广西沿海的唯一珊瑚礁群，也是广西近海海洋生态系统的重要组成部分。近20年来的诸多调查结果表明，随着海洋环境变化和人类活动影响，涠洲岛珊瑚礁覆盖度近几十年来急剧下降，已经从2002年之前的60%退化到2017年的10%。枝状形态石珊瑚覆盖度、优势程度下降，鹿角珊瑚濒临灭绝。涠洲岛珊瑚礁退化主要受全球变暖和海水温度上升导致世界范围内珊瑚礁大量死亡，以及地域性不合理人类活动的影响。

为了保护涠洲岛这片海底绿洲，国家海洋局在2013年1月批复成立了涠洲岛珊瑚礁国家级海洋公园，对涠洲岛超过80%的珊瑚礁面积正式实施监管。同年，广西红树林研究中心王欣博士领衔的"北部湾涠洲岛珊瑚移植修复技术与示范"广西科技计划项目启动,他和研究团队通过建立苗圃种植人工珊瑚作为种源向外移植,从而恢复涠洲岛的珊瑚种群。

在海底种珊瑚,听起来很酷,然而,过程却比在陆地上植树造林要艰难得多。珊瑚的生长速度极其缓慢,有些一年甚至生长不到1厘米,想要种出大面积的"海底森林",需要寻找生长较快的珊瑚种类。经过比对筛选,王欣博士研究团队把扩繁的希望锁定在涠洲岛的"土著"鹿角珊瑚身上,这种珊瑚一年左右就能长十几厘米。2013年底,他们在涠洲岛南湾投下了第一个苗圃,开展了长达近6年的珊瑚保育试验,先后投放了多达七八种人工礁体。

这个苗圃,是整个涠洲岛珊瑚礁海域的一个"幼儿园"、一张产床。它在这里产了卵,生了二代子之后,被孵化的"珊瑚宝宝"被海流带到涠洲岛各个海域安家,从而促进整个涠洲岛珊瑚礁自然海域的天然恢复。

功夫不负有心人。2013年以来,以王欣博士领衔的科研团队在涠洲岛海底搭建了200多个苗圃,种下了大约20万个珊瑚种苗,同时还投放了400多个人工礁,移植修复了8公顷海域的珊瑚礁。2018—2019年监测发现,涠洲岛退化的珊瑚逐步恢复,8公顷海域珊瑚礁的覆盖度平均提高了3%左右。珊瑚重新归来,一些在珊瑚栖息的海洋生物,也重新回到了涠洲岛。

珊瑚礁千姿百态,美不胜收,历来是珍贵的观赏、装饰工艺品,同时,它在维护海洋生态平衡方面也发挥着重要作用,生态价值不可估量。

保护珊瑚在行动

建立在海底的珊瑚苗圃(图片由王欣博士提供)

第三章 走进这片海

（3）海草床生态系统保护

广西合浦沙田沿岸和英罗港口附近有大片泥沙质的滩涂，生长着儒艮所嗜食的海草，形成一个天然的海上牧场。但是，近一二十年来这个海草床退化特征明显，表现在：

1）自然面积减少

1994年，广西英罗湾、沙田、北基盐场海草床面积为333.70公顷；2001年，英罗湾、沙田、北基盐场海草床面积为47.30公顷。海草普遍长势较差，低矮稀疏，呈散状斑块分布，覆盖度出现降低趋势。

2）生物多样性降低

1980年，广西合浦海草床面积约为2970平方千米；2005年，海草床面积仅为540平方千米，儒艮消失率为81.8%。据记载，1958—1962年捕获儒艮216头，1976年捕获儒艮23头，1997年发现儒艮3头，2004年还能找到儒艮痕迹记录，但目前已难觅其踪迹。儒艮数量变化，与海草床的快速退化有密切联系。此外，海草床退化还会严重影响生态服务功能。

3）生长环境逐步恶化

海草生长需要有一个稳定的海域空间，也只有这个稳定的海域空间才能提供给海草床良好的生态环境。导致海草床环境恶化的主要威胁包括城市工业、临海开发、港口疏浚以及无管制的捕鱼和气候变化等。2017年6月，位于铁山港东面的榄根作业区填海工程在围堰尚未合龙的情况下强行作业，致使大量含高岭土的污水进入红树林区域，红树林出现大面积死亡。合浦海草床主要分布在沙田及邻近海域，与榄根作业区近在咫尺，海草生长环境受到严重影响。

海草床是生物圈中最具生产力的水生生态系统之一，是许多鱼类和无脊椎动物种群的育苗场、觅食区和避难所。儒艮对海草植物的依赖性最大，一头成年儒艮每天需进食40～55千克的海草，海草的减少或消失将直接导致儒艮的迁出甚至死亡。近一二十年来，随着各种人类活动影响的加剧，广西合浦营盘港—英罗港沿岸海草床环境逐步恶化，海草床面积减少，儒艮摄食海草空间受到严峻挑战。为此，1986年6月，广西壮族自治区人民政府批准设立自治区级合浦儒艮自然保护区；1992年10月，国务院批准设立广西合浦儒艮国家级自然保护区；1998年10月，广西壮族自治区批准成立合浦儒艮自然保护区管理中心站。中心站成立以来，牢记使命，实干笃行担当作为，守护海洋生态环境，全力以赴建设儒艮保护区。近年来，开展儒艮保护区浅海滩涂非法养殖清理整治230余天次，清理浅海滩涂面积23平方千米，有效打击了儒艮栖息地的违法养殖行为，确保儒艮保护区滨海湿地回归自然，栖息地生物多样性不断提升，海草床得到了更好的保护。

海草床，与红树林或是盐沼一样，广西沿海都有很好的生长自然环境。为了让海草床永远成为广西海洋生态系统的"最大家族成员"，我们不仅要保护剩下的，还要恢复失去的。

保护海草床，保护海洋生态系统，我们不能再等了！

海草退化（图片由作者研究团队科技人员提供）

三、广布的滨海文旅资源

北部湾是滨海文旅资源的富集区，汇聚了滨海、海岛、山水、民俗、边境、历史等多种类型旅游资源，拥有高品位、竞争力强的旅游品牌。

广西北部湾目前对外开放的旅游景点有20多处，占广西全部对外开放景点数的12.2%。其中有9处为自治区级重点文物保护单位，占广西同类总数的10.5%。主要有：以独特火山岩地质地貌、景色千姿百态为特色的大小蓬莱涠洲岛、斜阳岛；以沙白、水蓝、滩平缓为特色的北海银滩、京岛金滩；以千岛点缀为特色的钦州湾"七十二泾"、龙门诸岛、京族三岛；以红树林自然生态海岸屏障为特色的山口国家级红树林生态自然保护区、北仑河口国家级海洋自然保护区；与越南隔海相望的绚丽京族三岛。滨海文化旅游资源具有热带自然风光、海岛岛屿海湾众多、生态环境良好、民俗风情浓郁、边关历史文化厚重等特点。

当你走进北部湾，即可感受风景如画的滨海热带自然风光。

◐ 红日照海，海云飞泛青山影绰

🎧 渔舟点秀，晨钟暮鼓海光老 　　🎧 松涛沙海，深蓝耀眼四时皆灿

🎧 苍石劈海，红日浴水清宇 　　🎧 一海生光，踏石看远船隐隐

🎧 暮色之崖，柔软多少看客之心 　　🎧 火山之石，露出岛屿久远秘密

🎧 千寻石素，听浪生花风满海 　　🎧 淡云流海，渔村宁和日日新

第三章　走进这片海

**浪声回荡
北部湾**
Langsheng Huidang
Beibuwan

• 我的海洋历程

○ 海湾落日，灿烂寂寥送走黄昏　　　　○ 白鹤起舞，在水一方迎春归

1. 千岛点缀的七十二泾

龙门七十二泾，位于钦州港北部至龙门港之间的茅尾海出口处。有100多个大小不一的岛屿，参差错落地散布在面积约135平方千米的茅尾海海面上，使这片海域形成无数回环往复、曲折多变的水道，称之为"泾"。

"七十二泾"，是形容其多，其实何止72条？

乘船在泾内游览，感觉非常奇妙：道是疑无路，忽又豁然通，每入一泾，展现在眼前的是一幅幅令人陶醉的不同画面，俨然人间仙境，难怪享有"南国蓬莱"的美称。七十二泾内还有近万亩连片生长的、被誉为海底活化石的红树林，青翠的红树与湛蓝的海水交相辉映，景色非常别致。

山重水复疑无路，柳暗花明又一泾。
七十二泾通四海，南国蓬莱秀龙门。

这是形容龙门岛泾多而又美的意思。

七十二泾，曾是文人骚客流连游览之地，他们留下大量吟咏之作。位于钦州港勒沟潮汐汊道处的仙岛公园内，还立有目前全国最大的逸仙铜像和钦县各界人士于1926年敬立的"孙总理逝世周年纪念碑"。

传说钦江、茅岭江是两条巨龙，七十二泾的座座山头是巨龙吐出的颗颗明珠，宛如玉带的七十二泾，泾泾相通，岛岛相望，泾如玉带，岛如明珠，珠如大玉，故又称"龙泾还珠"。从高空俯览，星罗棋布的小岛宛如一颗颗碧绿璀璨的玛瑙散布在一个蔚蓝的大玉盘中。乘船坐视，舟在泾中走，如入迷宫一般。

七十二泾是一处集自然景观和人文景观于一体的旅游胜地，古有"南国蓬莱"之称，今天人们称之为"小澎湖"。七十二泾之所以得名，除70多条曲折奇诡的回形水道外，在钦州湾100多平方千米的海面上还分布着100多个形态各异的海岛。

亚公山：位于茅尾海与钦州湾的交接处，是七十二泾中一个颇具特色的小岛，远观似一艘乘风破浪的军舰落在茅尾海狭窄的出海口，山的南面岩石壁立，山的北面坡缓地坦，绿树成荫，岛上植物种类丰富，而且有很多奇花异草和珍稀植物，被誉为"海岛植物园"。

七十二泾之岛岛相望

亚公山岛上修有大皇公庙，庙内塑有大皇公神像，故而得名。亚公山面积1.38万平方米。其东西南三面陡峭如削，只有西北面可供登岸上岛。岛东面悬崖有通天洞和纸宝洞，沿通天洞可直达山顶。纸宝洞洞口已被一巨石堵住，据说洞下是惊险的旋涡，十分神秘。岛南面悬崖还栖息着大群水鸟，日落归巢时煞是壮观。

七十二泾之亚公山岛

鳄鱼石：位于七十二泾中部南面的小岛，形似鳄鱼而得名。鳄鱼石横海而卧，岛上怪石嶙峋，其中一块形似鳄鱼，栩栩如生，加上拍岸的海浪，使它更为生动逼真。据说七十二

七十二泾之鳄鱼石

第三章 走进这片海

**浪声回荡
北部湾**
Langsheng Huidang
Beibuwan

• 我的海洋历程

七十二泾之青菜头

泾之鳄鱼石仅容一人上下，下为纸宝洞，有一方状如纸宝的大石堵住洞口，洞下是惊险的旋涡。

青菜头：位于钦州港的出口处，东、西水道从它的两侧擦肩穿过。往南可远眺企沙半岛和钦州湾外海，往北远望则可见钦州港全景，别有一番景致。青菜头像是一位坚守在钦州港的海上卫士，常年守护在钦州港的口门。远远望去，又酷似一匹在大海中奔腾的骏马，驰向开阔之海——北部湾。岛上四周为海浪冲刷的裸露的奇石，岛上有茂盛的植物，极富热带风情。

麻蓝岛：麻蓝岛又名麻蓝头。位于钦州市犀牛脚镇的西北角，是钦州湾上的一个海岛。该岛酷似一个牛轭，最宽处400多米，最窄处200多米，岛上有一座面积约8万平方米的小山，登上山顶就可饱览大海景色。岛上种植有马尾松、美国湿地松等树木，绿地覆盖率达80%。岛的西北面为一大片沙滩，沙滩宽阔平坦，沙质金黄，是天然海滨浴场；西南面为礁石群，礁石千姿百态，奇形怪状；东面则为一大片壮观的红树林。这一带还盛产"三沙"：沙虫、沙钻鱼、沙蟹，名扬海外。该岛是新开发的旅游度假区，旅游配套设施正不断完善。

七十二泾之麻蓝岛

集山、水、礁、滩、树、石、草于一体的七十二泾内的龙门群岛，由众多个小岛组成，由北向南排布。岛的四周为清澈湛蓝的海水、奇形怪状的石头、翠绿葱茏的花草野果。登高远眺，环钦州港和红沙核电站的独特风景尽收眼底，在风光旖旎的迷人景色中，游人走进钦州港可以尽情享受大自然的美景，领略七十二泾环岛之海滨风光，更有一种宾至如归的感觉。

龙门群岛，碎了茅尾海

一次次大地的碰撞，
一个个板块的挤压，
随之隆起星星点点的岛屿，
重塑在钦州湾茅尾海之中。
岛屿，如同游荡在海面的沧海遗珠，
岛屿，如同碎裂在海面的大小宝石，
海中有岛、岛中有海、岛海和鸣、岛岛相望，
海陆相接是无尽的海岸，海岛之上是繁茂的绿树。
古老的陆地与无尽的海洋，
共同创造了破碎的龙门群岛。
在这里，有100多个大小岛屿、72条回形水道，
在这里，有近300千米长的海岸线、1270多公顷的红树林，
在这里，还有将钦州湾外海水拥入茅尾海的龙门狭窄水道。
龙门群岛，宛如一颗颗碧绿璀璨的玛瑙散落在茅尾海海面上，
依海而布，傍海而立，碎了茅尾海。

2. 原生海蚀地貌——斜阳岛

在涠洲岛东南方向约9海里处有一个小岛叫斜阳岛。该岛是由火山喷发堆积形成的，面积1.89平方千米。因为从涠洲岛上可观太阳斜照此岛全景，又因该岛横亘于涠洲岛东南面，南面为阳，故称斜阳岛。

**浪声回荡
北部湾**
Langsheng Huidang
Beibuwan

• 我的海洋历程

斜阳岛

斜阳岛与距广西北海20海里（约37千米）的涠洲岛被称为北部湾畔的大小蓬莱，其地貌与涠洲岛相似。在涠洲岛，同样可以看到在漫长岁月中不断被海水侵蚀，幻化出层次分明的、独特的火山地貌、海蚀地貌奇观。

从远处看斜阳岛像一朵盛开的莲花，中部凹陷，四周凸出。沿岸陵岩壁立下临深渊，飞鲨怪鱼、贝类珊瑚清晰可见。岛上冬暖夏凉，野花繁多，森林原始，山径迷离，海蚀、海积及熔岩景观奇特，是寻幽探险的乐园。所以，到斜阳岛来旅游，可体会到形似原始生活的情调。

斜阳岛上约有280人居住，民风淳朴，村民多靠打鱼为生，夜不闭户，恍如世外桃源。1995年3月，我和我的同事第一次来到斜阳岛执行全国海岛综合调查任务。3月的南方寒气刚过，斜阳岛上的海风还带有几分凉意，但我们早已被这里的自然生态环境吸引。

南湾海蚀 　　　　　　　　　　　海洞

斜阳岛火山岩层壮观，熔岩景观奇特，岩石上有许多火山喷发时留下的圆圆的小坑，海潮过后，坑里蓄满了海水，在阳光的折射下，这些小坑像一个个蓝色的宝石散落在岩石上，成了最美丽的点缀。斜阳岛的海水蓝得有点发绿，清澈见底，只要站在岩石边上就能看到一群群五彩斑斓的小海鱼。

◎ 斜阳岛海岸地貌

早上日出时，我们站在斜阳岛码头的西面，往东面可以观察到斜阳岛海上日出的奇特景象，被朝霞染红的大海广阔无垠，星星般点缀其间的是斜阳岛渔民捕鱼的船只。最妙的是红日露出海面时的情景，开始是一个红点，接着是半个圆，这时给海平面铺出由远到近的一线金光，几分钟后圆圆的红日跳出海平面时，选择哪个角度拍摄都是一幅绝美的风光照；往北面可以看到一个"牛鼻洞"，洞外各种景观、山石造型令人神往。从洞内往外看，远山、近景、大海、渔船、蓝天、白云各种光影，洞内各种岩石姿态神奇、变幻莫测，别有洞天，令人遐想联翩。

斜阳岛上四处长满了相思树与仙人掌，仙人掌花四季怒放，仙人掌果常年飘香。

斜阳岛的美可以让你忘记时间、忘记杂念；它

◎ 斜阳岛海蚀岩

第三章　走进这片海

153

浪声回荡北部湾
Langsheng Huidang Beibuwan

• 我的海洋历程

斜阳岛上的云朵

的美无法用语言来描述，只能用心去体会。追本溯源，那就是海岛回归自然之结果！

斜阳岛上的云朵变幻也是出奇。在蔚蓝的天空，白云在飘动，云卷云舒，云淡风轻，一会儿像一头雄狮八面威风，一会儿变成一只出水的鳄鱼口吐水雾，一会儿又变成巨无霸的孙行者俯瞰大地，一会儿又变成……就像美术大师在画令人心旷神怡的画卷，有意在给斜阳岛添上变幻出奇的云影，与岛上自然地貌构成一幅亮丽的风景画。斜阳岛犹如"梦中天堂"。

随着时间的推移，斜阳岛也在发生变化。现在的斜阳岛已经成为旅游的好去处，只要天气条件允许，到涠洲岛的游客都会选择到斜阳岛垂钓、观洞穴、看狮子云，感受海岛海与云的自然美。时隔20年后的2016年，我乘坐调查船第二次停靠在该岛码头附近海域作短暂的休息。看到斜阳岛的海水、蓝天、白云、岩洞仍然保持着当年的纯洁，相思树、仙人掌仍然散发出当年的香气。所不同的是，游人多了，环境也变了。每天来来往往的游人脚步已经打破了岛上往日的安静，世代以捕鱼为生的岛上几户渔家也改做起其他赚钱的行业，开始经营餐馆、酒店，还有人已经在盘算投资开发岛上其他自然资源吸引游客。斜阳岛的自然海岸地貌是大自然赋予的，我们必须倍加珍惜。建议政府和有关部门本着遵循自然、重在保护的原则，做好海岛科学保护规划，严控制开发，限制人为干扰活动，使海岛原生地貌永存，留给后人一片蓝色的净土，因为任何一项人为开发活动都必将给海岛生态环境带来直接影响。

广西沿海有大小岛屿646个，最大的为涠洲岛，陆域面积为24.783平方千米。其次是斜阳岛。岛屿在国家领海主权中的地位和作用非常重要，斜阳岛是距离广西大陆海岸线最远的有居民海岛，在北部湾海域划界以及综合管理中极为重要。由此提示我们，采取完整、独立的斜阳岛（单岛）自然海岸地貌生态景观综合保护对于广西乃至全国海岛保护必将起到借鉴作用，意义重大。

写在斜阳岛

在波光粼粼的北部湾海面上，

在烟波浩渺的涠洲岛东南方，

有一座小岛名叫斜阳岛。

它因夕阳挂岛而得名，

也因环境独特而骄傲。

早期形成于火山爆发积淀的斜阳岛，

经历了千年万年的水淹浪打，

饱受着日日夜夜的风吹日晒雨淋，

岁月的沧桑造就了它原生地貌的特征。

汹涌的海潮锤炼了它钢铁般的意志，

它像一位值守在北部湾上的忠实卫士，

肩负着看守我国海洋疆土安全的重任。

往日荒凉的斜阳岛，如今在现代生态文明进步思想感染下，

海岛的地貌景观、生态景观更加得到理性保护，

成为广西大陆岸线上一道亮丽的风景线。

像北部湾畔的一颗明珠，

散落在海岸的一边，

像北部湾畔的一朵莲花，

盛开在水域的中央。

像一对同胞孪生姐妹，

与涠洲岛构成互为相影的大小蓬莱。

明珠、莲花、姐妹、蓬莱、地貌构成斜阳岛一幅美丽的画卷，

让人遐想联翩。

海上云燕相思雨，梦落斜阳柳萧萧。

3. 沙白水蓝的北海银滩

轻浪银沙白似绵,渔帆椰树鹭盘旋。
情人岛上观沧海,十里银滩水接天。
水吻蓝天观游客,清风簇浪白沙澄。
银光满目无边景,笑看神州第一滩。

这就是我们要说的北海十里银滩!

"北有桂林,南有北海。"从20世纪90年代起,在广西,北海便是与桂林齐名的旅游城市。而银滩,则因为其"滩长、沙白、水清"而备受游客的青睐,成为广西著名的旅游景区。

早在改革开放前,北海人习惯把银滩叫作白虎头沙滩。沙滩由高品位石英砂堆积而成,在阳光的照射下,晶莹、洁白、细腻的沙滩泛着银光,后便更名为"北海银滩"。

40年前的银滩就像一个素颜的少女,周边没有高楼林立和熙攘的游客,只有一片洁白如银的沙滩,木麻黄、海榄树林立,还有一些用竹子搭起的竹棚立在岸边。1980年后,北海市委、市政府大力推进银滩改造,向打造更优更美的海滩迈进。如今的银滩,与40年前相比有了巨大的变化,由一个略带羞涩的"村姑",变成了深受游客欢迎的"大家闺秀"……

20世纪80年代以前,我国的大连、烟台、青岛、厦门等几座沿海城市

🔊 洁白细腻的北海银滩

的海滩，已名扬四海，北海银滩尚在深闺无人识。80年代初，人们发现这里的浴场总面积达38平方千米，比大连、烟台等几个城市的海滨浴场面积的总和还要大，而且海水、沙质、气候等条件优越。随着1984年北海市被国务院确定为进一步对外开放的14个沿海城市之一，北海银滩逐渐为世人所关注。1990年，银滩景区开始在白虎头海滩上开发建设。1991年6月，银滩景区正式对外开放。1992年10月，银滩被国务院批准建立国家旅游度假区，从此这里洁白细腻的沙滩就成了北海旅游度假区亮丽的名片。

北海市委、市政府注重银滩度假区的保护和开发建设，奋力舞起滨海旅游发展的龙头，全力打造国家全域旅游示范区，让北海银滩以崭新的面貌呈现在世人面前。如今，北海银滩发生了巨大变化：整洁的道路、有序的交通、优美的环境……旅游在发展，环境在改善，服务在提升，北海银滩吸引八方游客前来游玩。据了解，2018年，在国庆黄金周期间，北海银滩共接待游客137.51万人次，旅游收入14.31亿元；2020年，在疫情带来不利影响的情况下，北海银滩共接待游客193.66万人次，旅游收入18.86亿元。游客以来自北京、上海、西安、成都、重庆、贵州、云南等地的居多。

北海银滩，空气清新，负离子含量为内陆城市的50～1000倍，海水水质良好，生态环境部官网2018年统计数据显示，2015—2018年，位于银滩的近岸海域水质均达到《海水水质标准》（GB 3097—1997）一类水质，很适于游泳。这一标准一直保持至今。

北海银滩以沙白水蓝为特色实现全域旅游提质升级。

4. 别具风情的京族三岛

在我国大陆海岸线西南端，有一个以民族名称命名的地方，这个民族是中国唯一一个海洋民族。这里有一片延绵数十里的金色海滩；这里深藏着一个入选首批国家级非物质文化遗产名录的节日；这里的独弦琴琴声悠扬，沿海传唱；这里的海鲜肥美，鱼露可人；这里有着太多的美好等待着你的到来与发现。这个美丽、神奇的地方，就是京族三岛。

浪声回荡北部湾
Langsheng Huidang Beibuwan

● 我的海洋历程

京族三岛，是我国大陆与越南交界处的万尾、巫头、山心三个小岛。总面积20.8平方千米，总人口约1.3万人。现属广西壮族自治区东兴市江平镇。因该三岛是我国56个民族之一的京族唯一聚居地，故习惯称"京族三岛"。这里是一块冬季草不枯、非春也开花的宝地。其中万尾、巫头两个小岛与越南近在咫尺，鸡犬相闻，涉水可渡。

京族三岛濒临北部湾，是由海水冲积而成的沙岛。由万尾北望山心，西望巫头，颇似一个"品"字形。万尾处于江平半岛的最南端，地势平坦，地形狭长似带；巫头中间凸出，两头下垂，地形呈纺锤状；山心地势周围高，中间低，呈盆地状。现在万尾、巫头、山心三岛，因为围海造田和筑堤引水，已与大陆相连，海岛变成了半岛。

优美的自然环境孕育了京族人民热情奔放的性格，也形成独特的京岛风情。三岛自然风貌各具特色，滨海旅游方兴未艾。

万尾岛：金滩，绵延13千米，是万尾岛一道绚丽的风景。在那里，海水清澈透明、沙质金黄细软、滩涂平缓宽阔，还有成片的松林，凸显出绿岛、长滩、碧海、阳光的无限魅力。金滩的美，还在于在那里观赏北仑河口，有一种醉人的美感：站在那里向西北望去，是美丽多姿的北仑河口，清澈的大海一望碧绿、湛蓝，洁白晶莹的浪花犹如一曲高昂的交响乐，让人神醉情迷；站在那里向东北远眺，对面的白龙尾半岛像一条长长的巨龙从南向北游去，在朝霞的映衬下时隐时现，当红霞发出金色光芒时，红日就从白龙尾处跳出海面，霎时金色的光辉洒满大海和海滩，红日、大海、

🎧 京岛金滩

158

金滩、海鸥、白鹤和点点渔帆，组成了一幅壮美的图画。

"霞映金滩凝赤色，雪涌碧海金波晓。""渔舟点点轻托浪，雪涌碧海金波晓。"这是广西继北海银滩之后的又一滨海旅游热点。

巫头岛：岛上有一片面积达几千亩的沙滩，白沙皑皑，绿树成荫，一派北国林海雪原风光，号称"南国雪原"。向南行几百米，一个面积80多亩的小圆山林突兀地出现在眼前，它就是巫头白鹤山。那里水洼星罗棋布，草长没膝，四周有林带围绕，近岸海水温暖，鱼虾丰富，是白鹤栖息的理想环境。每年清明前后，数万只白鹤从南边飞来，在此筑窝营巢，生息繁衍。清晨和傍晚是白鹤出巢和归巢时间，漫山遍野全是白鹤的翩翩倩影，白沙、绿树、白鹤，构成了一幅美妙精彩的画面，人们称之为"万鹤山奇观"。也许是春天格外明媚，万鹤在烟花绿锦中飞鸣更显真切，"岛海叠浪横翠黛，色似明霞接绛河"，这诗画般的意境，更让人见之欲醉，情迷忘返了。

🎧 巫头岛

山心岛：岛岸滩涂上覆盖着一大片蔚为壮观的红树林，它是北仑河口海洋自然保护区的一部分。绵延十几千米的红树林，镶嵌在深蓝色的海波

浪声回荡北部湾
Langsheng Huidang
Beibuwan
● 我的海洋历程

中，在蔚蓝的天空下闪着晶莹的绿光。蓝蓝的水，绿绿的树，红黄白蓝紫五色野卉奇花点缀其间，使岛湾水波不兴，宁静如镜，似画中仙境。那绿色海岸涨潮时，千万株树冠浮荡在碧蓝色的水面上，像一道铺展在海上的绿色长城，美丽极了！

"山心岛红树林区"与万尾岛的"金滩"、巫头岛的"南国雪原"，成为京岛三大自然奇观，它们与情系大陆的榕树头跨海大堤和20世纪70年代建议的"五七"堤围工程，共同构成了今日京岛的和谐和美丽。

在京族三岛上不仅能感受到浓浓的京族风情，还可看到许多富有诗意的欢乐景象：那海上早出晚归的渔船，那浅海滩涂上扛船、挑网的汉子，那沙滩上清网、晒网、补网的渔妇，那退潮后在海滩上奔跑着赶小海的孩童……都会深深地留在你的记忆里。除此之外，还有每年农历六月初六民族传统"哈节"。"哈节"是京族一年中最隆重的节日，以祭祀神灵、团聚乡民、交际娱乐为主要内容。经过近500年的传承，哈节已是京族传统文化的集中体现，2006年被列入第一批国家级非物质文化遗产名录。节日期间，男女老少穿着盛装，云集哈亭，弹起独弦琴，跳起竹竿舞等，举行"唱哈"活动，祈求生产丰收、人畜兴旺。"哈歌""竹竿舞""独弦琴"为京族传统文化的"三宝"，如果你错过"哈节"

🎧 山心岛

🎧 京岛渔业

160

上岛，在民族文化村同样可让你大开眼界。

京族人面海而居，热爱大海，熟悉大海，主要从事渔业生产，改革开放让他们走上了富裕之路，岛上呈现出一派欣欣向荣的气象。京岛的美，是京岛人几十年奋斗的结晶，是京岛人热爱家乡、爱护自然环境的体现。在"哈歌"中流传着这样一首歌谣："昔日京岛三堆沙，麻雀难留茅檐下。今日三岛三朵花，仙鹤飞来安了家！"这正是京岛近年的真实写照。

游京岛，观风貌，看美景，让你感受到独特的自然之美。

5. 原始富集的江山海岸

江山半岛状似龙头，古名叫白龙半岛，位于北部湾畔的广西防城港西湾与珍珠港之间，是广西最大的半岛，总面积208平方千米，其南部96平方千米规划为省级江山半岛旅游度假区。江山半岛三面环海，78千米长的海岸线蜿蜒绮丽，原始而纯朴，被誉为"北部湾最美海岸"。

江山半岛历史文化底蕴深厚，原始遗迹富集。

迄今为止，在江山半岛发现了最早年代的恐龙化石、新石器时代的亚婆山贝丘遗址；东汉伏波将军马援平定交趾叛乱时留下了火烧墩、潭蓬运河、珍珠城、灯架岭、马鞍坳、将军山等历史文化遗迹；此外，还有清代

江山半岛之乱石滩　　　　　　　江山半岛之鲕鱼湾

第三章　走进这片海

**浪声回荡
北部湾**
Langsheng Huidang
Beibuwan

● 我的海洋历程

的白龙古炮台群、烽火台，以及援越抗美时期的"海上胡志明小道"等战争遗址。位于江山半岛的珍珠湾还是我国第一颗"南珠"诞生地。

江山半岛海岸景区景点密布，自然特色鲜明。

集山、海、古、少、边等特色景观于一体的江山半岛，有自然景观及历史遗迹景点20多个，是北部湾沿海景区景点最集中的区域之一。沿岛分布有石角红树林保护区、金花茶珍稀植物示范基地、白浪滩、怪石滩、白沙湾、珍珠湾、月亮湾、仙女浴池、响水滩瀑布等，这些自然景区景点构成了江山半岛最美海岸。这里气候温暖，冬无严寒，夏无酷暑；这里海水洁净，沙质细软，颜色多样。

其中白浪滩素有"中国的夏威夷""天下第一滩"的美称，怪石滩被誉为"海上赤壁"。

始建于1992年的江山半岛省级旅游度假区，集观光、运动、休闲、旅游于一体，2012年获得"中国最美休闲度假旅游胜地"称号，2014年1月又分别获得"中国十佳海洋旅游目的地""中国最美自驾旅游目的地""中国最佳健康休闲旅游目的地"称号。

近年来，防城港市提出包括打造江山半岛最美海岸在内的以海强市、文旅融合的发展目标，旅游经济实现了新突破。2018年，防城港市接待国内游客2700多万人次；2020年，在疫情影响下，防城港市接待国内游客2767.39

🎧 江山半岛之怪石滩

万人次，仍保持相对稳定的接待水平，成为广西乃至全国热点旅游城市之一。江山半岛最美海岸在其中扮演了重要角色。如今，往来半岛的游客络绎不绝，白浪滩、怪石滩成了江山半岛两个最吸引人眼球的重要景区。

江山半岛之白浪滩

（1）中国的夏威夷——白浪滩

白浪滩，位于江山半岛月亮湾西南侧6千米处，有"中国的夏威夷""天下第一滩"之美称，国家4A级旅游景区。白浪滩沙质细软，呈灰黑色，因常见一排排滚滚而来的白色海浪而得名。白浪滩滩宽平坦，十里长滩，坦荡如砥，一望无际，故又名大平坡。

白浪滩因沙子中富含钛矿而白中泛黑，是世界上较罕见的"黑金沙滩"之一。这里海产丰富，潮水退后，裸露的浅水滩涂上，大人们挽起裤管、提着鞋子，小孩则光着屁股，与其说是在拾海鲜贝壳，倒不如说是在捡难得的快乐时光。

白浪起伏，那是大海的呼唤；浪花朵朵，那是长者的善眉。伫立在平缓的沙滩上，眼观一排排奔腾而来的白浪，吹着轻轻的海风，细细品味身边的天蓝水绿，会激起你无穷的逸兴遐想……使人有返璞归真、回归大自然的感觉；走进被水盖住的沙滩里，在大海的怀抱里，海水只淹到你的胸脐腰肩，它轻轻地擦洗你的身垢心尘，让你忘却岁月带来的荣辱富贫。此时你无论在踏海冲浪，还是闲步松堤，面对无垠的北部湾，你会觉得人的渺小，从而心变得坦坦荡荡，无牵无挂。

白浪滩，我们来了！

浪来了

第三章　走进这片海

（2）海上赤壁——怪石滩

怪石滩位于江山半岛南端，坐落在半岛的灯架岭脚下，距防城港近30千米。怪石滩石头经海浪千百万年的雕刻，形成今天形态各异、奇形怪状的天然石雕群，当地百姓据此起名怪石滩。怪石滩崖高岩叠，酷似内陆江河边上的悬崖，故游人又赋名"海上赤壁"。

站在灯架岭上，朝可看日出，目睹红日冲破黑暗、从东方海中喷薄而出的壮观情景；晚可观日落，眼望碧海映红霞，海面烟水茫茫，恍如散银碎金，闪烁跳动，美不胜收。故有诗曰："海上赤壁听惊涛，怪石如画浪如刀。疑是诸葛入卦阵，东坡犹赞古今豪。"所以，怪石滩一直以来就是婚纱摄影绝美之地。

怪石滩因各种怪石兀立栩栩如生，有的像怪兽，有的似花木，有的像战阵，有的似迷宫……从而吸引区内外不少游客自驾车来到此地，观赏大自然的鬼斧神工，欣赏涨潮时巨浪拍岸的壮观景象。她也激发了大批摄影爱好者的创作灵感，吸引了许多新婚夫妇在这如画的美丽风景前留影纪念。现今，怪石滩成为广西声名远扬的滨海旅游首选之地。

怪石滩之怪石千姿百态，引人入胜。涨潮时，更可观赏到"乱石穿空，惊涛拍岸，卷起千堆雪"的壮观场景。

晚霞映照怪石滩

怪石滩——疑似蘑菇石

6. 边关文化厚重的民族之魂

（1）竹山港大清1号界碑

竹山港，带你领略不一样的异国风情。

竹山港，位于北仑河口东面，在祖国大陆海岸线最南端的海陆交汇处，与越南芒街隔北仑河相望。因盛产竹子得名。北仑河发源于广西十万大山山脉的北仑山，蜿蜒流过千里沃野后，从竹山港汇入北部湾。

我国大陆海岸线，北起辽宁省丹东市鸭绿江口，南至广西东兴市北仑河口（竹山），全长18400千米。这里是我国大陆海岸线的最南端，又是陆路边界线的起点，其对面是越南的芒街市和万柱海滩，地势平缓，视野开阔，景色宜人。

竹山港，是北仑河口国家级自然保护区，立有大清1号界碑。历史上竹山港曾是我国与越南一个热闹的通商口岸，从历史遗留的古戏台、古街、三圣宫、天主教堂，依稀可见当年的繁华。

零千米碑，是我国18400千米大陆海岸线及我国陆地边界线的起点，在我国版图上具有特殊意义。

据史料记载，1886年11月至1888年5月间，清政府钦差勘界大臣、鸿胪寺卿邓承修与法使会勘疆界。开始，法使仗势欺人，要将白龙半岛一半划出中国，在白龙半岛上竖埋1号界碑。邓承修正气凛然，据理力争，终将起界定

竹山港大清1号界碑　　竹山港

竹山港零千米碑

古运河遗址一角

潭蓬古运河出海口

在竹山，维护了国家主权。这块历经风雨的界碑巍然屹立在北仑河口东岸，向每一个游客诉说着130多年来的沧桑历史。让我们永记，我国主权和领土完整神圣不可侵犯！

（2）江山半岛潭蓬古运河

潭蓬古运河，又称"天威遥""仙人垅"，位于广西防城港市江山半岛，是江山半岛景区的重要组成部分，是我国唯一的一条海上运河，与桂林的灵渠并称为"广西两大古运河"。

据《北梦琐言》记载，唐朝咸通年间安南节度使高骈募工开凿。……运河凿通后，往来船舶不必绕过江山半岛而直航防城港、珍珠港，缩短了15千米的航程，而且避开了江山半岛南端白龙尾的巨浪搏击和海盗的袭击，使船舶安然航行。现今的古运河只遗留下潭蓬水库一段。1982年定为自治区一级文物。

历经千年的潭蓬古运河，如今已经被"改造"成一个小水库，静静地横躺在半岛的怀里，早已不见了昔日的船家，早已不见了船尾的袅袅炊烟。周边的古树野藤相缠互绕，青松翠竹依依婆娑，喇叭花独自散发着淡淡的清香飘向附近村落。

但古运河所写下的历史至今也无法

卸下，所以，在古运河堤坝的附近仍可见一残旧石碑。据考证，潭蓬古运河系东汉一位将军带兵开凿的，主要用于军事。无独有偶，与之有着异曲同工之妙的是，与潭蓬古运河只有一湾之隔的20世纪为援越抗美修建的"海上胡志明小道"，也是出于军事需要。可见，两处重要军事设施横跨千年时空的古与今，因此，足以证明江山半岛的战略地位是何等重要。

必须承认，潭蓬古运河远没有京杭大运河那样的气势，也远没有兴安灵渠那样的清秀婉约。但边关文化厚重的潭蓬古运河，与竹山大清1号界碑一样沉淀着历史的民族之魂。如今注入新的时代内涵，与众多滨海天然旅游风景点一样，装点着防城港市文旅产业美好的明天！

（3）簕山渔村明清古堡

簕山，位于防城港市港口区企沙镇东面沿海，与防城港红沙核电站隔岸相望。

簕山有着神奇的传说：远古，这里叫鹿山，因鹿多而得名。后因簕花树的传奇神说，大家认为古老的簕树是他们的守护神，便将鹿山改为簕山，沿用至今。

簕山最著名的景点为古堡。它始建于明末清初，出于防范海盗、据险自保的需要，依八卦之玄理而建，建筑呈方形，一圈围墙，高丈许，东西南北4个大门，4个岗楼，踞高扼守。现仅存东门岗楼。岗楼是一座占地约30平方米的两层小砖楼，青砖厚重；位于村中的大古宅厅堂，瓦面崩摧，青砖古墙，苔迹斑斑，堂里有副对子"柱史家声远，青莲世泽长"。如今，大门两个凿有双金线图案的红沙石门墩，在默默地恪尽职守，追忆当年的威赫与尊严。

簕山古渔村因海而生，傍海而居，当地人因海而得福，所以对海洋抱以畏惧之心、感恩之心、企盼之心。正是这种纯朴的情感，使人们面对海洋，产生了膜拜祭祀行为，民间自发组织祈求平安的祭海活动，将海洋文化与宗教相结合而形成海洋宗教文化。改革开放后，古老的祭海活动注入新的时代内涵，除祈求平安丰收之外，更增添了保护海洋、人海和谐的主题。

○ 古渔村明清古堡　　　　　　　　　　　　○ 晚霞映红古渔村

经过10年多的建设，簕山古渔村已成为港口区发展特色旅游名村的一张美丽名片，先后荣获"全国休闲农业和乡村旅游示范点""自治区城乡风貌改造二期工程科技示范村"称号。2015年12月16日，簕山古渔村被广西壮族自治区人民政府评为"广西特色旅游名村"，入选广西第一批传统古村落。

簕山古渔村是广西现存较完整的古渔村之一，是北部湾沿海渔村历史发展变迁的一个缩影。无论无事闲来度假几天，或是巧遇精彩的祭海活动，簕山古渔村都值得你们逗留。在这里，游客还可以参与观潮节、围网捕鱼、烧烤、垂钓等活动。

7. 中越界河的"海岸卫士"

红树林，俗称"海岸卫士"，多少年来埋葬在海潮的惊涛骇浪里，诉说着海岸的奇缘，那与水为生的命运，在退潮涨潮中静守千年，浪打不怕，风吹不倒。它们那茂盛高大的肢体宛如一道道绿色长城，抵御狂风恶浪和海啸带来的自然灾害，为保护每一寸岸滩、堤坝，像卫士一样日夜守护着。千百年来，红树林默默地生长在大海与陆地之间，生长在潮来淹没、潮去显露的盐咸海滩。红树林根系发达，生长密集，树冠茂盛，千姿百态，一年四季郁郁葱葱，给人一种赏心悦目、海上绿洲的感觉。它还是确保生物多样性、充满活力的湿地生态系统，有了它，大量的海洋生物在这里繁衍生息，保持了生态的平衡。青翠的红树林与潋滟的波光交相辉映，景色别致，蔚为壮观。

北仑河口，是我国与越南的分界河口。历史上，以红树林海岸占主要优势的北仑河口，红树林岸线长约22.3千米，其中我国6.3千米，越南16.0千米。北仑河口曾生长着3338公顷的红树林，由于受自然因素和人为活动的干扰，北仑河口红树林减少为目前的1066公顷，北仑河口我方的原生红树林损失68%左右。在东兴市万尾岛西南端和越南万柱岛东北端连线之内的北仑河口，水域面积约为60平方千米，其中，我方红树林面积仅为30.55公顷，只占该区域红树林总面积的2.88%。红树林受损后，在风暴潮、洪水的不断冲刷下，入海口河道中间的深水航道不断向中方偏移，造成我方一侧海岸冲刷，海洋国土面积存在权属争议。为此，中央政府和地方政府对这一地区的红树林资源保护非常重视，1983年，当时的防城县人民政府批准设立北仑河口竹山脚红树林保护区，1990年广西壮族自治区人民政府批准设立省级北仑河口红树林自然保护区，2000年经国务院批准设立北仑河口国家级自然保护区。北仑河口自然保护区现有红树林面积1274公顷，占广西红树林总面积9330公顷的13.65%。

红树林，不仅仅是海岸守护者，还给大自然增添了不少风采。白天，随着灼热耀眼的阳光逐渐变得黯淡而富有诗意，云絮纷纷变成长长丝带飘在空中，海边的一切都被染上一层橘红的颜色。红树林中的鸟儿入睡前仍

长在海水中的红树林

红树林里的各种生物

在喧闹，爱美的人儿仍不忘摆拍倩影，领略海洋与陆地的亲密。夜晚，当月光皎洁或者是风雨无常、海浪滔天时，红树林在筑起不倒的绿色长城的同时，也同样表达着浓绿的情意。

8. 滨海文旅产业前景可期

北部湾滨海旅游资源特色明显，地域组合集中，具有较强的旅游资源互补性，为发展滨海文旅产业提供了资源基础。

（1）滨海文旅产业资源独特

环北部湾地区拥有丰富的海洋资源、生态资源、人文资源，滨海旅游资源分布密集，南亚热带风光独特。由于各地不同的地理环境、民俗风情、人文景观，区内各地旅游资源各具特色。广西，以南亚热带海洋风光和滨海沙滩资源为代表，有北海银滩、涠洲岛及斜阳火山岛、红树林、珊瑚礁、七十二泾、京岛金滩、东兴与越南芒街的边贸互市，以及京、瑶、壮等少数民族文化；广东，素有"滨海花园"之称，拥有湛蓝的海水、细软的沙滩以及中国大陆最完美的浅海珊瑚礁；海南岛，以旖旎的热带海岛风光著称，拥有绵长曲折的海岸线、软平细白的海滩、清清的温泉、种类繁多的热带和亚热带动植物，以及古朴淳厚的风土人情、神奇动人的黎苗族传说。由此可见，北部湾区域内各地旅游资源特色明显，地域组合集中，具有较强的旅游资源互补性，这为北部湾滨海文旅产业开发提供了重要的资源基础。

近年来，为提升区域内旅游产业竞争力，广西着力改善滨海旅游软硬环境，不断深入发掘滨海旅游资源的潜力。同时，对当地的人文历史资源的重视程度也逐渐提升，努力打造具有地方特色的滨海旅游品牌，如海岛文化、红树林文化、南珠文化、沙滩文化、京族文化、边境文化等，文旅产业对区域经济的贡献率明显提高，成为广西北部湾沿海地区发展较快的新兴产业。

（2）滨海文旅产业前景可期

旅游是一种生活方式，更是一种交流文化，在同各国友好交往、消除分歧、达成发展共识等方面，有着无可替代的催化作用。同时，旅游业也是当前世界上市场化极高的经济形式之一，不论发达国家还是发展中国家，都在大力发展本国旅游业，各国对外国游客都持欢迎态度。随着"一带一路"倡议深入实施，21世纪海上丝绸之路建设的推进，构建北部湾跨国大区域东盟旅游产业带格局的时机已经到来，中国-东盟旅游圈发展迎来最好机遇。但是，滨海文旅产业发展还存在一些有待解决的问题。一是旅游开发各自为政，合作意识较为薄弱。受行政区划及封闭式发展观念的影响，广西沿海三市滨海旅游开发处于各自为政的状态，都以沙滩、海岛、海湾景观作为主要特色，重复建设与雷同的现象普遍存在。政府主导下的区域合作缺乏双赢的利益纽带，存在条块分割和区域性壁垒现象。二是旅游资源特色相近，缺乏具有国际知名度的旅游品牌。广西沿海三市旅游资源相对集中，各方自然资源特色相近，但在人文旅游资源方面却各具特色，而目前各方没能很好整合人文旅游资源创建自己的品牌特色。除北海银滩在国内尚有一定知名度外，其他旅游景点的影响范围都十分有限，缺乏别具特色、高品位的旅游品牌，国际影响力还有待提高。

整合区域滨海旅游资源，构建更具吸引力和效益的区域滨海文旅产业新格局，开发任务艰巨。当下应着手考虑：

一是整合旅游资源，打造具有独特优势的旅游景点。实行区域性滨海旅游产品整合是为了避免资源雷同开发和同构竞争，实现资源优势互补，实行合理的地区分工与区域协作，努力提高景区建设的专业化水平，是提高区域旅游产品吸引力与美誉度的重要手段。通过不同类型、不同特色、不同功能的旅游产品的优势互补与资源整合，在旅游区域上形成合理的旅游产品结构，从而产生倍增效应。对广西现有的滨海旅游资源有选择地进行深层次的开发，围绕海洋文化特色、亚热带海滨自然生态环境特色、边关历史文化和民族文化特色，打造一批具有独特优势的高水

浪声回荡
北部湾

我的海洋历程

准的旅游景点。

二是充分挖掘旅游圈的文化内涵，加大旅游产品的开发力度。广西沿海拥有典型的沙滩文化、红树林文化、南珠文化、京族文化、边境文化、海岛文化、热带海洋文化等，这些文化资源具有明显的北部湾特色和巨大的科普价值，但目前在旅游资源开发中，这些特色文化没有得到足够的重视。在构建广西滨海旅游体系时，要充分挖掘这些文化资源的丰富内涵，设计一些文化旅游精品，以增加旅游圈的文化特色。

三是坚持滨海文旅产业开发建设与可持续发展并重。广西北部湾是南中国海极富热带特色的旅游地域，海洋生态环境优良。重视和保护海洋生态环境，将是广西北部湾文旅产业得以持续发展的根本保证。所以，必须对区域内的自然资源，包括历史、文化、遗迹、珍稀物种、风景名胜等，实施相关的保护制度和保护措施。滨海文旅产业开发活动，要在保护好海洋资源环境的前提下进行，避免对自然资源及景观的破坏。

北海的沙

○ 钦州的湾　　　　　　　　　　○ 防城港的石

广西拥有1628千米的大陆海岸线，由东而起，绵延不断，迤逦南下。广西的海岸线占全国的8.9%，排在第五位，素以北海的沙、钦州的湾、防城港的石等众多的天然滨海文旅资源聚集而著称。海不在深，有"景"则灵。

我们期待，以海岛文化、红树林文化、南珠文化、沙滩文化、京族文化、边境文化等为主体的广西滨海文旅产业的明天会更好。

四、丰富的海洋药用资源宝库

1. 各领风骚的海洋药用动物资源

　　北部湾海域栖息着鱼类500余种、虾类200余种、头足类近50种、蟹类190余种、浮游植物类近140种、浮游动物类130种、滩涂生物140多种，还有种类繁多的贝类、藻类及其他种类的生物。海洋药用生物资源种类繁多且极为珍贵，如：我国传统中药常用物种中国鲎、海蛇、河豚、海马、海龙、儒艮、文昌鱼、海星、海蚕、方格星虫、近江牡蛎等，这些生物资源具有重要的药用价值和科研价值。

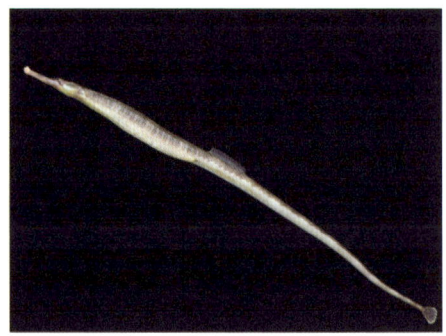

🎧 海马　　　　　　　　　　🎧 海龙

　　从北部湾海洋生物药用资源的种类、数量以及珍贵程度看，冠以"蓝色药库"的称号一点都不为过。如果我们把它延伸至南海或更广阔的外海，那么这个"蓝色药库"更名副其实，其他海区不可比，也不能比。

　　随着世界各国对海洋生物药用资源的开发越来越重视，海洋生物资源已经成为世界医药界关注的热点，各国科学家倾注了大量的热情，从海洋

海参

生物中寻找结构新颖、功能独特的活性物质来筛选和开发新药。因此，海洋生物已经成为研制开发海洋药物的重要资源。拥有"蓝色药库"优势的北部湾海洋生物资源，必将成为更好造福地方百姓健康、研究与开发海洋新药的希望。

2. 独具特色的海洋药用植物资源

北部湾海洋药用植物资源种类繁多，药效明显，广为民间普及。

（1）健康的宝藏——海藻药用价值

海藻是生长在海中的藻类，是植物界的隐花植物。

海藻被公认为是抗凝良药，具有很好的药物价值。科学研究表明，海藻所包含的生物多糖干重达到10%~40%。海藻具有抗凝药效，用来治疗心脑血管疾病；海藻中的多糖对神经细胞产生激活和修复作用，可以通过免疫作用来抗肿瘤等；海藻里还有一类比较有特点的化合物——特殊氨基酸，可以通过独特而有效的作用机制，对肿瘤和神经性疾病发挥功效。海藻作为药物使用，在东南亚已有数千年的历史，如用海藻酸制备微胶囊。近年来，海藻因其在抗氧化、抗肿瘤、抗炎症和抗凝血等方面的优异性能，已被逐渐研究用于伤口治疗及作为抗癌的潜在药物。海洋中的海藻不但药用价值高，而且比较健康，近年来被国内外誉为"长寿菜"。

海藻的种类繁多，有海带、紫菜、石花菜、裙带菜、马尾藻等。

北部湾是海藻资源最丰富的地区之一。据报道，北部湾地区的大型海

**浪声回荡
北部湾**
Langsheng Huidang
Beibuwan

• 我的海洋历程

○ 大型藻类

藻共计3门20属59种；红藻的物种最丰富，绿藻的种类最少。这和我国海藻各门物种数量情况一致。

马尾藻是广西沿海藻类资源药物利用的典型代表。分布地主要集中在广西涠洲岛、合浦营盘、白龙半岛，广东徐闻，以及海南临高、澄迈和乐东莺歌海等地。

从20世纪60年代开始，海藻被用作提取甘露醇的试验启动。1968年，北海市海洋化工厂利用马尾藻提炼甘露醇首获成功；1977年，北海市制药厂从马尾藻中提取甘露醇；1995年，北海国发海洋生物产业股份有限公司联合中国科学院，以褐藻为原料开发出可作为营养强化剂的有机活性海藻碘晶，并于1996年正式投产。1998年，广西农垦绿仙生物保健食品有限公司生产的"绿仙"螺旋藻系列产品有食用螺旋藻粉、螺旋藻片、螺旋藻软胶囊、有机螺旋藻等，对于调节人体内分泌平衡、调节人体新陈代谢、全面提高人体免疫力具有明显作用。该系列产品是首批通过国家卫生部检测、获得国家保健食品批文的纯天然、全营养保健食品，并已成功打入东南亚各国销售市场。

○ 生长在涠洲岛海域的马尾藻

广西北部湾沿海海藻养殖具有广阔的发展海域，但目前近似于空白，只在极个别的地方养殖少量的江蓠，与拥有的养殖空间和优良水质形成巨大的反差，与广西北部湾相邻的海南省相比也存在较大差距。海南岛海岸线总长度约为1823千米，年产江蓠和麒麟菜（干重）2万多吨，占全国总产量的1.1%。广西海藻在民间食用方面较多，但药用方面涉及不深，还有待努力。大力发展广西海藻药用产业，加大对海藻科研的投入，扶助海藻产业链的建设，必将给广西海藻药用资源利用带来巨大的潜在效益。

我们期待这一天早日到来！

（2）海上森林——红树林药用价值

红树林是生长在热带、亚热带海岸潮间带低潮线以上，受周期性潮水浸淹，以红树植物为主体，常绿乔木或灌木组成的潮滩湿地生物群落。茂盛的红树林带构成的森林系统，有"海上森林"之称。

红树林具有治疗皮肤病、常见病、多发病及多种疑难杂症的功效。几种比较常见的红树林植物药用价值如下：

——果似悬笔的秋茄

秋茄，是常见的红树植物，因果实很像一支笔，故别名叫水笔仔，分布很广。

秋茄属于耐寒的红树植物种类，多生长在河流入海口海湾较平坦的泥滩。

秋茄与木榄、桐花树一样，在广西沿岸广布。秋茄具有胎生苗的特别生长功能，它的幼苗先在植株上生活一段时间，靠植株的营养供应存活，当幼苗在母体上发育到一定程度便从植株脱落，掉落在淤泥里或海水中。因为秋茄幼苗的重心在根部，这样掉落到淤泥里后，

秋茄的开花结果

根部容易插入土中成活，而随海水漂移到其他地方的幼苗，在合适的条件下也会发育生长。

历史上有把秋茄的根捣碎水煮口服，据说对治疗风湿性关节炎有较好的功效。不过，迄今为止，对秋茄化学成分和生理活性还没有太深入或系统的研究。

红树植物秋茄因其特殊的生长环境，在化学成分和生理活性方面都可能具有很多特殊性。药用价值有待进一步研究。

——海洋果树白骨壤

红树植物白骨壤是马鞭草科海榄雌属植物。白骨壤树形高大，树皮呈灰白色，看起来像根根白骨，因此有了"白骨"这个诡异的名字。白骨壤的果实俗称"榄钱"，在海南岛也称为"海豆"，呈扁圆形，富含淀粉，无毒，可作为人类食物或猪的饲料，是红树林植被中被作为食物利用最多最广的，因此，白骨壤也被称为海洋果树。

刚刚从树上摘下来的果实不能食用，因它含有单宁，有明显的苦涩味。在采摘榄钱后，先用小刀切开果皮，然后用清水煮沸，去掉黑褐色含单宁的汁液，再浸泡在清水中放置一天左右，进一步漂洗果实中的残留单宁后才能食用。这一加工过程，主要是为了消除榄钱的苦涩味。据了解，由于白骨壤的果实性凉，有清火利尿的功效，所以对日常食用海鲜而易上火的沿海居民来说，"榄钱"被视为一种清凉降火的海洋保健食品，同时也是当地人餐桌上的纯天然海产佐餐美味，比如"车螺（文蛤）焖榄钱"

白骨壤开花结果

榄钱——清凉降火的保健食品

就是渔家家喻户晓的家常菜之一。

研究发现，目前从白骨壤的叶子中，共分离纯化鉴定了21个苯丙素和萘醌类化合物，包括3个新化合物。白骨壤叶黄酮的纯化物和粗提物对HO和O_2^-的清除能力及还原力，均随着黄酮浓度的增加而表现出明显的量效关系，并且均高于相同浓度的维生素C和柠檬酸，表明白骨壤叶黄酮是一种极具潜力的天然抗氧化剂，颜色反应和UV光谱法显示白骨壤叶纯化物主要含有黄酮和黄酮醇类成分。白骨壤叶总黄酮体外清除羟基自由基、超氧阴离子自由基和1,1-二苯基-2-三硝基苯肼（DPPH）自由基的IC_{50}值分别为0.232毫克/升、0.829毫克/升、23.692毫克/升，其清除3种自由基的能力均高于维生素C，同时，还发现白骨壤果实中的黄酮提取物也有抗氧化作用。总之，对于白骨壤的药用价值还要深入研究。目前其果实作为保健食品比较普遍。

广西红树植物白骨壤这一巨大的资源优势如何开发利用，尤其是药用，是值得我们研究和重视的一大课题。

——果似耳环的桐花树

桐花树又名黑枝、黑榄，也被称为臭耳环，是常见的红树植物，也是红树林的重要树种之一。

桐花树属于抗低温、能广泛分布的树种，在印度、中南半岛至菲律宾及澳大利亚南部等地均有分布，在广东、广西、福建有大范围分布，在滩涂的外缘或河口的交汇处，以及秋茄林的外缘分布尤其多。在桐花树林中，偶尔也会生长有红海榄、白骨壤等小树，也有与秋茄分层生长的情况。桐花树种子在脱离母树前发芽，故有胎生树之称。

桐花树是传统的中药，其树皮和树叶熬汁有治疗哮喘、糖尿病和风湿等疾病的作用，现代药理研究还发现其有明显的抑制植物病原真菌的作用，它所含的单宁是抑制真菌的主要活性组分。可以说，桐花树具有不容忽视的潜在药用价值。

桐花树

在广西沿岸，红树植物桐花树与木榄树、红树榄、秋茄林、白骨壤、海漆树一样，为广西红树植物11科15种之一，广泛分布。

3. 看不见的海洋药用微生物资源

海洋微生物是在海洋环境中能够生长繁殖、形体微小，单细胞的或个体结构较为简单的，甚至没有细胞结构的一群低等生物。

（1）最有潜力的海洋微生物药物

海洋环境的特殊性（高压、高盐、低温、低光照、寡营养等）使海洋微生物具有丰富的生物多样性，据估计，海洋中有200万～2亿种微生物。而且，海洋微生物具有很强的再生、防御和识别能力，特殊的海洋环境也造就了它们独特的、与陆地微生物不同的代谢方式，从而能产生一些结构新颖、活性特异的次级代谢产物，以适应周围极端的生存环境。

随着陆栖微生物在抗生素、酶、酶抑制剂等生物活性物质方面的大量开发和应用，寻找新种属或特殊性状的微生物及其代谢产生的新型药物，这个难度越来越大。于是最近几年人们把目光转向更具药物开发前景的微生物——海洋药物的重要来源。海洋微生物之所以在药物利用方面越来越受重视，一方面是由于它们具有独特的生物活性，另一方面是与产生生物活性的海洋动植物相比，海洋微生物具有生长周期短、代谢易于调控、菌种较易选育和可通过大规模发酵实现工业化等特点，且海洋微生物的开发不至于导致海洋物种与海洋生态环境失衡，更具有自然资源的可持续利用性。所以，从这个意义上来说，海洋微生物可以说是海洋中肉眼看不见的宝贝。

我国海洋微生物药物研究已经从海洋细菌、放线菌、真菌等微生物体内分离到许多活性次级代谢物，比如萜类、大环内酯类、醌类、生物碱等，这些代谢产物化学结构丰富多样、新颖独特，是陆地生物所不具有的，已发现的生物活性包括抗菌、抗肿瘤、抗微生物、抗病毒、酶及酶的抑制活性等，并应用到相关领域。

广西海洋微生物药物资源利用才刚刚开始，目前只有广西中医药大学有关科技人员对北部湾海洋微生物代谢产物抗生物污损研究与应用展开初步研究。一是从柳珊瑚中培养微生物及其生物活性研究：采集广西斜阳岛的柳珊瑚中的多株细菌，进行抑制污损菌生长活性初筛，发现一部分菌株存在抑制活性的作用。同时，通过对柳珊瑚培养共生放线菌多样性进行研究，发现大部分菌株具有一定的生物毒活性。二是从红树林保护区沉积物可培养微生物及其生物活性研究：通过对广西北海红树林保护区海泥培养细菌，进行分离和纯化，选取代表性菌株进行系统发育多样性分析，发现这些细菌抑菌活性较好，并具有较强的生物毒活性，具有开发成新型食品防腐剂和抗肿瘤药物的潜在价值。三是从广西珊瑚礁区沉积物中培养微生物及其生物活性研究：通过对广西涠洲岛、斜阳岛珊瑚礁保护区采集的海泥进行分离，发现这些菌株抑菌活性和生物毒活性均较强，具有开发新型食品防腐剂和抗肿瘤药物的潜力。

海洋微生物繁殖快，数量众多，种类也极其多样，在制药领域具有巨大的潜力。期待广西海洋微生物药用研究取得新的突破。

（2）海洋微生物药物资源利用前景

海洋是生命的起源地，不仅占地球表面积的71%，而且包含着地球上80%的生物资源。海洋环境中存在的高盐、高压、低温、低营养或无光照等特殊生态环境，造就了海洋生物种类的多样性和特殊性，其中，海洋微生物就多达100万种以上，而目前所研究和鉴别过的海洋微生物还占不到海洋微生物总量的5%。其中用于人类药物开发的更是少之又少。可以说，目前对海洋微生物药物资源的利用，还处于非常初级的阶段。

近年来，我国在海洋微生物活性物质和海洋药物方面，取得了一定的成绩，分离和鉴定海洋微生物天然产物的报道越来越多，发现了不少具有明确生物活性的新化合物，有些具有良好的药用前景，并且有很多学者已把工作重心放在对海洋微生物特别是难培微生物培养条件的研究上，通过研究方法的革新，很多新的活性物质被发现。但总体而言，我国海洋微生物资源的开发研究和综合利用还不够。随着海洋生物技术的发展，细胞工程、基因工程、发酵工程等技术手段的应用，必将促进海洋生物活性物质的深入研究。可以预计，在不远的将来，利用基因技术结合发酵工程，可实现海洋微生物具有生物活性的次生代谢产物的规模化生产，将使海洋微生物成为新药开发的重要资源。

广西现有红树林面积9000多公顷，约占我国红树林总面积的32.7%；珊瑚礁面积2980多公顷，约占我国珊瑚礁总面积的10%；海草群落17种，约占我国海草群落数量的85%，海草群落总面积942公顷，为全国最大。以这些生长于热带、亚热带特色海洋生物资源为对象，围绕广西常见病、多发病，进行海洋创新药物研究与开发不仅大有可为，而且前景十分可观。

期待这一研究领域取得重大

🛈 作者所在团队科技人员在研究微生物药物

突破，让北部湾海洋微生物药物成果造福于人类！

4. 令人欣喜的广西海洋药物产业

广西海洋生物制药及保健品产业起步于20世纪80年代中期，至今已有30多年的历史。据统计，目前广西共有海洋生物药品、保健品及化妆品企业40多家，从业人员超过5000人，且规模在不断扩大，覆盖多种类型公司和产品。从公司性质看，包含中外合资企业、内资企业、集体企业等；从产品类别看，包括生物制药、生物制品、保健品和化妆品等；从利用资源的类别看，包括贝类、藻类、海洋鱼类等；从分布区域看，大部分企业集中在北海和钦州；从已用于开发的海洋生物制药的物种来看，有珍珠、牡蛎、中国鲎、海蛇、海参、海马等。

（1）中外驰名——合浦南珠

合浦珍珠驰名中外，历代皆誉之为"国宝"，作为进贡皇上的贡品。广西合浦产的珍珠又名"南珠"。它细腻器重、玉润浑圆，瑰丽多彩、光泽经久不变，素有"东珠不如西珠，西珠不如南珠"之美誉。

珍珠既是高级的装饰品，也是名贵的药物。广西对珍珠贝的综合加工利用始于20世纪60年代。研发企业有广西南珠集团公司、北海市珍珠总公司、北海国发海洋生物产业股份有限公司，以及科研单位等，研发药品有珍珠明目滴眼液、珍合灵片、珍尔康胶囊、珍珠免疫生长调节剂等，囊括眼科类、妇科类、儿科类及中老年保健、少年儿童保健、妇女保健等近10个系列的医疗、保健药品。产品涵盖了以珍珠为原料的珍珠首饰、美容护肤品、药品、保健品等多个领域。广西珍珠养殖业发展更早，1961年在北部湾畔建成了我国第一个人工珍珠养殖场。1982年正式成立了广西珍珠公司，并相继在防城、钦州、合浦等地设立3个珍珠养殖场地。珍珠养殖面积近6万亩，年产珍珠能力最高达11吨。

近年来，自治区内的多家企业加强海洋医药自主研发，如：北海国发海洋生物产业股份有限公司制药厂（现名"北海国发川山生物股份有限

合浦珍珠

公司")自主开发了具有国内先进技术水平的"珍珠水解液复合动物蛋白酶法工艺技术",并利用此技术成功开发了"海宝"牌珍珠明目滴眼液;北海蓝海洋生物药业有限责任公司研发中心以北海珍珠副产品为原料,自主研发生产珍母口服液和珍母胶囊,用以治疗妇科疾病,并以珍珠贝壳为主要原料研发生产消朦胶囊,用以治疗白内障;北海兴龙生物制品有限公司在特异性鲎试剂研究开发方面掌握了一定数据,并且生产技术也较为成熟。海洋药物产业也在向前迈进。

(2)海底牛奶——近江牡蛎

近江牡蛎属软体动物门,瓣鳃纲,列齿目,牡蛎科,俗称"海蛎子",是海洋中常见的贝类,南粤称"蚝",闽南称"蛎房",北方渔民称为海蛎、石蛎。牡蛎肉肥美爽滑,营养丰富,素有"海底牛奶"之美称。

牡蛎不仅肉鲜味美、营养丰富,而且具有独特的药用价值。据我国最早的药用专著《神农本草经》记载,牡蛎等贝类具有治虚弱、解丹毒、降血压、止汗、化痰、滋阴壮阳之功能。牡蛎的含锌量居人类食物之首,牡蛎壳含有大量的钙与丰富的微量元素及多种氨基酸,可用于医药、食品保健及制作各种添加剂,牡蛎肉含有丰富的蛋白质和维生素,含碘量也比牛乳或蛋黄高百倍。可见,牡蛎的药用价值受到国内外学者的高度重视。

❶ 茅尾海大蚝吊排养殖　　　　　　　　❶ 素有"海底牛奶"之称的茅尾海大蚝

  牡蛎分布于温带和热带各大洋沿岸水域，全世界有100多种，我国沿海有20多种，现已人工养殖的主要有近江牡蛎、长牡蛎、褶牡蛎和太平洋牡蛎等。广西茅尾海被誉为中国的"大蚝之乡"。产于茅尾海的大蚝，肉可鲜食，亦可加工成蚝豉、蚝油。蚝肉蛋白质含量超过40%，营养丰富，味道鲜美，同时还可入药。这里不仅是全国最大的大蚝天然采苗基地，还有大蚝加工厂6家，用大蚝加工成蚝油、蚝豉、蚝壳等产品远销外地，如："亚公山"牌蚝油、蚝豉系列产品畅销粤、港、澳等地，打入国际市场，成为区内外较有名气的蚝油品牌，大蚝养殖业成为农民增收、财政增长的一大支柱产业。从2018年开始，钦州市人民政府每年成功举办"钦州蚝情节"，吸引海内外人士共同参与，以蚝情节为切入点宣传滨海特色旅游产业，扩大对外影响。

（3）生物活化石——中国鲎

  有着"生物活化石"之称的鲎，是地球上最古老的动物之一。鲎也是全球唯一的蓝血生物，血液比黄金还贵；鲎现在为国家二级保护动物。

  中国鲎是一种海生底栖节肢动物，有很高的药用价值。其血液为蓝色，含有50多种有医药价值的生化物质，可用于提取具有抗癌、抗肿瘤和抗病毒的鲎毒素。从鲎血液中提取的"鲎试剂"，不仅可用于检测人体内部组织是否受病菌感染，也可作为食品工业中毒素污染的检测剂。

20世纪末以来，默默无闻的鲎一跃闻名遐迩，这还要从鲎的血液谈起。鲎的血液是对人类的一大奉献。因它血液中富含铜，所以呈现蓝色。在19世纪50年代，科学家在鲎的蓝色血液中发现一种凝血剂，称之为鲎试剂，它可以与菌类、内毒素物质发生反应，并在这些入侵物周围凝结出一层厚厚的凝胶。结果显而易见，它是一种检测药品、医疗用品是否含有杂质的既简单又万无一失的方法。他们将鲎的血液提取出来并制成试剂，能够检测出含量低至万亿分之一的细菌和其他污染物。

产于北部湾的中国鲎

北部湾是鲎最好的栖息地，年捕捞量最多可达10万对。从北部湾捕捞的中国鲎大多只用作海鲜食用，只有小部分用于生产鲎试剂，其药用价值受到极大忽略，使这一宝贵资源严重流失。20世纪90年代，广西海洋研究所开始鲎人工育苗试验和鲎血提纯研究，但仍在探索阶段。广东人工养鲎不但走在我们前面，而且研发的活体抽血制成鲎试剂的产品已投入市场。

鲎是一种古老的动物。鲎长到成年需近10年的漫长时间。中国鲎无毒可食用，广西沿海有以此物作为特色菜品的习惯，并视为餐桌上的佳品。杀鲎不但满足不了人类吃美食的需求，还会使鲎资源枯竭。

由于过度捕捞，现在鲎已经变得稀少！其虽然也能食用，但我们建议不食用鲎，毕竟它的药用价值和科学价值更高！

把鲎放生，让它回归大海！

（4）风湿克星——海蛇

海蛇是爬行纲蛇目海蛇科的一类毒蛇。世界上现存海蛇约有50种，中国沿海分布着的扁尾海蛇亚科和海蛇亚科海蛇有9属15种，主要有青环海蛇、长吻海蛇、平颏海蛇、环纹海蛇等。这些海蛇主要生活在南海、北部湾及海南、台湾、广东和福建等沿海地区。北部湾有海蛇9种，年产量约75吨，优势种为平颏海蛇和青环海蛇2种。海蛇均可药用，且功效相似，特别是风湿治疗，效果更佳。海蛇目前在沿海民间的利用比较普遍，因其具有祛风除湿、通络活血、攻毒和滋补强壮等功效，常被沿海居民用于治疗风湿、四肢麻木、关节疼痛等症，尤其是用鲜活海蛇泡制而成的海蛇酒，对治疗风湿骨痛效果特别明显。

根据民间调查和实验研究，海蛇干、海蛇胆、海蛇油和海蛇毒等均被证明具有较好的药用功效。以常见的青环海蛇、平颏海蛇、长吻海蛇等海蛇为例，海蛇干：含氮量高达9.94%，比陆地蛇多出1.03%，脂肪含量比陆地蛇高0.53%，氨基酸总量比陆地蛇高5.2%，其中人体必需的氨基酸有赖氨酸、苏氨酸、亮氨酸、异亮氨酸等，均比陆地蛇高出16%以上。海蛇胆：具有行气化痰、疏风祛湿、清肝明目等功效，可用于治疗咳嗽、哮喘等疾病；海蛇油：可制成软胶囊剂，作为保健品，能增强记忆功能，预防骨质疏松；海蛇毒：具有镇痛作用。目前市场上，较为常见的是以海蛇体为主要原料开发的试剂复方海蛇胶囊及注射液，其他类的较为罕见。

在广西，20世纪80年代利用海蛇研发出的主要产品，为广西海洋研究所与中山大学合作研制的海蛇酒系列保健品，具有祛风除湿、舒筋活络、强身壮骨之作用；90年代北海市人民医院研制的复方海蛇注射液用于治疗

○ 北部湾的青环海蛇

风湿性关节炎、腰腿痛等痹症具有明显疗效。还有北海国发海洋生物产业股份有限公司制药厂研制的海蛇药酒用于治疗肢体麻木、腰膝酸痛、风寒湿痹等具有明显效果。

2002年以来，医药学家对海蛇毒的研究已经取得新的突破，中山大学利用其建立多个海蛇毒腺表达文库，发现重组海蛇毒素具有明显的抑瘤活性，有望开发新的抗肿瘤药物。还发现平颏海蛇神经毒素具有镇痛作用，有望开发新型镇痛药物。

海蛇全身都是宝。除药用外，还可食用。海蛇肉质柔嫩，味道鲜美、营养丰富，是一种滋补壮身食物，常用于病后、产后体虚等症，也是老年人的滋养佳品，具有促进血液循环和加速新陈代谢的作用。2000年8月，在国家林业局发布《国家保护的有益的或者有重要经济、科学研究价值的陆生野生动物名录》中，海蛇被列为国家保护动物。非法捕杀受国家保护的野生动物——海蛇，将受到刑法制裁。

（5）海中珍品——海参

在海藻繁茂的海底，生活着一种像黄瓜一样的动物，它们披着褐色或苍绿色的外衣，身上长着许多凸出的肉刺，这就是海中的"人参珍品"——海参。

海参，是棘皮动物中名贵的海珍品，隶属无脊椎动物中最高等的棘皮动物门海参纲，是海洋重要的食物和药物资源。海参广布于世界各海洋

最有营养价值的花刺参　　梅花参

中，种类比较丰富，目前已知全世界约有1100种海参，可食用海参有40多种。我国南海沿岸种类较多，约有500种，其中有20余种海参可供食用。海参同人参、燕窝、鱼翅齐名，是世界八大珍品之一。海参不仅是珍贵的食品，也是名贵的药材。据《本草纲目拾遗》记载，海参，味甘咸，补肾，益精髓，摄小便，壮阳疗痿，其性温补，足敌人参，故名海参。

现代研究表明，海参具有降血压、降血脂、抗动脉粥样硬化、抗疲劳、抗菌、提高免疫力和记忆力、延缓衰老和抗氧化等诸多功效，有防止糖尿病以及抗肿瘤等作用，对人体生理机能有着其他营养物质不可替代的作用。由于海参多肽具有良好的溶解性、稳定性、低黏度性，且易消化吸收、无抗原性、食用安全等特殊的理化性质，所以更适合用于食品和保健品。

北部湾盛产野生的海参，以花刺参为主，也有少量的刺参和梅花参。主要产地在涠洲岛珊瑚礁和珊瑚泥。花刺参营养丰富，是我国海产八大珍品之一。北部湾一向以污染少著称，加上又是咸淡水的交汇点，出产的海参不但营养丰富，而且味道鲜美。盛产的花刺参一般体长30～40厘米，最大可达50多厘米。呈四方柱形，背面散生圆锥形肉刺，多数呈深黄色稍带网纹或斑纹。花刺参肉质厚度均匀较肥实，内腔无残破。目前，北部湾海参功能性食品已经成为海参深度开发利用的重要方向，但医药价值开发仍较为落后。未来海参抗肿瘤活性及其机制将是我们研究的重点。

（6）南方人参——海马

海马又叫水马、马头鱼、海狗子、龙落子等，在分类上属于硬骨鱼纲/辐鳍亚纲、海龙目/海龙亚目、海龙科、海马属的海产鱼类。这个属种类较多，分布广，目前已知的有35种。一般分布于热带、亚热带的近陆浅海海藻、海草丰富的海域。据文献记载，我国共有8种海马，常见的有6种，即三斑海马、克氏海马或线纹海马、刺海马、大海马、日本海马、冠海马。冠海马分布于渤海，但已罕见，其他海马分布于东海、南海、北部湾。

在中国，海马是传统的、名贵的中药材，具有多种药效，被称为"南方人参"。

科学研究表明，海马是一种很好的药材，有很多的功效作用。

抗疲劳：海马能提高身体运动能力，延缓疲劳发生和加速疲劳恢复，服用后使人精力充沛。

提高免疫力：海马可使人和实验动物免疫力明显提高，体虚易病，易感冒、咳喘的病人可以常服。

提高性激素水平：海马能补肾壮阳，提高人及实验动物性激素水平，对雄性和雌性实验动物均有效。

延缓衰老：服用海马有延缓衰老的作用。现代动物实验证明，海马粉、水煎或浸酒制剂都能抗衰老，中老年人长期服用有很好的保健作用。

由于海马药用价值大，天然捕捞的海马在市场上总是供不应求。目前，我国海马价格为7000~10000元/千克。海马市场价格高、利润大，缺口也大。据调查显示，在过去5年间，全球海马产量下降近50%。故国际动物保护组织已把海马正式列为保护动物，以防止海马资源从地球上消失。

在我国，天然海马的主要产区南海产量不高，故供不应求，一直处于高价、紧俏的地位。为了解决这一矛盾，20世纪50—60年代，我国进行海马人工繁殖试验，主要对海马的适温性、生长速度、体长体重、性成熟、胎产量等方面展开研究，确定适养种类。80—90年代，又对海马养殖环境及其饵料进行了有意义的探索，使海马养殖取得重大突破，基本解决了海马饵料、幼海马成活率低及病害防治等问题，幼海马成活率已提高到70%以上，成年海马的成活率达到80%以上，并使海马人工养殖进入工厂化、集约化阶段。

北部湾主要盛产克氏海马，但尚未针对海马资源量做过调查。捕捞的天然海马少之又少，目前已无海马可捕。广西于20世纪90年代初期开展海马人工养殖试验。广西海洋研究所采用水泥池养殖海马模式

产于北部湾的海马

获得成功。这种养殖模式放养密度较高,一般为100尾/米^3,在有充气设备的情况下可达200尾/米^3。但总体来看,广西海马养殖规模还较小,与市场海马缺口量还相差很大,主要原因是种苗来源的问题未能形成产业。

可见,仅靠捕捞天然海马远远不能满足日益增长的市场需求,只有发展海马人工养殖,增加海马产量,才是解决海马药材来源问题的唯一出路。

5. 海洋药物产业化的漫漫长路

人类主要生活在陆地上,所研发的药物主要来源于陆地,但使用多了,就会产生耐药性。因此,人们将目光转向了占地球表面积71%的海洋。生存于海洋特殊环境并且种类繁多的海洋生物,为创新药物研究提供了丰富而独特的基因资源与化合物资源。

(1)海洋承载疾病治疗新希望

向海洋"要药"历史悠久。事实上,海洋很早就成为人类治疗疾病的"宝库"。公元前500年的文献就已经有用鲍鱼治疗贫血的记载,这也是海洋药物的雏形。"鲍鱼里有活性肽,刺激胃产生内因子,会促进红细胞的生成。"唐朝至清朝时期,陆续发展了海藻等海洋生物治病,积累了百余种海洋生物入药的经验。

海洋生物资源的高效、深层次开发利用,尤其是海洋药物和海洋生物制品的研究与产业化,已成为发达国家竞争最激烈的领域之一。从20世纪40年代开始,人们从海洋生物中陆续发现了几万个化合物,至2008年,新海洋天然产物年平均发现量超过1000个。海洋药物和海洋生物制品开发速度明显加快。截至2014年,国际上有10个海洋药物被FDA(美国食品药品监督管理局)或EMA(欧洲药品管理局)批准用于抗肿瘤、抗病毒及镇痛等,多个海洋药物在进行I到III期临床研究,1400个处于临床前系统试验。同时,海洋生物制品已形成新兴朝阳产业。目前,欧美、日本等发达国家和地区每年投入100亿美元资金用于开发海洋生物酶;美国强生、英国施乐辉等公司均投入巨资开发生物相容性海洋生物医用材料。以企业为主导的海洋药物和海洋生物制品研发体系成为主流。

21世纪，更多科学家开始追逐"海洋世纪"的蓝色梦想。他们对海洋药物先导化合物的发现、成药性研究、临床前和临床研究开展攻关。然而，向海洋"要药"并非易事。无论是海洋植物、海洋动物还是海洋微生物，发现初期活性化合物含量都相当低，经常遇到的情况是，100克干燥海藻里最多只能提取10毫克化合物，致使药效毒理实验的开展困难重重。此外，海洋化合物在合成和结构修饰上也面临多种挑战，有些海洋生物活性化合物的毒性也比较强。

海洋天然产物的取材，要比陆地困难许多，需要深海设备的支撑。从海洋采集到的生物资源，还要在陆地上充分模拟海洋环境开展后续研究。

然而，海洋是一个巨大的、潜在的孕育创新药物的资源宝库。21世纪，我们更加期待，海洋药物攻克人类疑难杂症、创造美好生活的宏伟愿景将加速呈现，海洋承载疾病治疗新希望的时代能早日到来！

（2）我国海洋药物发展，也有令人欣喜之事

向海问药，海济苍生，我国海洋生物医药产业高地的版图，正在日益清晰。

截至2016年5月，我国已经有66种中药材进入了欧洲药典，未来目标是把中医最常使用的至少300种中药材纳入欧洲药典。欧洲药典，是欧洲药品质量检测的唯一指导文献。目前已进入欧洲药典的中药，包括人参、陈皮、白术、大黄、水红花子、虎杖、三七等66种，占欧洲药典里184种草药数量的1/3以上。这66种中药的入典，意味着它们在安全性、质量、疗效等方面有了欧洲认可的标准规范，为中药在国外被更广泛地接受使用奠定基础，成为中药成药打开出口通道的第一步。

我国在沿海省市建立了约40家与海洋生物相关的药厂，年产值超过40亿元。最典型的海洋药物藻酸双酯钠（PSS），一直是我国家和全球的抗凝药物，此外，还有大家比较熟悉的鱼油。自20世纪90年代起，我国沿

海一批高校、科研院所积极跟进国际科学前沿，陆续开展了海洋天然产物的研究，现已经成为国际海洋药物研发的重要力量。

1996年，海洋药物开发纳入了我国"863"发展计划，表明海洋药物研发开始进入国家战略。经过20多年的培育，国家海洋药物研发规模化体系已经形成，取得了令人瞩目的成绩。近年来，中国海洋大学管华诗院士团队，从南极冰藻中提取天然产物，成功研发出治疗结肠癌的BG136，于2019年申报临床批文；自然资源部第三海洋研究所研究员杨献文团队和制药公司合作，针对肝癌、宫颈癌等5种癌症，从深海微生物中发现了抗肿瘤先导化合物；2019年，中科院上海药物所与上海海洋大学海洋药物所吴文惠团队，从700多株海洋微生物中筛选发现了作用机制独特，且针对心脑血管疾病成药性优良的溶栓先导化合物，研制出甘露特钠胶囊。

目前我国海洋药物的研究工作，主要是由高校和科研院所承担，国家和省市科研部门设立科技专项引导，制药企业主动参与、投入研发资金，产学研合作，多途径研发，推动海洋药物科技成果转化为新药，为人类健康作出新的贡献。

（3）打造北部湾蓝色药库，路还很长

海洋中有丰富的药物资源，可是，如何把源自海洋植物、动物及微生物的代谢产物，作为药物或先导化合物使用，可不是一件简单的事情。截至2014年，我国总共才有10种来自海洋的药物被批准上市（西药）。可见，研究中的海洋活性物质与最终形成的海洋药物相比，差距还是非常大的。

北部湾，无论是动物、植物还是微生物，都是极其丰富的海洋药物资源，但海洋药物研发明显落后于我国沿海经济发达省市，究其原因，主要有以下几个方面：

一是科技投入不足。 海洋药物的研发本身就是一个非常复杂的过程，因为从发现海洋生物活性物质，到临床试验需要经历很多道程序。例如，在评估药物的药理作用时，药物安全性与毒性，药物的吸收、分布、代谢和排泄情况等，不断需要通过动物实验；反过来，对结构进行进一步优

化，需要循环多次，才有可能获得更好的临床效果。而科研项目从立项到结题一般只有3～4年时间，与海洋药物的研发时间很不对应。研发资金一旦中断，意味着研发工作将要停止。海洋药物研究基金靠科技立项争取支持居多，其他渠道少之又少。广西投入高校或科研单位的海洋新药研发资金十分有限，没有一个稳定的投入比例。

二是研发基础不足。从企业投入来看，国外制药集团每年投入新药的研发资金，占到产值的10%～15%，少则几百万多则几亿美元，尤其重视发现新的单体研究。我国制药企业多数规模不大，利润有限，每年投巨资用于新药研发的企业甚少，大多数企业只重视短平快项目，而不愿在基础研究上投钱，使新药开发缺乏后续条件和资金支持。广西只有从科研上投入，从申报项目中体现。目前仅有北海国发、北生药业投资用于基础研发条件改善，但十分有限，且涉及的产品技术含量和规模以及在国内市场上的影响力等还有待提升。

三是中试环节薄弱。广西研究海洋药物的科技力量分散，中试环节

科技人员在进行药物实验分析

比较薄弱。从历史来看，广西对海洋药物的使用一般集中在复方和中成药，极少对单一组分进行使用。这些都是影响广西海洋药物研发的重要原因。

随着全球对海洋药物的关注度日益提升，以及目前疑难杂症对人类的困扰，开发特效海洋创新药物极具意义。相信在海洋生物技术不断进步的推动下，将会在海洋中发现越来越多的惊喜，从海洋中收获的海洋药物宝藏会越来越多。

依托北部湾海洋药物资源禀赋，开发具有区域特色的药物产品，打造北部湾蓝色药库，造福于人类健康，是我们的共同梦想，更是我们的既定目标。

困难大，希望也大，但发展的潜力更大。未来，向海洋要药物将是科技竞争的制高点！打造北部湾蓝色药库，我们要走的路还很长。

第三章 走进这片海

浪 / 声 / 回 / 荡 / 北 / 部 / 湾

第四章

变化，
从这片海说起

科技，与这片海一路同行

发展，让这片海优势显现

一切变化，只因有了你！

21世纪的2020年，这湾碧水还给世界一个惊叹，
北部湾，一跃成为我国沿海经济发展新一极！
回溯历史点滴，见证峥嵘岁月，
这里，曾作为我国"海上丝路"的始发港而繁华一时；
这里，曾入列我国沿海开放城市而得改革开放风气之先，
然而，潮起潮落，风云变幻，这里却归于沉寂。
如今，这里是春的开始，充满希望的千万生机。
转身向海，融入国家发展战略谋划海洋强区目标；
风起弄潮，汇集力量演绎海洋产业发展提速势头；
借"湾"共舞，搭建面向东盟国际枢纽出海通道。
绿色崛起，蹚出一条生态与工业和谐发展之新路。
向海求索，北部湾人永不止步，
与国同运，续写以海强区新篇。
一切变化，只因有了你！
一切发展，不能没有你！

在广西，有一片蔚蓝的海域，那里千帆竞发、朝气蓬勃。这，就是北部湾。

进入21世纪，我们听到、看到、感觉到，一个落后的边陲省份正迈出震撼全国的步伐，在追赶、在奔跑。广西再度成为一个强势闯入发展"快车道"的省份！

从2006年广西北部湾经济区宣告成立，到2008年北部湾经济区开放开发正式上升为国家战略并进入快速发展阶段，再到2019年西部陆海新通道规划明确门户港建设……

每一个时间节点发出的新使命，就像吹响一个向前冲锋的号角，激起广西人发奋肩负使命，向前奔跑，永不停步！广西迎来千载难逢的发展机遇，这一片蔚蓝色的海域，一块生机盎然的热土，涌动着广西人的梦想与未来。

一、科技，与这片海一路同行

1. 海洋科考，开创先河

涛声依旧，岁月无痕。

北部湾，从20世纪50年代开始就烙下了一代代海洋人研耕的脚印。

北部湾（旧称东京湾），位于我国南海的西北部。在广东省雷州半岛、海南省海南岛和广西壮族自治区南部及越南之间，为中越两国陆地所环抱。北部湾由于跨国，开展海洋科学调查非常困难。

20世纪50年代，伴随着新中国成立，我国与越南本着友好、平等、合作的精神，在北部湾海洋渔业、水文、气象和海洋运输等方面进行合作调查与相关研究。而当时的合作是建立在两国政治合作基础上的，打上了时

浪声回荡北部湾

Langsheng Huidang Beibuwan

• 我的海洋历程

代的烙印。

20世纪60年代初，由我国与越南共同组织了两次"中越北部湾合作海洋综合调查"。第一次，1959年9月至1960年12月；第二次，1961年12月至1963年4月。1964年，中越联合出版了《中越合作北部湾海洋综合调查报告》（以下简称《调查报告》）。这是一次中越两国间友好、合作的调查，内容涉及水文、气象、生物、化学、地质等多个专业，这也是历史上仅有的一次覆盖全海湾的海洋综合调查。《调查报告》重要成果：一是填补了北部湾空白；二是奠定了北部湾海洋各学科的研究基础；三是首次建立了北部湾环流形态。

《调查报告》指出：冬、春两季，北部湾内为逆时针气旋性环流；秋季主要受逆时针环流控制，但东北部有一顺时针环流；夏季为顺时针反气旋性环流；冬季，在东北风影响下，南海水通过琼州海峡进入北部湾；夏季，在西南风影响下，北部湾水体则通过琼州海峡流向南海。北部湾水交换，是"冬进夏出"的收支形式。主要是建立在风生环流的基础上，把风当作主要驱动力。这就是我们今天所说的北部湾环流的传统模式。

20世纪80年代初，国家批准在全国沿海10省区市开展全国海岸带和海涂资源综合调查研究。广西海岸带和海涂资源综合调查于1983年拉开帷幕，由成立不久的广西海洋研究所为广西海岸带和海涂资源综合调查牵头组织单位，区内12家单位参加，对广西海岸带（0～25米水深）和沿岸海涂进行气候、水文、地质、地貌、土壤、土地利用、海化、浮游生物、潮间带生物、底栖生物、游泳生物、林业、植被、环境保护、测绘、社会经济等16个专业的综合性调查。广西海岸带和海涂资源综合调查首战告捷，获得原始数据145.1万个，第一次查明了广西大陆海岸线1595千米，浅海及滩涂面积7500平方千米，其中滩涂面积1005平方千米，以及广西沿海自然资源种类和数量分布、环境条件及沿海地区社会经济状况等，为广西海洋资源开发和经济建设提供了全面、可靠的本底资料和科学依据。广西海岸带和海涂资源综合调查是自中越北部湾合作海洋综合调查之后时隔20年来我国组织的第一次北部湾近海多科学、多专业、多部门参与的综合性调查，开创了广西海洋资源公益调查的先河。

进入20世纪90年代，广西海洋研究所先后承担国家下达的广西海岛、海湾资源综合调查任务，查明了广西现有大小海岛645个，海岛岸线总长为549.5千米。其中，有居民海岛14个，占岛屿总数的2.17%；无居民海岛631个，占岛屿总数的97.83%。最大的有居民海岛是涠洲岛，陆域面积24.783平方千米；查明了广西大小港湾21个，其中面积50平方千米以上的港湾7个；适合建设靠泊能力万吨级以上深水港湾5个，其中适合建设靠泊能力10万吨级以上深水港湾3个。调查成果为广西海岛、海湾资源开发利用与保护提供了重要依据。

海岸带浮游生物调查（图片由姜发军博士提供）

广西海岸带和海涂、海岛、海湾资源综合调查研究成果分别获得国家海洋局、广西壮族自治区人民政府科技进步奖励，尤其是广西海岸带和海涂资源综合调查获1988年度广西科技进步一等奖。广西海洋研究所作出了重要贡献，功不可没。虽然是一花独放，但也有春绿满园的势头。海岸带和海涂、海岛、海湾资源综合调查主要贡献：首次查明广西近海资源"家底"；率先提出广西具有"天然港群海岸"的自然条件。

2002年初，国家海洋局牵头组织了全国海域勘界工作。广西海洋研究所作为技术负责单位，先后完成了广西与广东省际间海域行政区域界线及广西北海、钦州、防城港等3条（市）县际间海域勘界任务，并获国务院批准。2006年10月，全国近海海洋综合调查与评价（简称"908"近海专项）拉开序幕。由厦门大学等多家科研单位合作完成"广西近海海洋综合调查与评价"。广西科学院所属的广西红树林研究中心作为主要参与单位，完成了广西海岛湿地、植被调查与海岛地质、地貌调查与评价专项（广西"908"近海专项），这是国家"908"近海专项的重要组成部分。

**浪声回荡
北部湾**
Langsheng Huidang
Beibuwan

• 我的海洋历程

"908"近海专项调查

"908"近海专项调查，是近半个世纪以来的一次较大规模的北部湾资源调查，尽管调查海域只有中越联合调查的一半，但是作出的成绩却是显著的。让我们在半个世纪后，再一次看到北部湾的水文、生物、地质和化学的半个面貌。"908"近海专项调查全面摸清北部湾北部近海"家底"，建立现代化的成果展示和管理平台，构建跨部门、跨学科并业务化运行的海洋基础信息集成系统，为全面提高近海综合管理、海洋开发和保护决策水平奠定坚实的基础。"908"近海专项调查主要贡献：率先建立了"广西数字海洋"基础信息库。

北部湾海洋科考，从20世纪60年代一直到今天，始终伴随着这一片海一路同行，从不停步。虽然时间的车轮已跨过了两个世纪60个年头，但无论是过去、现在或是将来，在北部湾无际的海面上，仍然可以听见海洋科考船劈波斩浪的声音，在长长的海岸线上，仍然可以看见科研人员艰难行走的足迹。科技，如同坚守的初心，始终守护、耕耘着这一片蔚蓝的海天。

2. 海洋管理，艰难起步

海洋管理大体是指一个国家或地区根据开发利用海洋的需要而作出的一种政府行为。我国的海洋管理从20世纪60年代初开始，主要是由国家海洋局全面行使对海洋的综合管理。广西的海洋管理工作起步慢，20世纪60—70年代，面向海洋渔业生产的需求，由广西壮族自治区水产局设立市、县（区）的二级水产系统管理机构，主要对渔业生产、水产资源保护等方面进行业务化管理。80年代初，为配合全国海岸带和海涂资源综合调查，自治区人民政府批准成立广西海洋资源研究开发保护领导小组办公室，开始行使广西海洋资源调查与保护管理职权。1998年9月，以此为基础组建了广西海洋管理处，挂靠广西壮族自治区科委，作为政府的一个职能部门，综合管理广西的海洋工作。2010年8月，经自治区党委、政府批准组建广西壮族自治区海洋局，沿海市、县（区）相应设立了海洋管理机构，广西海洋管理机构逐步健全，海洋管理实现了历史性的跨越。2017年8月，将海洋和渔业合并组建广西壮族自治区

🎧 2018年重新组建广西壮族自治区海洋局（图片来自广西壮族自治区自然资源厅网站）

海洋和渔业厅，把广西壮族自治区原海洋局的职责、水产畜牧兽医局的渔业（含淡水渔业、海洋渔业）管理职责，整合划入广西壮族自治区海洋和渔业厅。2018年11月，不再保留广西壮族自治区海洋和渔业厅，重新组建广西壮族自治区海洋局，作为广西壮族自治区自然资源厅部门管理机构。

广西海洋管理机构从成立、组建、合并到再组建经历多次变更，真可谓"变化无常"，尽管如此，也取得了长足的发展。首先是与广西壮族自治区水产局对接的市、县（区）二级水产系统管理机构对渔业生产与资源保护管理；其次是与自治区科委系统对接的市、县（区）海洋管理机构对海域使用、海洋科研、开发与保护，以及协助国家行使对海洋权益的维护管理；最后是作为自治区自然资源厅部门管理机构，专门履行全区海洋综合管理职责。不同的时期，海洋管理部门发挥了不同的作用。但由于受到传统行业分块管理的局限，广西海洋综合管控机制不健全，曾出现权属不明、各自为政、互不渗透、法规不全等情况，甚至还造成在管理部门内部出现管理与生产、管理与服务、管理与研究不分的状况，使广西海洋管理工作未能跟上全国的步伐。

回顾广西海洋管理走过的历程，可以用下面一段话来概括。

浪声回荡北部湾
Langsheng Huidang Beibuwan
● 我的海洋历程

眺望前路

从1978年到2018年，

海洋管理走过了半个世纪历程，然而，

五十余载举步维艰；

五十余载初心弥坚。

回望来路，

经历管与被管不分的变革，

受制传统行业分块的局限。

从"水产局"到"海洋局"，

海洋管理机构几经变更，然而，

历代海洋人睦海匠心不改；

历届管理者谋海大志不渝。

眺望前路，

海洋管理人传承奋进创新，

肩负维海使命坚定探索前行。

广西濒临北部湾，海洋管理既特殊又复杂。

考虑之一：环绕着北部湾的地区不仅有我国的广东省和海南省，还有邻国越南，北部湾海域划界成了中越双方共同关注的焦点，随着《联合国海洋法公约》生效，全球性围绕维护海洋权益和争夺海洋资源的斗争日趋激烈。全世界海洋总面积约有30%将成为沿海国的"国土"。按照《联合国海洋法公约》对领海和毗连区的有关规定，"每一个国家有权确定其领海的宽度，直至从按照本公约确定的基线量起不超过12海里的界限为止"；"毗连区从测量领海宽度的基线量起不得超过24海里"。中越双方应以此为依据对北部湾海域划界，通过协商处理好海域划界的基线基点问题。但20世纪70年代以来，越方在北仑河口通过人为干扰加速越方一侧浅滩淤积，在自然因素共同影响下，北仑河口主航道深水线不断向中方偏移，约8.7平方千米的岸滩面积存在权属争议。根据1999年12月30日签署的《中华人民共和国和越南社会主义共和国陆地边界条约》，通航河流上的中越边界线是沿主航道中心线。确定主航道的主要依据是航道水深，并结合航道宽度和曲度半径加以综合考虑。北仑河口主航道深水线的改变不但影响到海域划界的基线基点确定问题，而且直接关系到我国海洋国土安全问题。

海域划界关系到国家领海、专属经济区和大陆架的主权问题，我们要充分行使《联合国海洋法公约》所赋予的权利，维护我国在北部湾的海洋权益不受侵犯。所以，解决北部湾问题将有两种可能：一种是依据《联合国海洋法公约》进行划界，但关键在于基线基点的统一确认；另一种是搁置划界问题，共同使用和开发。不管采用哪一种，都改变不了广西海洋管理工作的艰巨性和复杂性。

考虑之二：如果再把广西的发展空间拓展到南海，要考虑到越南、泰国、柬埔寨、新加坡、马来西亚、印度尼西亚、文莱、菲律宾等8个国家，而这些国家与我国都有一个海洋利益的再分配问题。比如，在渔业资源开发方面，我国与越南、菲律宾、印度尼西亚、马来西亚等有一些共同作业的渔场，且时有矛盾发生；在油气资源开发方面，由于大陆架划界问题尚未解决，也存在一些争议区；在领海方面，有一些岛屿各国也有不同看法，并且随着《联合国海洋法公约》的实施，这种看法上的分歧将越来越大。因此，广西的海洋管理既要着眼于北部湾，更要考虑到南海，甚至把视野扩大到各大洋，由认识上的超前促使管理上的突破，只有这样，广西才能应对北部湾复杂的局面。

面对当前，着眼未来，广西负有维护北部湾海洋权益之责。所以，应探索建立一个相对独立的、直属自治区人民政府领导的海洋管理机构，并赋予其管理职能。管理机构应按高度集中、统一协调、统一运作，打破多系统、按条块设立的管理体制，协助国家全面行使北部湾海洋综合管理职权。只有这样，广西才能担负起国家赋予的建设海洋美好明天的重托。

3. 涉海机构，与时俱生

广西涉海科研机构的成立，比国家涉海科研机构慢了近30年，比沿海省（市）涉海科研机构慢了近20年。

1978年，伴随着我国第一个科学春天的到来，广西海洋研究所在北海市宣布成立，这标志着广西从此有了从事海洋科学研究的单位，结束了广西这个少数民族自治区有海无研究机构的历史。20世纪80年代初，成立不久的广西海洋研究所在人员、实验条件、仪器设备严重不足的情况下，开展广西北部湾海洋科考工作，先后独立完成了国家下达给广西的海岸带和海涂、海岛、海湾资源等综合调查等多项公益任务，主要是查清广西近海环境资源的"家底"，为海洋开发、利用与保护提供依据。20世纪90年代，根据科学用海、管海发展的需要，广西海洋研究所作为主要单位参与了广西海洋功能区划、广西海岛保护规划、广西海洋环境保护规划等多项地方法规编制工作任务。其中，1998年编制的广西海洋功能区划于2001年由广西壮族自治区人民政府颁布执行至今，成为广西实施海洋活动科学指导和开展海洋综合管理时间最长的一项地方性管海法规。

进入21世纪，国家实行科研院所分类改革，一大批事业类科研院改制成科技型企业，取消事业性质。2002年10月，广西海洋研究所转制为科技型企业。为了学科发展的需要，从广西海洋研究所162名事业编制中保留32名转入广西红树林研究中心，从此，广西红树林研究中心成为独立法人单位。2012年11月，经中国共产党广西壮族自治区委员会机构编制委员会批准，成立广西海洋研究院、广西北部湾海洋研究中心。其中，广西海洋研究院归口广西壮族自治区海洋局管理，广西北部湾

🔊 自然资源部第四海洋研究所在北海揭牌成立

海洋研究中心归口广西科学院管理。2017年1月，自然资源部第四海洋研究所揭牌成立，广西迎来首个国家级海洋综合科研机构。自然资源部和广西共建第四海洋研究所，将极大提升广西海洋科技力量，促进广西海洋事业的快速发展。从此，涉海科研机构不再是一家独放，而是多家蓄势竞放。但主要科研力量仍集中在广西科学院属的广西海洋研究所、广西红树林研究中心、广西北部湾海洋研究中心等3个单位，主要研究人员约占全区的60%，其余40%的力量分布在广西海洋研究院、自然资源部第四海洋研究所和广西水产研究所等。各涉海科研机构在主管部门统一领导下，按照各自的领域和方向开展海洋科学研究工作。

涉海科研平台与时俱生。2010年后，广西新建了一批省级海洋类科研平台，主要有广西海洋生物技术、广西红树林保护与利用、北部湾环境演变与资源利用、广西近海海洋环境科学、广西北部湾海洋生物多样性养护、广西南海珊瑚礁研究、广西海洋天然产物与组合生物合成化学、广西北部湾海洋灾害研究等8个重点实验室。其中，2010年新建省级海洋类科研平台4个，2012年新建省级海洋类科研平台2个，2016年新建省级海洋类科研平台2个。这些科研平台分别依托广西科学院、北部湾大学、广西大学、广西红树林研究中心、广西海洋研究所、南宁师范大学等单位。

涉海高校教育发展迅速。2010年以前，广西是我国10多个沿海省级行政区中唯一没有海洋类高等教育的省区，其他省级行政区都设置有独立的海洋类大学，或在相关大学中设置了海洋学院（二级学院），而广西处于"有海无校"的尴尬境地。2010年后，涉海高校教育机构发展迅速，海洋后备人才培养与日俱增。主要涉海高校有广西大学、广西民族大学、南宁师范大学、北部湾大学、桂林电子科技大学等，这些院校近10年来陆续开设了海洋科学、海洋生态学、海水养殖、海洋食品科学与工程、船舶驾驶、轮机管理、船舶工程技术、海事管理、国际航运业务管理等专业。

科技，与这片海一路同行

60年筚路蓝缕，60年风雨兼程。

**浪声回荡
北部湾**
Langsheng Huidang
Beibuwan

• 我的海洋历程

翻开历史的记事本，
1960—2020年，
北部湾人怀揣科技先行的情怀，
挺进深蓝，经历风雨，研耕不辍，
用科技的力量探索北部湾的未见，
用科技的力量发现北部湾的奥秘。
今天，我们见证北部湾这片海的变化，
一次次泛起微澜，一次次烙下痕迹。
每一份都与你有关，每一步都与你同行！

4. 海洋研究，应势而为

海洋是人类发展的出路所在。在陆地资源开发余地越来越小和人口、资源、环境压力越来越大的今天，面向海洋，寻找出路成为全人类的共同选择，也许是唯一的选择。广西人为有这片海而骄傲，已经充分认识到，时至今日，这片海带给广西人的不仅是一种诸如"兴盐渔之利，得舟楫之便"的传统认识，它还与广西经济发展和国家战略实施密切相关，是一块

🔊 钦州龙门港鱼类养殖

赖以生存的蓝色国土。广西海洋科学研究应势而为，围绕广西社会经济发展的关键展开科技攻关与创新，贡献卓著。

为了养殖苗种的"芯片"。种子是农业的"芯片"，苗种也是渔业的"芯片"。20世纪80年代至往后的10年间，由于过度捕捞，北部湾近海渔业资源严重衰退并遭到破坏，浩如烟海的海洋水产业受到严重冲击，渔洋捕捞量徘徊不前。从20世纪90年代开始，广西就把海洋水产业作为优先发展的支柱产业纳入全区沿海各级政府计划，明确广西海洋开发的重点是浅海和滩涂的水产养殖。而水产养殖的关键是养殖品种的人工繁育技术，也就是说，必须突破养殖苗种的人工繁育技术难关。

为了解决养殖苗种繁育技术问题，广西海洋研究所从20世纪90年代初开始启动方格星虫、文蛤、獭蛤、巴非蛤、方斑东风螺、青蟹、中华乌塘鳢、石斑鱼等品种的人工繁育研究。方格星虫2004年在国际上首次突破人工育苗技术难关，2007年实现了人工苗种规模化生产，技术达到国际领先水平。从2009年至今，每年培育方格星虫苗种3500万条以上，推广养殖面积3000～5000亩。指导沿海养殖户开展方格星虫人工健康养殖，为沿海渔民增收致富作出了重要贡献；多个传统养殖品种，如文蛤、獭蛤、青蟹、中国鲎等人工育苗成功推广。2000年以来，广西海洋研究所开展了文蛤、獭蛤、青蟹、中国鲎等传统优势养殖品种人工育苗研发及养殖技术推广工作，其中：文蛤、獭蛤苗种规模化生产，年培育獭蛤苗种2亿粒以上，苗种中培成活率高达90%以上、养殖成活率60%以上；青蟹人工育苗连续10多年来大规模生产，成为广西沿海最大的种苗供应基地；中国鲎人工繁殖技术取得突破，在国内率先成功培育出中国鲎苗种100多万只，填补了国内空白。这些养殖品种人工育苗技术研究成果获得相关奖励，其中："方格星虫规模化人工育苗技术研究及养殖推广"获2009年广西科技进步二等奖、2013年广西技术发明二等奖、2016年广西科技进步二等奖；"大獭蛤工厂化育苗及人工养殖试验"获2003年广西科技进步二等奖；"巴非蛤的人工育苗技术研究"获2015年广西技术发明三等奖。

渔业水产科技创新，不但使海洋渔业焕发出新的生机和活力，还使广西海洋渔业由以捕捞为主转向以海水养殖为主。2020年，广西海洋渔业总产量约210万吨，其中，海水养殖产量为150.66万吨，相当于海洋捕捞量的2倍多。海洋渔业总产值302.96亿元，其中，海水养殖产值219.33亿元，占海洋渔业总产值的72.39%。海水养殖业成为海洋渔业新的增长点。

为了这片红树林。广西红树林资源在全国排列前位，是这一地区生态安全的绿色海上屏障。广西之前由于缺少专业科研机构开展针对性的研究，保护意识不强，破坏现象时有发生。为了保护广西红树林生态系统，国家在广西建立了山口、北仑河口两个国家级自然保护区。广西红树林研究中心为保护区的规划、建设、管理做了大量基础性工作，提供了重要科学依据。

以北仑河口国家级自然保护区为例，历史上北仑河口潮滩曾生长着3338公顷的红树林，经过20世纪60—70年代围海造田、1980—1981年乱砍滥伐和1997年以后毁林养虾等3个破坏高峰期后，锐减为目前的1066公顷。根据1998年遥感资料，在东兴市万尾西南端和越南万柱岛东北端连线之内的水域中，越方红树林面积为1029.87公顷，占97.12%；我国红树林面积仅为30.55公顷，只占总面积的2.88%。北仑河口特殊的地理位置以及红树林的生态功能对于维护我国的领土安全和海洋权益具有至关重要的作用。为此，1983年防城县人民政府批准建立北仑河口竹山脚红树林保护区，1990年广西壮族自治区人民政府批准晋升为省级北仑河口红树林自然保护区，2000年4月经国务院批准为北仑河口国家级自然保护区。广西红树林研究中心围绕保护区建设需要深入林区开展红树植物种

一起保护红树林

类组成、重要群落类型与特征研究，制作红树植物群落分布图及红树林区土壤类型分布图；确定红树植物分布及其面积、宜林滩涂面积及其斑块分布位置等，为各个时期保护区的建设方案制订、规划、升级、管理提供技术支持。经过地方政府主管部门的积极争取与广西红树林研究中心提供技术支持，保护区实现了由县级管理向国家级管理的跨越。保护区于2001年7月加入了我国"人与生物圈计划"，于2004年6月加入中国生物多样性保护与绿色发展基金会并作为该基金会下属的自然保护区委员会成立的发起单位。北仑河口国家级自然保护区成为我国大陆海岸面积最大、保存较为完好的海湾红树林生态系统的保护区。同时，该中心范航清博士首次提出"基于地埋管网技术的受损红树林生态保育系统"，在红树林保护区内设计由红树林、林下滩涂、地下管网等构成的地埋式红树林生态养殖系统，既保护了红树林生态系统，同时又可以利用林滩资源发展水产养殖。

为了地方经济社会发展。近年来，广西北部湾海洋研究中心科研团队发挥科技优势，主动服务国家和地方经济社会建设，以科技赋能向海经济高质量发展。

以科技优势服务国家海洋核能安全。核能安全问题一直广受社会各界关注，特别是2011年日本福岛核事故发生后，核能的安全使用更成为舆论和公众关注的焦点。广西防城港核电站于2015年10月25日1号机组并网发电期间，取水口海域暴发了球形棕囊藻赤潮，导致冷却水系统堵塞，严重威胁核能安全。受广西防城港核电有限公司委托，中科院海洋研究所与广西北部湾海洋研究中心联合开展了核电站取水口海域赤潮监测、预警及改性黏土应急治理工作，为保障防城港核电站安全运行作出了重要贡献。近年来，中心研究团队发挥科技优势，根据广西防城港核电有限公司的要求，开展了核电站取水口海域风险海洋生物专项调查与评估，建立了风险海洋生物筛选指标体系，通过调查获取了海洋生物的种类、数量分布特征，分析海洋生物的时空变动规律、迁移聚集规律及其受控影响因素，找出潜在的风险海洋生物，提出核电站冷源取水系统风险海洋生物堵塞物调查的识别方法，为核电站冷源安全保障作出重要贡献。

浪声回荡
北部湾
Langsheng Huidang
Beibuwan

• 我的海洋历程

🔊 防城港核电站取水口海域棕囊藻赤潮应急监测

以科技优势守护北部湾碧海蓝天。2008年1月，国务院批准实施《广西北部湾经济区发展规划》，广西北部湾经济区建设步伐加快，沿海区域经济发展呈现出加速化、临海化、重工业化的总体趋势。然而，频繁的开发利用活动带来经济效益的同时，对近岸海域环境产生了较大的压力，海域受到污染，海水质量变差，赤潮灾害发生，生态环境受到影响。广西北部湾海洋研究中心以海洋科技优势守护广西海洋生态文明建设，承担和参与广西北仑河口国家级自然保护区、钦州三娘湾中华白海豚栖息地保护和制度建设，以及防城港市入海污染物排放总量控制规划、防城港"蓝色海湾"综合整治行动方案编制等项目建设和运维，提出针对性的减缓环境影响的对策措施，为北部湾经济区环境与资源可持续利用和经济社会的协调发展提供重要科技依据。

二、发展，让这片海优势显现

1. 一切变化，只因有了"你"

岁月悠悠，沧海桑田。

北部湾沿海，自汉代开始就是海上丝绸之路的始发港。

千百年来，北部湾人在这片海上用勤劳和智慧的双手，采珠捕鱼、经商贸易，扬帆远航；进入新时代，北部湾人在这片海上以敢为人先的精神，不懈奔跑，蓄积力量，书写向海梦想。

一切变化，只因有了"你"。

千年过去，汉代时的"古港"变成现今的"国际门户港"。正如孙中山先生百年前所愿，"南方第二大港"在广西北部湾如梦成真。北部湾港跻身于全国沿海大港之列，港口经济成为向海经济的核心引擎。与北部湾港几乎同时成立的广西北部湾经济区，以打造向海经济为目标实现跨越式发展，2020年，北部湾经济区实现地区生产总值10694亿元，占广西全区生产总值的48.27%。

站在千年的时间线上，沿海望去，海洋之路，既意味着前行方向，也蕴藏着奋斗方略，更镌刻着北部湾开放和拼搏的基因。

因为这片海，立波澜潮头的北部湾，在古代海上丝绸之路中毅然打开我国对外开放之大门，促进经贸与文化的往来繁荣；也因为这片海，站在时代前沿引领改革风气之先的北部湾，在向海大发展的强烈律动中，与我国改革开放以来的政策相伴而行。

1984年4月，北海被国务院确定为进一步对外开放的14个沿海城市之一；

浪声回荡北部湾
Langsheng Huidang Beibuwan

我的海洋历程

2006年3月,广西北部湾经济区成立;

2007年2月,广西北海、钦州、防城港重组整合成立广西北部湾港;

2008年1月,国家批准实施《广西北部湾经济区发展规划》;

2013年9月,国家主席习近平在出访中亚和东南亚各国期间,提出共建"丝绸之路经济带"和"21世纪海上丝绸之路"的重大倡议;

2015年3月,国家赋予广西"国际通道、战略支点、重要门户"三大定位的新使命新任务;

2017年1月,国家批准实施《北部湾城市群发展规划》,明确了北部湾经济区在打造"一湾双轴、一核两极"的城市群框架中具有重要地位和作用,为经济区带来新的重大发展机遇;

2017年4月,习近平总书记在广西视察时指出,广西有条件在"一带一路"建设中发挥更大作用。要立足独特区位,释放"海"的潜力,激发"江"的活力,做足"边"的文章。

2019年8月,发布《国家发展改革委关于印发〈西部陆海新通道总体规划〉的通知》(发改基础〔2019〕1333号),明确将广西北部湾港列入连接"一带一路"陆海联动通道的国际门户港建设,发挥区域国际集装箱枢纽港作用,提升通道出海口功能。

2021年4月,习近平总书记在广西视察时指出,要主动对接长江经济带发展、粤港澳大湾区建设等国家重大战略,融入共建"一带一路",高水平共建西部陆海新通道,大力发展向海经济,促进中国-东盟开放合作,办好自由贸易试验区,把独特区位优势更好转化为开放发展优势。

大海在这里转了个大圈,历史在这里闪亮出风采,时代在这里发出了呼唤。

从出海"讨海",到从海上"通商",海洋孕育着一代代北部湾人,让北部湾人感受到海洋的馈赠带来的不竭动力,成为推动北部湾沿海地区高质量发展的强大引擎,引领广西向海图强目标的一步步迈进。

历经曲折的北部湾,最近10年,再次强势闯入人们的视野,从发展基础最薄弱的一环,到多区域合作中心;从经济发展配角,到开放开发龙头;

从地方发展题材，到国家发展战略；从"风生水起"到"千帆竞发"。

如今，南海西北部弧形臂弯里的这片蔚蓝色海洋，已成为我国区域协调发展的新动力、对接东盟的新引擎、对外开放的新翅膀。

寻求发展良机、思谋发展良策的北部湾人，以时不我待、只争朝夕的开放、创新精神，让这片饱受磨难的土地焕发出新的生机与活力。

钦州港，在填海筑成长4.5千米大榄坪2号路的尽头，两个10万吨级集装箱泊位引人瞩目。50多米高的6台桥吊、7台门式起重机，见证着这里的繁忙与希望。2019年，钦州港港口货物吞吐量首次突破1亿吨大关，"南方大港"已名副其实。2021年，钦州港港口货物吞吐量完成1.67亿吨，同比增长22.3%，集装箱吞吐量完成462.7万标箱，同比增长17.1%，钦州港跨入全国港口接卸能力第一方阵。

历史在曲折中走过了一个轮回，给这座古老城市的发展提供了难得机遇，让多年来"守着大海吃农业饭"的钦州，决心借北部湾开发开放的东风，真正实现"因港而兴，因海而荣"的夙愿。

但谁又能想到，2006年之前，这个"南方大港"还是汪洋一片。顽强的北部湾人，以"精卫填海"的精神吹沙填海，创造了"1天造地40亩、1天海上修路600米、7天建1层楼"的"北部湾速度"。

这一切，仅仅是近年来北部湾开发开放的一个缩影。其背后，是广西在党中央的引领下，不断调整发展思路、完善发展路径的结果。

西部地区、民族地区、边疆地区、革命老区……广西的发展优势到底是什么？资源丰富、沿海区域、开放前沿、风景秀丽……广西加快发展的希望究竟在哪里？多少年来，努力和探求一刻也没有停息。

广西大陆海岸线1628千米。历史上，广西沿海就是我国对外海上交通、贸易、交往要道。汉代时，这里是古代海上丝绸之路的始发港，庞大的船队从这里经马六甲海峡进入印度洋，到达南亚、西亚，再通往欧洲、非洲。100多年前，北海就是对外通商口岸。20世纪90年代，国家明确提出把广西建设成为西南出海大通道。

现实似乎总是严酷的。虽然守着"一片海"，但多少年来，广西"捧

浪声回荡北部湾

Langsheng Huidang Beibuwan

● 我的海洋历程

着金碗讨饭吃",留给人们的印象只是一个落后的农业地区。

面朝大海为什么却走不出大海?这成为广西人内心深处的沉重疑问,促使广西重新审视自身的发展定位。

近年来,随着国家西部大开发战略的稳步推进,对外开放力度的进一步加大,尤其是中国-东盟自由贸易区的建设,北部湾经济区的发展良机终于到来。

面对历史性机遇,这一次,北部湾人决定加大转变思路的力度,将发展的眼光,再次从封闭的内陆投向开放的海洋,确立了广西未来发展的定位——国际区域合作新高地和中国沿海经济发展新一极。

要实现这一定位,广西必须紧抓沿海区位优势。广西经济发展的潜力在沿海、后劲在沿海、未来在沿海。

广西背靠大西南,面向东南亚,东临珠三角,是我国唯一沿江、沿海又沿边的地方,也是我国唯一与东盟国家既有陆地接壤,又有海上通道的省份。

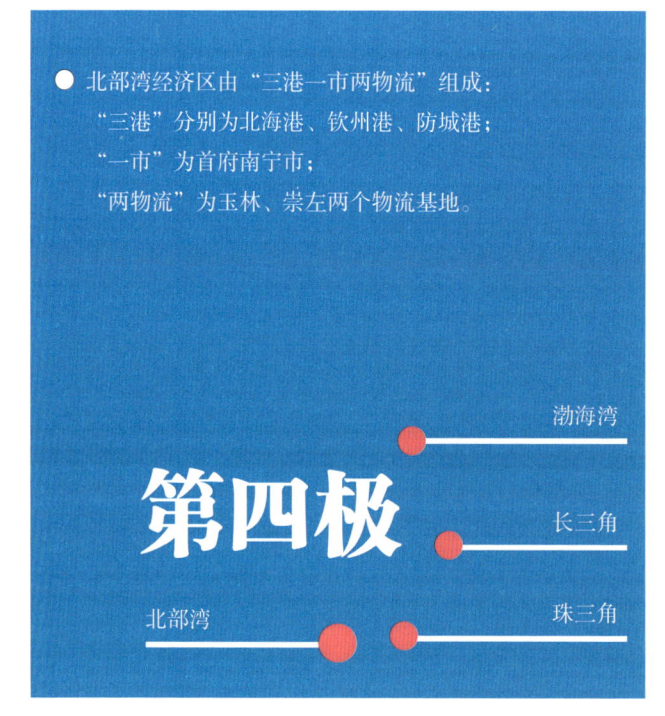

● 北部湾经济区由"三港一市两物流"组成:
"三港"分别为北海港、钦州港、防城港;
"一市"为首府南宁市;
"两物流"为玉林、崇左两个物流基地。

第四极

渤海湾
长三角
北部湾   珠三角

◐ 北部湾——中国沿海经济发展第四极

涵盖南宁、北海、钦州、防城港4市及玉林、崇左2市交通和物流的广西北部湾经济区，位于北部湾顶端的中心位置，土地面积4.25万平方千米。该区域处于中国-东盟自贸区、泛北部湾经济合作区、大湄公河次区域、泛珠三角经济区等多个区域交会点，区位优势明显。

时不我待，只争朝夕。历经磨难和挫折的北部湾人以创造性的思路和真抓实干，让这个沉寂多年的西南中国海域，迸发出强大的发展活力。

2006年3月，一个后来被人们称为"湾办"的机构——北部湾（广西）经济区规划建设管理办公室——挂牌成立。这个机构的职责就是协调南宁、北海、钦州、防城港等经济区内城市的协同发展，更好地解决一段时间以来，几个城市区位相似、发展目标重复、对外竞争呈非良性态势、对内部资源流动存在壁垒、有限的财力被分散、发展成本增加等问题。

开发未始，规划先行。"湾办"对四市发展方向进行了基本定位：南宁是"区域性国际化城市"，防城港是"商贸、物流、港口城市"，北海和钦州则定位为"区域性中心城市"。

几年的实践，让四市在错位和抱团中实现共同发展。有人形象地描述：现在的南北钦防，更像是一个城市综合体的四个功能区，相互依存，又各具特色。

同时，原先分属北海、钦州、防城港三市管理的港口，自2007年2月起，也有了一个共同的名字：北部湾港。之前同质竞争严重的态势，很大程度上得以扭转。

三港握成"拳头"之时，恰逢国际金融海啸迎面扑来。2009年，全国港口货物吞吐量平均增幅不足5%，而北部湾港却创造了同比增长25.38%的奇迹，成为带动北部湾经济发展的龙头。

全新的事业需要全新的视野。北部湾人的敢想敢为，让这一地区的开发开放迈出创新性步伐。广西北部湾经济区现已建有南宁保税物流中心、钦州保税港区、凭祥综合保税区、北海出口加工区，形成完善的保税物流体系，成为我国对接东盟、联通世界的"无形之路"。其中，钦州保税港区被列为继天津、大连、上海、广州黄埔后第5个沿海整车进口口岸，它

浪声回荡北部湾
Langsheng Huidang Beibuwan

• 我的海洋历程

20万吨货轮靠泊防城港区

也因此成为我国唯一具备整车进口口岸功能的保税港区；凭祥综合保税区敢于先行先试，主动与越南实现交通、产业、服务上的无缝对接，打造"两国一区"共同产业园区，为北部湾开发开放拓展思路。现今，在广西凭祥友谊关，每天可以看到一辆辆满载着水果、电器等货物的大卡车隆隆驶过边境。一旁的中国凭祥－越南同登跨境经济合作区建设热火朝天……

波涛之上尽是波涛。如今的北部湾这片海，已是一朵朵浪花汇聚成蓝色磅礴之力，朝着广西北部湾经济区发展更大、更高、更优的目标奔腾不息。

这是这片海之福，更是北部湾之福！

2. 生态滨城，践行绿色发展

湛蓝的海水中，成群的白海豚逐浪嬉游；松软的滩涂上，成片的红树林随风摇曳。素有我国最洁净港湾美誉的北部湾，让游客流连忘返。

2010年11月，新华社一篇名为《千帆竞发北部湾》的报道这样写道："2006年，一个女孩在钦州三娘湾游玩时，指着正在海面嬉戏的白海豚问父亲：工厂建起来后，还能看到白海豚吗？当时在建的是中石油广西石化项目。"

一边是生活和生长着白海豚、红树林、儒艮等众多珍贵且脆弱物种的北部湾海域；一边是石油、钢铁、化工等产业项目纷纷落户、投产，我国最后一片"净海"能否守住"清白之身"，不能不为人们所忧虑。

时隔10年，事实如何？一组数据给出了答案。2009年，广西近海水质一类和二类达标率为87.5%，与2008年相比，分别提高2.1%和6.3%。至2018年，广西近岸海域水质优良点位比例为81.8%；海水环境功能区达标率为84.1%，一类和二类水质达标率为70%以上。2020年，广西海洋生态系统健康完整，海洋生态服务价值稳定上升，大陆自然岸线保有率37%，近岸海域优良水质达标率保持在90%以上，水质优良比例连续8年稳居全国前列，是全国最洁净的近岸海域。

如今，走进中石油钦州项目厂区，映入人们眼帘的是干净整洁的厂房，蔚蓝色的天空下矗立着几根醒目的大烟囱，与以往炼油厂灰霾密布景象不同，厂区已看不到烟尘。

城在海上，海在城中。北部湾人与海和谐共生，北部湾人始终冲锋在前，用心呵护蓝色疆土。

为了保护有"海上大熊猫"美誉的中华白海豚，钦州市专门划定一段生态海岸线不准布局工业项目；为了让市民生活环境更舒适，北海市将包括两个工业园在内的整个40平方千米城区，一概划定为禁燃区，工业生产不

茅尾海红树林湿地

第四章 变化，从这片海说起

得使用煤炭或重油作燃料。

红树林被称为"海岸卫士"。防城港东、西湾海岸的红树林是国内最大的城市红树林。为了发展经济，这里曾被规划为物流园区，在多方论证后，防城港市政府改变了规划，将这里建成了一个红树林生态实验园；钦州市茅尾海东岸，原先规划为滨海新城建设区，需要占用部分红树林。开发要给生态让路！2020年2月，经自治区人民政府（桂政函〔2020〕14号）批准，将广西茅尾海红树林自治区级自然保护区总面积调整为5010.05公顷。调整后，红树林范围也相应扩大，更有效地保护了红树林；2020年5月，动工建设的钦州龙门大桥未伐一棵红树，堪称向海发展的一大创举。2021年初春时节，我们来到大桥施工现场，只见碧波荡漾的茅尾海上，挖掘机轰鸣，运输车往来穿梭，红树翠绿荡漾，白鸥掠过水面，好一幅人与自然和谐共生的美丽画卷。红树一棵也不能少，已经深深地写进了每一位建设者的心中。

生态保护，并不意味不发展，不要工业化。为了处理好生态保护与经济发展的关系，北部湾人始终把海洋生态文明放在首位，在滨城建设中突显海洋底色。

在北海，正在充分发挥地处北部湾多个区域合作交会点和海上丝绸之路始发港的优势，以开阔的视野、宏大的气魄全方位提高对外开放水平与环境质量，经济快速稳健发展，电子信息、临港新材料、石油化工三大千亿元产业迅速崛起；城市面貌焕然一新，市区"北部湾国际新城""北部湾临港新城""北部湾休闲之都"的城市发展格局逐步形成。特别是纵贯市区南北的冯家江滨海国家湿地生态走廊，更加突显滨城人与海自然和谐的底色。如今的北海已成为国内外投资的热点地区。

在钦州，以港兴市、以市促港，开放带动建设临海工业城市。目前已建设30万吨级油码头及进港航道，配套建设一批路网工程，引进印度尼西亚金光集团投资的金桂林浆纸一体化项目、国投公司投资的钦州火电厂、中国石油公司投资的1000万吨级炼油项目、新加坡来宝集团投资的粮油加工项目等。2010年3月，钦州启动了"园林生活十年计划"，以及滨海新城首批建设项目。几代钦州人"滨海而居，融入海洋文明"的梦想，正一步步变成现实。

在防城港，积极主动融入国际陆海贸易新通道建设，努力打造现代版大港工业体系，为一批产业龙头项目相继建成投产、上下游产业链的配套，打下了扎实的基础，为实现"以港强市"的目标迈出坚实步伐。同时，建设以反映"都市港湾、城市名片"为主题，以体现"海在城中，城在海中，人在景中"的生态海湾城市为特质，集红树林生态湿地及北部湾海洋文化公园于一体的具有代表性的滨海城市，将防城港打造成为广西北部湾经济区最适宜人居的现代化国际港口城市。

取之有度，用之有节，则常足。在北部湾滨海城市建设中，海洋底色的理念体现得淋漓尽致，北部湾人走出了一条人与海和谐共生的新路。他们始终把保护与开发并重作为广西北部湾经济区推动项目建设的出发点和落脚点，筑牢生态屏障，守好蓝色空间。

如今，尊重自然、顺应自然、保护自然不但成为北部湾人践行海洋生态文明的应有之义，更是北部湾人书写生态滨城海洋文明的典范之举。

3. 天然大港，挺起向海脊梁

港口是北部湾发展向海经济的重要依托。从汉代开始，北部湾沿海就是海上丝绸之路天然始发港之一，港口成为当时对外贸易与往来的唯一通道。如今，北海港、钦州港、防城港整合后的广西北部湾港，跻身全国沿海大港之列，区位优势更加突显，南向出海，北联内陆，北部湾成为重要的交会节点。所以，依托北部湾港优势，打造向海经济，承载着一代又一代北部湾人的梦想，更是北部湾人一直努力追逐的目标。2017年4月19日，习近平总书记在广西北海视察时对港口建设作出重要指示，"要建设好北部湾港口，打造好向海经济。我们常说要想富先修路，在沿海地区要想富也要先建港"。广西正按照习近平总书记的指示要求，加快北部湾港升级改造，向建设"智慧港口、现代港口、绿色港口、国际港口"目标迈进。

**浪声回荡
北部湾**
Langsheng Huidang
Beibuwan

● 我的海洋历程

◐ 北部湾港区

梦好起宏图，行稳步更远。广西紧紧抓住港口建设这个牛鼻子，作为牵引向海经济的关键，借助港口优势和"一带一路"建设的东风，大力拓展海上国际合作，迈出了对外开放的新步伐，港口为广西北部湾经济区插上了腾飞的翅膀。

（1）港口建设提速，释放向海潜力

2009年3月，我国沿海港口的名录上增加了一个新港口——广西北部湾港。这是一个既历史悠久又充满活力的港口，由广西北部湾经济区内的防城港、北海港、钦州港合并而成，它曾经是海上丝绸之路的始发港之一，如今却作为面向东盟的区域性国际航运中心呼之欲出。2009年12月，中华人民共和国交通部正式发文，启用"广西北部湾港"名称。2010年3月，自治区人民政府正式批准实施《广西北部湾港总体规划》。至此，整合后的广西北部湾港，拥有大型、深水、专业化码头群形成的规模优势，快速崛起成为亿吨大港。从2009年到2020年，广西北部湾港建有生产性泊位270多个，其中万吨级以上泊位80多个，最大靠泊能力达30万吨。先后建成钦州港30万吨级油码头及进港航道、防城港20万吨级散货码头及进港航道、北海铁山港1~4号泊位等一批标志性工程；开通外贸航线50多条，基本实现了东南亚、东北亚地区主要港口的全覆盖。北部湾地区成为我国与东盟国家重要的海上交通和贸易枢纽。2020年，北部湾港完成货物吞吐量2.96亿吨，同比增长15.6%，完成集装箱吞吐量505万标箱，同比增长32.2%。北部湾港完成货物吞吐量在全国沿海主要港口排名第2位，完成集装箱吞吐量在全国沿海主要港口排名第11位，全球港口排名第19位，被《国家综合立体交通网规划纲要》列为国际枢纽海港。2021年，北部湾港完成货物吞吐量3.58亿吨，同比增长21.2%，完成集装箱吞吐量601万标箱，同比增长19%，实现历史性突破。北部湾港完成货物吞吐量排名升至第10名，完成集装箱吞吐量排名从2020年的第11名上升至第9名，双双跻身前十。2020年北部湾港全年实现营业收入53.68亿元，同比增长12.01%。2021年北部湾港全年实现营业收入58.98亿元，同比增长9.99%。港口经济成为向海经济的重要引擎。

如今，站在北部湾港（钦州港）仙岛公园眺望大海，只见蓝天白云下，港口塔吊林立，巨轮进出，一派千帆竞发的景象。孙中山塑像好像一位巨人站在这里，望着这里的变化、这里的发展、这里的点点滴滴……100年过去了，孙中山的"预言"变成现实，这一巨变，只有在中国共产党领导下，广西人民才有魄力、能力和底气，书写北部湾港的发展和开发广西这一片海的传奇故事。

（2）依港项目广布，积蓄向海动能

依港布局项目，一方面，现可通过缩短运输路线和形成规模上的"大进大出"，最大限度地降低成本，而北部湾港的优势又利于货物的快速疏散；另一方面，利用得天独厚的广西区位条件使得临港工业产品、海洋装备制造等，可以通过北部湾经济区更加便捷地走向"一带一路"东盟沿线国家。随着"一带一路"建设的实施，通过加快发展临港工业、海洋装备制造业、远洋捕捞业等现代海洋产业，推动我国与东盟乃至"一带一路"沿线国家的合作，成为广西北部湾港蓝色引擎的重要路径，以及广西北部湾经济区打造向海经济的极佳选择。

近年来，作为我国西南地区最便捷的出海口，广西北部湾经济区已经从10年前基本没有重大项目落户的"产业荒漠"成长为该地区重要的产

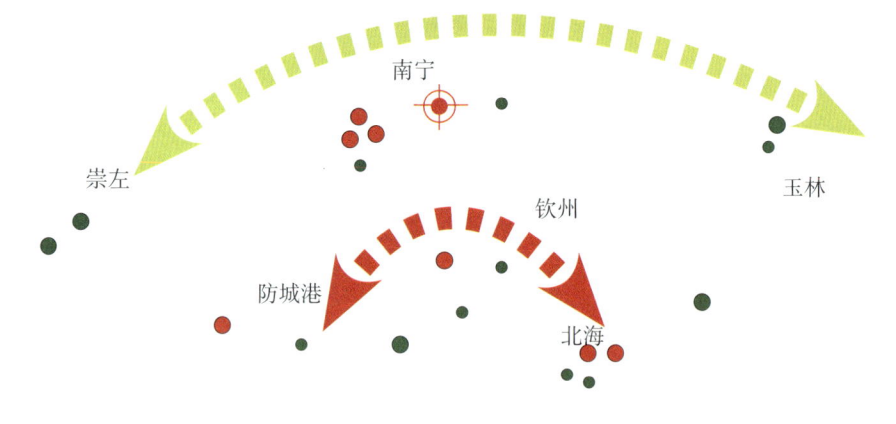

浪声回荡
北部湾
Langsheng Huidang
Beibuwan
● 我的海洋历程

广西北部湾经济区示意图（图片来自《广西北部湾经济区发展规划》）

业基地，逐步形成以石化、电子信息、冶金新材料、粮油食品、造纸、海洋等为主导的现代特色产业体系。从2006年广西北部湾经济区成立至2016年的10年间，广西北部湾经济区投资规模日益扩大，超过10亿元的重大产业项目达40多个，总投资达到4000多亿元，平均每年投资400多亿元，是历年投资规模最大的10年。不经意间，一个又一个产业项目之最在这里产生，向海经济正在广西西部沿海逐渐发展壮大。这一变化，源于广西北部湾经济区发展临港产业、推动海洋经济向质量效益型转变的现实需要，也源于"一带一路"建设给北部湾经济区带来的发展新速度。2018—2020年，广西北部湾经济区主要经济指标连续3年增速位于全区前列，其中，2018年，广西北部湾经济区实现地区生产总值9860.94亿元，约占全区的48%；2019年，实现地区生产总值10305.12亿元，约占全区的48.52%；2020年，实现地区生产总值10694亿元，约占全区的48.27%。依港项目广布，积蓄向海经济动能。北海引进了斯道拉恩索北海林浆纸一体化项目、中石化炼化项目等大项目，建立起了电子信息、石油化工、临港新材料三大千亿元产业；钦州引进建设了中石油、金桂林浆纸一体化、国投钦州发电、中船大型修造船基地等大型临港产业项目，形成石化、装备制造和能源等百亿元产业的大工业框架；防城港引进了中广核电项目和柳钢千亿吨规模的钢铁项目等。这些项目分别以北海铁山港、钦州港、防城港为中心，依托港口有利条件而广布。不仅如此，为了进一步提升广西北部湾经济区打造向海经济的力度与厚度，"十三五"期间，北海、钦州、防城港按照各自的区位优势和现有基础，发展电子信息、冶金精深加工、绿色石化、粮油和食品加工、装备制造、能源、生物医药和健康、轻工业等八大千亿级临港（临海）优势产业集群。通过这些产业的集群效应积蓄向海动能，促进沿海各市产业差异化发展，进而带动区域产业整体提高，将广西北部湾经济区打造成国际产能合作枢纽港，为向海经济加足马力。

当前，在诸多有利条件下，我们更有理由相信，广西北部湾经济区打造向海经济的路径将更加清晰、宽广。临港产业不断优化与升级，将会更加积蓄向海新动能。

（3）港口内外开放，畅通向海之路

广西最大的优势在区位，最大的潜力在开放。习近平总书记2017年视察广西时，曾有两句经典概括："一湾相挽十一国，良性互动东中西。"一句对外、一句对内，分别与国际循环、国内循环相呼应，彰显了广西在构建新发展格局中的独特优势和发展机遇。对内，即指以西部陆海新通道建设为牵引，全力加快主通道路网建设，全力打造北部湾国际门户港，全面提升港航服务水平，全力做大港口吞吐量，打造高水平开放的"硬核引擎"；对外，即指借助"一带一路"建设的东风，积极拓展国际合作，加强与"一带一路"海上沿线国家和地区，特别是东盟港口城市的互联互通，发展对外经济贸易。海上互联互通不仅包括交通基础设施的互联互通，还包括相互开放市场的政策、机制及产业对接、人文交流等，是双方开展全方位重要合作的保障。从近年来广西北部湾经济区的发展路径来看，北部湾港口内外开放，是畅通经济区与东盟国家海上互联互通最便捷的一环。

主动融入"一带一路"建设

大型货轮靠泊北部湾港

浪声回荡北部湾
Langsheng Huidang Beibuwan

我的海洋历程

窗口，加快"走出去"的步伐。自2013年中国-东盟港口城市合作网络建立以来，北部湾港与东盟国家港口城市在相互通航、港口建设、港航信息、国际贸易等方面开展深度交流与合作。一批"姊妹港""友好港"应运而生。钦州港至马来西亚、越南、缅甸、新加坡、印度尼西亚、泰国等东盟国家港口的集装箱航线开通；北部湾港在马来西亚关丹港、文莱摩拉港成功进行合作投资，与东南亚、东北亚地区主要港口建立了运输往来，开通内外贸航线40多条，与世界上100多个国家和地区、200多个港口开展贸易运输合作。为了更好地服务"一带一路"建设，目前，广西正在积极参与和推动中新南向通道建设，形成联通我国西北，经广西沿海沿边运达新加坡，进而辐射南亚、中东、澳大利亚的铁水联运大动脉。以北部湾港为基点，加快推进与东盟港口的海上互联互通，全力构建中国-东盟港口城市合作网络，直接服务我国和东盟的港航运输。与此对应，北部湾港外贸航线对东南亚实现全覆盖，广西面向东盟的海上大通道初步形成，中国-东盟信息港建设驶入快车道。不仅如此，北部湾港还积极推动并参与"渝桂新"南向通道建设，使其形成一条连接东南亚、经广西至重庆到欧洲的亚欧海陆相连新通道，拓展向海经济之路。更值得重视的是，2019年8月，发布《国家发展改革委关于印发〈西部陆海新通道总体规划〉的通知》（发改基础〔2019〕1333号），明确指出西部陆海新通道的战略定位、空间布局、发展目标。《西部陆海新通道总体规划》将广西北部湾港列入连接"一带一路"陆海联动通道的国际门户海港建设。

如今，北部湾港内外开放，畅通向海之路。以国际门户港为依托发展起来的港口及其临港经济带，像一条腾飞的巨龙，昂首奔向海洋。北部湾港正承载着发展的使命和责任，沿着海上丝绸之路，敞开胸怀迎接世界。

天高云淡，极目海天阔。站在北部湾港，数年前还是一片沉寂的

◎ 北部湾港

海边滩涂，现已成为我国西南地区最具发展潜力的现代化国际门户大港。

4. 临海产业，助推经济腾飞

产业是发展的基础，是经济的命脉，也是一个地方综合实力的重要体现。

进入21世纪，广西根据中央给予的科学定位，制定了加快建设西南出海大通道一系列政策，把优先发展海洋经济纳入全区沿海各级政府计划中，紧紧抓住海洋经济成为推动经济社会发展的重要途径，优先启动传统海洋渔业、海洋交通运输业、临海（临港）产业、滨海旅游服务业、海洋生物医药业等重要领域，向海经济发展方兴未艾。2020年广西向海经济生产总值达3910亿元，比上年增长5.9%。海洋产业成为广西沿海经济发展的重要组成部分。

（1）海洋渔业，保持发展态势

海洋渔业是指传统海洋捕捞业和海水增养业。海洋渔业是广西海洋的支柱产业之一，有着传统的发展历程。进入21世纪，海洋渔业获较快发展。据统计，2000年广西海洋渔业总产量159.46万吨，2005年海洋渔业总产量173.96万吨，2010年海洋渔业总产量154.45万吨，2015年海洋渔业总产量187.32万吨，2020年海洋渔业总产量增加到210万吨。海洋渔业保持稳定的发展态势，海洋渔业生产总值约占海洋生产总值的12.3%，成为广西

防城港市企沙中心渔港

海洋支柱产业之一。海洋渔业发展速度最快的是海水养殖业，2010年广西海水养殖产量为87.67万吨，2015年广西海水养殖产量为109万吨，2020年广西海水养殖产量为150.66万吨，位列全国第5。2020年海水养殖产值为219.33亿元，占海洋渔业总产值的72.39%。

海洋渔业保持发展态势，主要取决于北部湾丰富的海洋资源。调查显示，北部湾有鱼类、虾类、头足类、蟹类等多种海洋生物，以及浮游动物、植物等。举世闻名的合浦珍珠也产于这一海域。尽管近海底层鱼类资源已处于过度捕捞状态，但中上层鱼类资源还有一定的捕捞潜力。据估算，北部湾中上层资源量达80多万吨，按蕴藏量的50%计算，潜在渔获量为40多万吨。海洋捕捞潜力更大发展空间是海南岛以东大陆架和南海，潜在渔业资源量达560多万吨。此外，广西浅海滩涂资源丰富，宜养海域广阔，沿岸滩涂浅海面积7500平方千米，其中，滩涂面积1005平方千米，浅海面积（0～20米水深）6488平方千米。而目前滩涂面积利用率只有40.0%，10米等深线以内的浅海面积利用率为16.9%，20米等深线以内的浅海面积利用率仅8.1%，养殖发展空间较大。

俗话说，"靠海吃海"，对于广袤深邃的海洋，人类最初的认识的确来自舌尖。在今天，海洋渔业对人类社会的支撑更为突出。然而，作为渔业活动最频繁的区域，近海渔业资源的匮乏是最显著的问题，广西唯有将目光投向更远的海洋。广西海洋渔业要保持发展态势，向北部湾口和南海进发已成为必然。

（2）海洋交通运输业，引领产业发展

海洋交通运输业，是指以船舶为主要工具从事海洋运输以及为海洋运输提供服务的活动。

广西北部湾港经过10多年的整合发展，港口建设取得显著成效，已成为我国西南地区对外交流的重要口岸，对促进广西和其他腹地的经济发展发挥了重要作用。"十三五"期间，北部湾港加大基础设施建设力度，相继建成了30万吨级油码头、20万吨级散货码头、10万吨级集装箱码头，新

初具规模的北部湾国际门户港

增吞吐能力8000多万吨。新增30万吨级航道8.5千米、10万吨级航道10.6千米、0.5～5万吨级航道12.6千米。2009年12月，由防城港、钦州港、北海港整合后的广西北部湾港成为亿吨大港，港区实现进港铁路全覆盖。2019年6月，钦州铁路集装箱中心站建成运营，打通了海铁联运"最后一千米"，提升了港口的服务能力。2021年4月，北部湾港实现动车联网运行，加快北钦防"1小时"通勤圈构建。同时，与之相配套的内通外联水平显著提升，建成我国第一条连接东盟（南宁至友谊关）的高速公路；开通我国第二条（南宁至越南河内）国际旅客列车，基本实现了服务西南地区出海出边的国际大通道公交化运行。在加快构建功能配套、智能高效、安全便捷的现代基础设施体系的同时，港口货物吞吐量逐年递增，2018年1.83亿吨，同比增长13.15%；2019年2.56亿吨，同比增长14.70%；2020年2.68亿吨，同比增长14.84%。一个现代化的国际门户大港初具规模。

活力四射、通达四海的港口快速崛起成为引领产业发展的新动力。

（3）临港产业，集群加速崛起

扩大沿海开放，打造广西北部湾经济区开放发展升级版，是推动广西新一轮开放合作，实施开放带动战略的重要抓手。近年来，广西以北部湾港为依托，构建现代化港口群、临港产业经济带、国际产能合作示范区等多位一体的发展格局，北部湾日益崛起成为推动向海经济的蓝色引擎。

以天然良港为依托建立起临港产业经济带，是广西开发向海经济的有效形式。广西北部湾经济区濒临12.93万平方千米的北部湾海域，自然条件优越。"十三五"期间，广西北部湾经济区根据临海（临港）自然优势，先后布局建成了中石油广西石化炼化一体化转型升级项目、中石化北海炼化一体化转型升级项目、防城港红沙核电等一大批重大临港产业项目，惠科电子北海产业新城、钦州华谊新材料等一批新项目有序推进。广西北部湾经济区产业从小到大，初步形成电子信息、绿色化工、金属新材料、装备制造、粮油和食品加工、林浆纸与木材加工、能源、生物医药和健康产业八大产业集群。产业集群加速崛起，依托临海（临港）自然优势条件发展的产业体系初步形成，产业经济带集聚向海动能。

在北海，以石化产业园区、新材料产业园区为标杆，以清洁能源、功能性合成材料和特种化学品为特色的石化项目，建成投产成为千亿元石化

▶ 发展中的临港产业

产业基地；以新材料生产项目为核心的惠科电子北海产业新城项目建设快马加鞭，项目投资约540亿元，全部建成后产值达2000亿元，配套企业200多家。以产业园区为依托引进高附加值、低能耗、市场需求强劲的一批新产品入园后，将成为北海又一璀璨的亮点。

在钦州，以石化产业园为标杆，华谊钦州化工新材料一体化项目建设热火朝天，项目总投资700亿元，将建成全国循环经济的化工示范基地。以港口腹地为依托布局的石化、林浆纸、燃煤电、磷化工等临港工业项目建成并投产后，钦州港临港工业的总产值将达1000亿元，钦州港大型临港工业初显规模。

在防城港，以核电、钢铁基地为标杆，依托核电布局装备工业、机械制造、加工制造、商贸物流等产业集群，产业结构不断优化；依托钢铁基地布局以机械制造、矿山设备、特种制造业为主的特色产业园区，是自治区A类产业园区之一。

2019年9月签约，总投资达300亿元的河北津西钢铁集团绿色高效智能化型钢生产基地项目落户防城港，项目建成后年钢产量可达千万吨。

随着我国全方位开放新格局的形成，北部湾将充分把握西部陆海新通道、粤港澳大湾区等战略发展机遇，加快构建以港口为依托的临港产业集群，挺起向海经济"脊梁"。

（4）滨海旅游业，扬起腾飞翅膀

在广西沿海，以南亚热带海洋系列景观和滨海沙滩自然资源为代表，以京岛文化、边境文化、厚重民族风情为特色，滨海文旅资源天然而交错。

北海有"天下第一滩"北海银滩、涠洲岛、斜阳岛和合浦星岛湖；钦州有"南国蓬莱"七十二泾、三娘湾、麻蓝岛；防城港有江山半岛的白浪滩、京族三岛的金滩、东兴与越南芒街的边贸互市，以及与越南相邻的京族三岛等民族特色旅游资源，形成"上山下海又出国"的旅游格局。此外，沿岸连绵分布的"海上森林"红树林湿地及其多样性生物，成为独特的生态旅游资源，如山口红树林生态国家级自然保护区、北仑河口国家级自然保护区等。还有边境要塞与地标（如白龙炮台、大清钦州界碑）、文物古迹（如文昌塔、东坡亭）、史前遗迹（如防城交东贝丘遗址、马栏基贝丘遗址）以及民族风情（京族、疍家、客家）等人文资源，也是广西沿海地区的特色文旅资源。

2021年1月18日自治区文化和旅游厅在全区文化和旅游工作会议上报告，2020年广西接待国内外游客66092万人次，全年旅游总收入为7267.5亿元，同比恢复71%。其中，北海、钦州、防城港沿海三市共接待游客14763.13万人次，占全区接待游客的22.34%，实现旅游收入1150.41亿元，占全区旅游收入的15.83%。从旅游收入看，2020年沿海三市旅游收入最多为北海市，全年实现旅游收入514亿元，接待游客4120万人次；其次是钦州市，实现旅游收入390.99亿元，接待游客7875.74万人次；防城港市相对较少，2020年全市实现旅游收入245.42亿元，接待游客2767.39万人次。2020年，在疫情反复、沿海沿边地区防控措施加强的情况下，广西沿海地区旅游业仍维持相对稳定的态势，基本恢复至2019年70%的水平。

旅游是当今世界市场化程度极高的经济形式之一，不管是发达国家还是发展中国家，都在大力发展旅游业。广西有着丰富的文旅资源，沿海与东盟各国陆路、水路相通。构建面向东盟各国甚至周边地区的旅游圈，将丰富的文旅资源融入旅游圈当中，通过强化旅游硬件和资源优势吸引更多的游客，必定会加快广西滨海文旅产业发展，扬起向海经济腾飞的翅膀。

（5）海洋生物医药业，充满开发潜力

海洋生物医药业，是以海洋生物为原料或提取有效成分，进行海洋药品与海洋保健品的生产加工及制造。

北部湾海洋药用生物资源丰富，贝类、藻类及其他生物种类繁多。中国鲎、海马、海蛇、珍珠等重要的珍稀药用生物产自这一海域。

广西海洋生物医药业发展缓慢，与其拥有的药用生物资源很不相称。广西现有海洋生物药品、保健品及化妆品企业40余家，其中中外合资企业3家、内资企业29家，从业人员约4000人，海洋生物医药产值仅占海洋生

产总值的1%。广西海洋生物医药产业发展缓慢，存在的主要问题是：政府财政及科研资金对生物医药业投入不足，自主创新能力薄弱，缺乏有效的公共研发平台，研究专业人才不足。为此，加快发展海洋生物医药业，必须：

加强海洋药用生物资源库建设，加快海洋生物医药产业链聚集。随着海洋生物医药业的发展，对于海洋药用生物的需求量必将不断增大，其上游原料产业靠传统的方式，越来越无法满足日益扩张的市场需要。开展海洋药用生物资源调查，对于扩大海洋药源、开发新型海洋药品具有先导作用。因此，要挖掘相关海洋药源资料，对现有北部湾海洋药用生物资源进行有计划、有目的的调查，建立本海域完善的海洋药用生物资源信息系统，为海洋生物基础性研究、提高我国海洋生物医药研发整体水平，打下坚实的基础。另外，广西海洋养殖业经过多年发展，已形成产业规模，成为北海、钦州及防城港的重要传统产业。推进由普通海水生物的养殖向海水药用生物养殖的转变，不仅能带来更为可观的经济效益，还能丰富海洋药用生物资源库，推动海洋生物医药产品产业链的形成，加快海洋生物医药产业聚集区建设的进程。

优先发展海洋生物医药业，鼓励海洋生物仿制品生产。依靠国内巨大的市场需求，带动科研发展，鼓励中小企业创新。促进产业结构调整，缩小与国外的差距，利用获利资金反哺新型药物的研制，从而推动海洋生物医药业的全面升级。通过重点规划，支持一批有实力的科研单位率先进行技术升级。学习和借鉴国内经验，如：中国人民解放军第二军医大学肿瘤研究所通过对国外专利药物"仿制改进创新"的模式，用10年时间拉平了与发达国家30年的差距，完成了一系列治疗肿瘤和免疫性疾病的抗体

专业人员在药物实验室

类药物研制和生产，拥有17项抗肿瘤发明专利。广西可以借鉴其思路，通过"仿制改进创新"三步走模式，打造具有自主知识产权和核心竞争力的海洋生物医药龙头示范企业，引领广西海洋医药业的抢先发展与升级改造。

加强海洋药用生物资源的保护，建立以市场为导向的流通产业链。加强海洋中药资源的保护、研发和合理利用，建设现代海洋制药工业产业集群和海洋药物商业体系产业链，包括海洋中药材加工产业、传统海洋中药加工产业、现代海洋制药高技术产业，以及建设北部湾海洋药物市场流通产业链。利用广西桂北山区、云南、贵州等西南地区天然药材极为丰富的优势，结合沿海的资源、市场条件，在北海市规划建设"北部湾现代中药海洋药产业文化科技园"，通过山海联合，取长补短，提升药界企业、科研机构与品牌的知名度和吸引力。同时，将传统的中药理论应用于现代海洋生物医药业，加强海洋生物医药企业和传统中药制药企业的合作研究，打造广西发展海洋新型药物的核心优势。

5. 开放之海，赋能广西前行

开放，无论是过去、现在还是将来，都是广西最突出的比较优势。过去取得的成就得益于开放，当前和今后的发展仍然要依靠开放。北部湾则是广西对外开放的重要窗口。依海则兴，背海而衰。广西要实现腾飞，必须走向北部湾、经略北部湾，通过北部湾对外开放拓展向海经济的发展空间，再造以海强区机遇。

（1）开放赋能以海强区机遇

广西的经济短板在北部湾，北部湾不强，广西就无法实现真正的崛起！

然而，一个地方的发展，如果没有国家的明确定位和政策支持，哪怕资源再好、条件再优越，也不能得到发展。1984年2月，我国确定进一步对外开放14个沿海城市，之后才有了青岛这些享誉中外的口岸，我国沿海经济才有了里程碑式的变化。广西北海（含防城港区）成为我国14个进一步对外开放的沿海城市之一；1992年5月，中央提出，"要充分发挥广西作为西南地区出海通道的作用"；进入21世纪，2008年1月，国家正式批准实施《广西北部湾经济区发展规划》；2017年4月，国家又为广西的发展提出了"三个定位"的战略新要求，广西向海经济启动了新一轮发展高潮。被遗忘了半个多世纪的北部湾这一片海，正是有了如上这些发展的方向标、速度的推进器，才有了今天的局面。与国家发展同步，驶入时代的快车道。

广西发展的后劲在开放，发展的空间也在开放。广西要紧紧围绕"三大定位"新使命，加快构建"南向、北联、东融、西合"全方位开放发展新格局，全力打造中国-东盟博览会升级版，务实推进国际陆海贸易新通道合作，积极对接粤港澳大湾区发展，深度融入"一带一路"建设，更大范围、更广领域、更深层次融入全国、走向东盟、拥抱世界。

北部湾天蓝海碧，沙白树绿，美丽的环境让人沉醉。而坐听涛声，看潮涌帆扬，这里所焕发出的经济活力更令人惊喜和振奋！广西北部湾经济区正从蓝图走向现实，一个生机勃勃的新的经济增长板块正崛起于祖国大西南！

紧握历史机遇，构筑战略支点。继2008年广西北部湾经济区开放开发上升为国家战略之后，时隔5年，广西又一次站到了加快发展的关键路口。2013年7月，时任国务院总理李克强在广西考察时指出："把北部湾

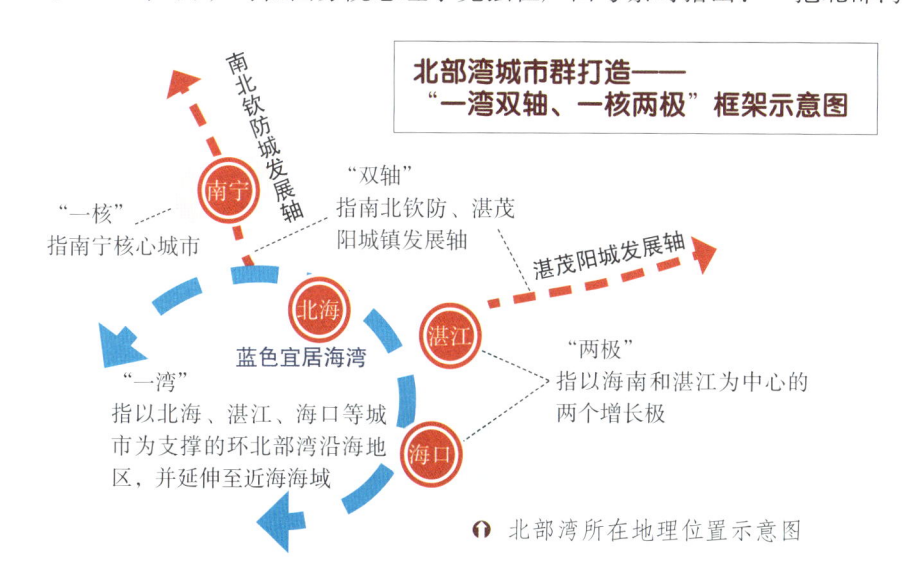

北部湾城市群打造——"一湾双轴、一核两极"框架示意图

"一核"指南宁核心城市
"双轴"指南北钦防、湛茂阳城镇发展轴
"一湾"指以北海、湛江、海口等城市为支撑的环北部湾沿海地区，并延伸至近海海域
"两极"指以海南和湛江为中心的两个增长极
蓝色宜居海湾

北部湾所在地理位置示意图

浪声回荡北部湾
Langsheng Huidang Beibuwan

● 我的海洋历程

经济区建设好、发展好,不只对西南地区,而且对中南地区,甚至对全国都具有战略意义,广西要成为西南、中南地区开放发展的新的战略支点。"中央赋予广西新的重要使命,是在新的历史时期审时度势从国家战略高度对广西发展提出的新的战略定位,意味着广西在国家开放发展整体战略格局中的地位、作用进一步得到提升。

实践证明,一次新的战略格局变化,往往就是一次新的重大历史机遇;把握好每一次难得的历史机遇,往往会推动一个地区迈上新的发展台阶。2008年国家批准实施《广西北部湾经济区发展规划》,由此改写了广西在国家整体战略布局中的地位和作用,也因此带来了广西北部湾经济区发展的日新月异。2020年,广西北部湾经济区实现地区生产总值10694亿元、财政收入1471亿元、进出口总额4055亿元、实际利用外资10.36亿美元,占全区比重分别是48.27%、52.52%、83.41%、78.64%。在广西经济社会发展中发挥着龙头带动作用,成为我国经济增长最快、最活跃的地区之一。从广西自身发展实践来看如此,从兄弟省区市发展经验来看同样如此。今天,广西又一次迎来促发展上台阶的重要历史机遇。这既体现出党中央、国务院对广西的关心、关怀,同时也是对广西经济社会发展所取得成绩的肯定,以及对广西所具备发展优势的科学审视。放在全国来看,广西的发展并不靠前,当前仍属于后发展欠发达地区,但广西有国内其他很多省区市无可比拟的区位和港口资源优势,有实现赶超跨越的巨大空间和潜力。关键在于,如何最大限度撬动起这些资源优势,进而服务于广西打造战略支点这一宏伟目标?首先必须在发展战略上有清醒的认识。广西最突出的优势在区位,最根本的出路在开放,最大的潜力在海洋,应在扩大开放合作中寻找发展出路,充分发挥广西作为我国对东盟开放合作前沿的优势,全力打好"东盟牌",特别是利用第十届中国-东盟博览会上,我国与东盟达成的打造中国-东盟自由贸易区升级版、开展海上合作、加强交通互联互通的广泛共识,进一步深化以东盟为重点的国际开放合作。同时,充分发挥西江黄金水道的优势,全力打好"粤港澳牌",抢抓新一轮产业转移的重大机遇,积极融入国内多区域合作,在扩大开放合作中激活广西经济社会发展一盘棋。

"给我一个支点，我就能撬动整个地球。"这一物理学的形象说法，同样适用于经济社会发展。从国家层面看，打造战略支点是我国推动国内区域协调发展的一着妙棋。广西的这个支点在哪里？

广西北部湾经济区，是广西打造战略支点的核心区域，必须充分发挥沿海优势，实施大开放、促进大合作、引进大项目、发展大产业，进一步突出广西北部湾经济区的战略引擎作用。但纵观我国经济发达省份，无不有两个中心城市"双核"驱动发展，粤有广州、深圳，闽有福州、厦门，浙有杭州、宁波，苏有南京、苏州。"双核"驱动，动力才强劲，发展才更快，才会更协调。所以，从广西来看，我们既要重视北部湾开放开发，使之成为广西一个重要的增长点，也要充分利用珠江－西江经济带即将迎来新机遇的良好契机，充分发挥西江经济带与珠三角地区地缘相近、人文相通、产业链相连的优势，以及该区域已成为直接进入发达市场的大平台，把西江经济带加快发展起来，以形成驱动广西发展的"双核"之势。

打造新的战略支点，既是广西发展面临的历史机遇，也是广西服务国家战略的重要使命。用好机遇，勇担使命，这关系到我国完善区域开放合作格局、促进区域经济协调发展。广西广大领导干部必须在思想认识上更加深化，在发展思路上更加科学，在改革创新上更具胆识，在工作实践中更加务实，团结带领全区5695万名各族人民向着打造新战略支点的宏伟目标阔步前行！

党的十九大报告提出"坚持陆海统筹，加快建设海洋强国"的战略部署，对海洋经济建设提出了更高和更为迫切的要求。自治区党委、政府为更好地贯彻党的十九大精神，结合广西向海经济发展的实践探索，以海纳百川的胸襟、搏击风浪的勇气，持续加力，久久为功，奋力打造向海经济，加快建设海洋强区。广西未来可盼，未来可期。

（2）以海强区之路的实践探索

进入21世纪，广西以国家提出的"三个定位"战略作为新的发展要求，全面启动新一轮向海经济开放开发高潮。认识到：

第一，发展向海产业有利于广西应对沿海区域竞争。广西北部湾沿岸及海域作为我国南部海洋经济圈的重要组成部分，发展速度慢，开发层次浅，经济总量小。正因为如此，后发优势也更加明显。广西要抓住践行"三个定位"的历史新机遇，切实提高广西在未来向海产业中的话语权。

第二，发展向海产业有利于广西实现高质量发展的目标。从全国来看，广西经济总体发展水平属于第三梯队，大力推动广西向海产业发展有利于释放沿海开放、西部大开发等政策的最大公约数，形成中国-东盟自由贸易区升级版及广西北部湾经济区和珠江-西江经济带建设等政策的新动能，为广西高质量发展目标的实现拓展广阔新空间。

第三，发展向海产业有利于推动广西临海产业结构升级。重点推动国家级海洋牧场示范区的稳步建设，提升"南珠"品牌知名度，发展远洋渔业生态养殖和渔港经济区，提升海水产品精深加工和冷链仓储能力，建设国家级水产品加工贸易集散中心，深化与21世纪海上丝绸之路沿线国家海洋交流合作，将广西北部湾地区建成面向东盟的区域性渔业产业基地。

广西在建设海洋经济的发展过程中已经形成独有的模式。但按照"海陆联动、资源整合"以及"优势互补、错位发展"的要求，特别是如何拓展蓝色经济空间、全盘整合重组社会经济布局、构建沿海与腹地对接发展的全新格局方面，广西还有待进一步实践探索。为此，我们认为：

——沿海港口与腹地资源的整合

近年来，国内各地经济发展的趋势大抵是"沿海/内陆差距缩小，南北差距拉大"。广西既是南方又是沿海，港口经济发展成为新的增长引擎。

2009年，广西防城港、钦州、北海三港整合为"广西北部湾港"。2010年货物吞吐量达到1.19亿吨，居全国第21位。10年后的2020年增至2.96亿吨，超过深圳（2.65亿吨）和湛江（2.34亿吨），攀升到第16位，并首次跻身全球港口20强之列。在这10年间，广西的海港货物吞吐量大增148%，在全国的份额也从2.1%扩大到3.1%。然而值得注意的是，其内河港口货物吞吐量的增速甚至更快，2020年广西内河港口货物吞吐量高达

1.73亿吨，其中贵港就占了1.06亿吨，只比钦州港（1.36亿吨）和防城港（1.22亿吨）略低。2020年，除广西外，全国各省区市沿海港口货物吞吐量总体只增长3.2%，没有一个省份增长超过5%，但广西则大增15.6%，其内河港口增速也是全国第一，高达40.5%，远超过海港。

从这些数据就能直观地感受到，广西尽管是沿海自治区，但它内陆地区的经济活力更为强劲。由于绝大部分城市位于珠江流域，所以从内河货物周转就能看出它依靠内河的系统不仅有深厚的基础，而且至今运作有效。这种情况从全国来看都显得非常特殊。可见广西经济重心其实至今仍然没有转向海洋，至少可以说，向海经济还没有很好地向内陆渗透和辐射。所以，仅仅"沿海港口"并不必然带来全广西的经济繁荣，因为这其实并非地理位置的问题。2020年，广西北海、钦州、防城港沿海三市经济总量（GDP）为3300亿元，只占全区（2.22万亿元）的15%，所占份额仍然很少。由此可见，就沿海港口本身而言，无论其航线、贸易如何发展，它所能带动的也只是北部湾沿岸各港口，还不足以带动广西内陆。

有文章指出：广西与我国江苏省有相类似的地方，内河运输都占据相当份额。不同之处，江苏内河港口沿长江直通大海，尽管如此，2010—2020年，江苏也在积极"走向海洋"，其海运吞吐量增长了134%，而内河仅有82%。广西内河港口全属珠江流域，珠江由西向东流，这种地理差异带来的影响不可小觑。问题的关键在于：广西未能充分发挥其享有的极其优越的地理位置和腹地各种资源的潜力，未能以沿海港口与腹地形成统一调配的经济体系，内部缺乏有机整合。所以，广西应通过市场机制对当地社会经济予以全盘的整合重组，以外向经济为主导，建构起"港口—腹地"的全新格局。广西作为"大西南最便捷出海通道"，又被定位为中国与东盟合作示范区，无论是政策、资源还是规格都不缺，应充分利用其特有优势，在人员、资金、货物等方面充分进行高效调配，加快沿海港口与腹地的同步发展。

——海洋产业融入北部湾都市的发展

海洋产业是指开发、利用和保护海洋所进行的生产和服务活动，包括海洋渔业、海洋油气业、海洋矿业、海洋盐业、海洋化工业、海洋生物医药业、海洋电力业、海水利用业、海洋船舶工业、海洋工程建筑业、海洋交通运输业、滨海旅游业等。当前,广西发展海洋产业也面临着一些问题和挑战:一是沿海三市之间产业布局存在雷同及相互竞争现象;二是以海洋渔业为主的资源型传统产业比重较大;三是新兴产业发展能力较弱,如海洋生物医药产值只占主要海洋产业产值的0.13%;四是沿海地区金融保险、电子商务、中介服务等生产性服务业,以及生活性服务业配套不完善。海洋产业发展与全区的资源、环境、人口、区位和总体经济地位极不相称。应充分利用资源优势、政策优势、生态优势,加快发展广西海洋产业,符合产业发展规律,符合国家政策导向,符合广西经济社会发展实际。

广西处在我国城市发展轴的南梢,推进海洋产业发展,践行"三个定位",打造广西北部湾经济区、珠江-西江经济带两大核心增长极,为促进广西与北部湾都市融合创造了新的历史契机。

一是强力推进南宁-北部湾轴心经济带建设,形成一个完整的内部市场体系,即实施强首府、北钦防一体化等战略。按照广西北部湾经济区的发展定位及各自产业的发展重点,加强产业集群效应。以南宁为依托,以北海、钦州、防城港沿海为拓展空间,以海洋资源可持续利用为重点,形成陆海一体发展新格局。通过建设以北部湾港为枢纽的西南中南运输网络,推动平陆运河的建设,实现真正的江海联动,形成完善的河海陆集疏运体系。延伸海洋经济上下游产业链,以南宁、柳州、梧州、玉林为节点,拓宽海洋经济腹地,加速广西海洋产业融入北部湾都市的发展。

二是明确北海、防城港和钦州沿海三市的功能定位,强化错位发展,形成优势互补、各具特色的协同发展格局。北海着重发展新一代电子信息、精细化工、新材料等临海先进制造业,积极发展海洋生物医药产业、南珠特色产业,建设高水平滨海旅游度假区和中国-东盟水产品生产加工贸易集散中心、高新技术与海洋经济合作示范区;钦州着重发展石化、海洋工程、林浆纸、先进装备制造等现代临港产业,积极发展海洋生物医药和港航服务业;防城港着重发展钢铁、有色金属新材料、核电等龙头临港工业，突出发展沿边贸易和生态旅游，推进北部湾现代物流中心建设。

海洋是人类发展的宝贵空间，蕴藏着可持续发展的宝贵财富，是高质量发展的战略要地。纵观世界经济发展的历史，一个明显轨迹，就是由内陆走向海洋，由海洋走向世界，走向强盛。广西应抓住沿海开放所带来的机遇，强力推进海洋产业与北部湾都市轴心经济带的建设，通过发挥自身优势，实现向海经济引领发展。

——临港工业与产业集聚高地效应

临港工业，是指以港口及临近区域为中心，港口城市为载体，综合运输体系为动脉，港口相关产业为支撑，海陆腹地为依托，在港口区域内建立并利用港口和区域资源优势而发展起来的工业。根据《广西北部湾港总体规划》和各港口区域比较优势，目前广西北部湾港形成"一港、三域、八区、多港点"的港口布局体系。"一港"指广西北部湾港；"三域"指北海港、防城港及钦州港；"八区"即广西北部湾港八个重点发展的枢纽港区（渔万港区、企沙西港区、龙门港区、金谷港区、大榄坪港区、石步岭港区、铁山港西港区、铁山港东港区）；"多港点"即广西沿海的万吨级以下小港。所以，依托港口有利条件合理布局油气、石化、热电等相关的工业化项目，形成临港产业集聚高地效应。

首先，大力发展临港油气及石化工业。配合国家做好北部湾油气资源勘探开发，发展相关配套产业，形成石化产业集聚发展。推进沿海液化天然气（LNG）项目建设，加快原油、成品油支干线管道和天然气输配管网建设。坚持原油炼化、天然气开发与石化工业上下游产业的联动发展，推进沿岸大型油港和储油战略基地建设。以中石化铁山港及中石油钦州港炼化一体化项目、广西（北海）LNG项目后续工程、中海油广西（防城港）LNG储运库项目为重点，形成油气勘探开发、炼油、石油化工和精细化工的链式发展，提升石化产业集群对北海和钦州相关工业的辐射和牵引能力。

其次，加快临港热电产业和高端制造产业集聚发展。依托临港区位优势与产业化建设基础，培育一批高新技术涉海企业和品牌，建设具有较强自主创新能力和国际竞争力的产业集群。依托北海电厂二期、钦州电厂、防城港电厂、防城港红沙核电、神华国华广投北海能源基地等项目建设，推动热电产业的联动发展；加快发展临港先进制造业，将铁山港临海工业区升格为国家级开发区，完善铁山港（临海）工业区和龙港新城（玉林-北海香港产业园）基础设施，探索建立跨境经济合作区和进口资源加工区。逐步将广西北部湾经济区建设成我国承接东部产业转型示范基地、中西部面向东盟的重要高新技术产业基地。

工业是一个地方经济发展的重要载体，没有工业作为基础，这个地方的经济发展是不可能实现赶超的。如：北海市成为1984年国家公布的首批14个沿海开放城市之一，港口历史悠久，但时至今日，北海市的GDP实际增速还不足以带动全区产业转型。主要原因就是缺乏工业支撑。所以，布局与港口密切相关的工业项目作为支撑体系，形成产业集聚高地效应，才能助力向海经济的提速，辐射甚至带动腹地经济的发展。

——滨海新兴旅游业与特色发展

北部湾沿海拥有丰富的海洋资源、生态资源、人文资源，滨海旅游资源分布密集，地域组合集中，亚热带自然特色明显，为发展具有区域优势的滨海新兴旅游业提供了重要资源基础。

一是发展以城市红树林绿色走廊为特色的海洋生态游。"市中有林，林中有市"，是沿海三市最大的生态特点。北海，距离市区约10千米、与北海银滩相连的金海湾，红树林面积200多公顷，装点着绿色市区的另一头；钦州，距离市区6千米的茅尾海东岸，红树林面积2700多公顷，在河海相间的滩涂上守护着一方的生态环境；防城港，环绕市区中心的西湾，红树林岸线长约25千米，占市区岸线的2/3。防城港被称为"城在海中，海在城中，人在景中"。滨海城市阳光下的连片红树林，处处是白鹭翩跹、海风徐徐、翠烟翻叠的景象。

在我国，红树林主要分布在广东、广西、海南、福建、浙江等南方省（区），其中又以广西的红树林资源最为丰富——红树林面积居全国第二，约占我国红树林总面积的1/3，拥有4个红树林自然保护区。红树林是广西最具区域特色的海洋生态文明建设的一张名片。生长在滨海城市林区

◉ 防城港西湾海岸红树林

内密密匝匝的红树林，宛如一位仙女飘逸潇洒，在浅绿色的海水中沐浴，像是镶在城市岸边的一条红色丝带。打造以城市红树林绿色走廊为特色的海洋生态游前景可期。

二是发展以亚热带滨海沙滩海水浴为特色的海洋文化游。20世纪80年代以前，北海银滩尚在深闺无人识。20世纪80年代初，人们发现北海银滩东西绵延约24千米，海滩宽度30～3000米，浴场总面积达38平方千米，比大连、烟台、青岛、厦门等几个城市的海滨浴场面积的总和还要大，而且海水、沙质、气候等条件优越。然而，在广西沿海，滨海沙滩又何止是银滩一处？广西大陆海岸线1628千米，其中，粉砂质、沙质海岸占13.67%。沙质海岸几乎覆盖整个广西沿岸。西部防城港市：有京族三岛、江山半岛大坪坡、企沙半岛天堂坡及沙螺寮等4处岸段；中部钦州市：有犀牛脚大环外沙、三娘湾等2处岸段；东部北海市：有北海半岛北岸外沙—高德，南岸白虎头—北海银滩—电白寮—大墩海—大冠沙，铁山港竹林—白龙—

◉ 约24千米长的北海银滩（开发前）

第四章 变化，从这片海说起

243

**浪声回荡
北部湾**
Langsheng Huidang
Beibuwan

● 我的海洋历程

营盘—青山头—淡水口，合浦沙田南岸沙田—下肖村—耙朋村—中堂—乌泥等17处岸段。目前，开发的京岛金滩、江山半岛大平坡、钦州三娘湾、北海银滩等4处，只占沙滩岸段的26.09%。以湛蓝海水、细软沙滩、热带气候为优势，发展以亚热带滨海沙滩海水浴为特色的夏日风光游大有潜力。

三是发展集民族文化和边境文化于一体的特色京岛风情游。位于我国大陆海岸线西南端，与越南近在咫尺，鸡犬相闻，涉水可渡的地方有一个少数民族叫京族，也是我国唯一一个海洋民族。京族分布于广西东兴市江平镇管辖下的巫头、万尾、山心3个小岛，总人口约1.3万人。京族有独特的民族风情。如"哈节"是京族传统文化节日，有近500年发展演进历史，2006年被列入第一批国家级非物质文化遗产名录。具有京族传统文化元素的"哈歌""竹竿舞""独弦琴"一直延续至今，流传多年。还有京族人高脚罾捕捞传统劳作方式，也延续了500多年历史。所谓高脚罾捕捞，就是渔民踩在高跷上在海边捕捞。高脚罾捕捞凝聚了京族人民的智慧和勇敢。所以，集民族文化和边境文化于一体，打造以京岛民族风情为主题的跨国旅游应是广西滨海新兴旅游业的一大优势。

瀚海弄潮千帆舞，九万里风鹏正举。

蛰伏多年的北部湾，从未像现在这样风生水起、广受瞩目。迈向深蓝的广西，正豪情满怀书写着向海经济的新华章！

◎ 京岛民族风情　　　　　　　◎ 京族人特有的高脚罾捕捞

一个资源富集、天蓝水清、前景无限、充满希望的北部湾，正在掀起开发的浪潮而稳健前行！

北部湾人相信：未来广西的舞台，将更加广阔深蓝；千里海岸线上，"一天也不耽误"的声音将回响在今天和明天的每一个发展时刻！

第四章 变化，从这片海说起

浪声回荡北部湾

第五章

愿景，
向这片海谋划

依海，是广西持续发展的必然选择
向海，是广西经济领跑的必由之路

北部湾的气息

如果把北部湾，比作一颗珍珠，
我一定要做一个温雅勇敢的赏珠人；
如果把北部湾，比作一次浪潮，
我一定要做一个西部开发的弄潮人；
如果把北部湾，比作一个赛场，
我一定要做一个局内领跑的参赛人。
北部湾的建设，不管路途多远、不管风雨多大，
我一定要全身心投入，扬起开发者的时代风帆！
北部湾的发展，不管使命多重、任务多艰巨，
我一定要尽己所能，参与发展愿景的全谋划！

当今经济全球化始于海洋，各大经济体的发展重心仍向沿海区域不断转移。据统计，世界上70%的大城市，人口和工业资本聚集在临海100千米内的陆地，而且比例还在继续上升。目前，我国海洋生产总值只占国内生产总值的10.0%左右，美、日等发达国家却已超过50%，不少临海国家海洋经济占GDP的比重也达到了15%~20%。2017年金砖国家工商论坛达成共识，深化海洋经济合作是未来金砖国家经济发展获得新动力的关键，蓝色经济将成为全球经济增长的新引擎。

地球上的海洋是相互连通的，海洋包围、分割所有的陆地，而不是陆地分割、包围海洋。海洋是生命的摇篮、资源的宝库、交通的要道和气候的调节器。海洋问题，不但涉及国家的法定权利和实际的物质利益，更关系到国家的威望与民族的尊严。世界和我国的发展经验及教训都表明：向海则兴，背海则衰。

一、依海，是广西持续发展的必然选择

广西拥有北部湾这片海，这是大自然的赋予。但是长时间以来，广西人却小看了这片海。今天，随着国家提出的"三大定位"新使命的推进，西部陆海新通道规划的实施，我们才更进一步认识到这片海对广西经济发展的重要作用。依托海洋资源优势，谋划向海经济，发力向海产业，是广西经济可持续发展的必然选择。

**浪声回荡
北部湾**
Langsheng Huidang
Beibuwan

• 我的海洋历程

1. 千里海岸线，黄金般的资源

21世纪是海洋的世纪，谁拥有海洋，特别是弥足珍贵的海岸线，谁就拥有经济发展的主动权。

我国大陆海岸线北起辽宁的鸭绿江口，南至广西的北仑河口，全长18400千米，居世界第7位。大陆各省区市海岸线，从多到少依次为：广东4300多千米，福建3300多千米，山东3000多千米，浙江2200多千米，辽宁2100多千米，海南1800多千米，广西1600多千米，江苏1000多千米，河北约500千米，上海约200千米，天津100多千米。若把岛屿岸线计算在内，我国的海岸线总长度则为32000多千米。

北部湾海域面积为12.93万平方千米，相当于渤海面积的1.67倍，约为广西陆地面积的55%。广西大陆海岸线1628千米，占全国的近9%，约占北部湾海岸线总长度4166千米的39.08%。海岸线分属北海、钦州、防城港沿海三市，其中，北海529千米，钦州562千米，防城港537千米。

1628千米的海岸线，是广西人黄金般的宝贵资源。

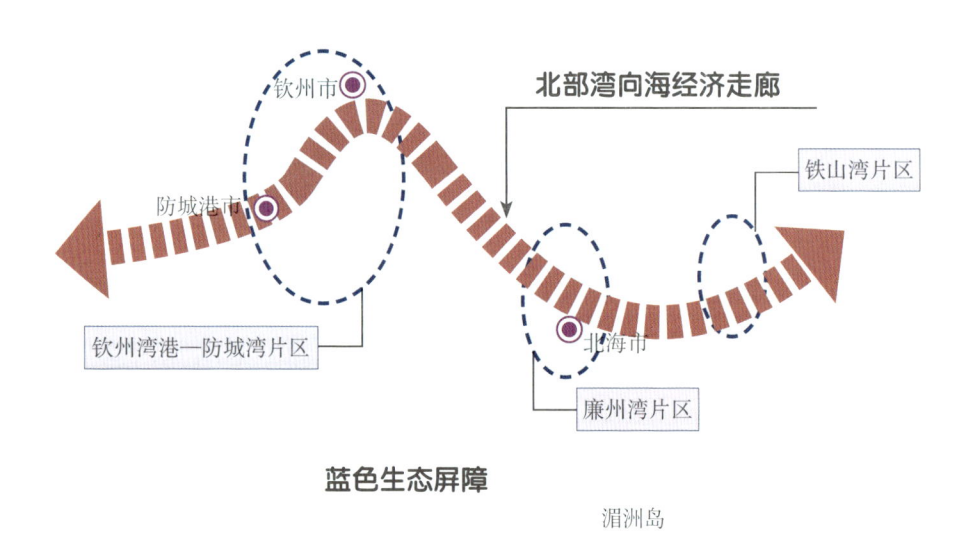

蓝色生态屏障

湄洲岛

🎧 北部湾向海经济走廊示意图

250

在这里，有浅海滩涂面积7500平方千米，其中，滩涂面积1005平方千米，20米水深以内浅海面积6488平方千米。浅海生物资源种类较多，有贝类、藻类和其他生物1000多种。合浦、北海、钦州、防城港沿海每平方米平均生物量为182.87克，其中：合浦324.17克，北海189.5克，防城港144.7克，钦州73.1克。特色生物资源，如近江牡蛎、合浦南珠、儒艮、海马、海蛇、白海豚、文昌鱼等，不但具有较大的竞争优势，而且属于珍稀和重要的药用生物资源。

在这里，有沙细、浪平、坡缓、水暖、海水清澈的海滩，是不可多得的天然海水浴场。还有红树林、珊瑚礁、海草床三大典型的海洋生态系统。

在这里，有属于"洁海""净海"近岸海域的一流水质。2020年，近岸海域水质达标率为90.0%以上，海洋生态优良状况一直保持领跑全国优势。

海岸线是海湾和海域空间资源赋存的基础。按海岸底质特征及空间形态划分，广西拥有河口岸线、粉砂淤泥质岸线、生物岸线、基岩岸线、人工岸线、沙质岸线等六大岸线类型。在海岸线内分布有丰富的淤泥滩涂、盐水沼泽、河口水域、海草床、珊瑚礁、红树林、浅海水域、海岸性咸水湖等多种滨海湿地，它既是重要的物质资源，也是重要的环境资源，更是物种多样性的富集之地。天然曲折的基岩海岸，为广西发展优良港口提供了先天条件；广布交错的河口海岸，为北部湾渔业资源繁育提供了良好的生存空间；茂密挺立的红树林生物海岸，为热带海洋生物多样性和海河堤保护发挥了重要作用，每年台风、暴潮入侵之时，是你免使大片滨海湿地受淹、海水养殖生产受灾、国家和人民生命财产受损。

千里海岸线，黄金般的资源。这是广西最大的优势，也是广西最宝贵的资源。它与河口、岸滩、海湾、岛屿构成一幅美丽的画卷。我们沿着海岸线东岸英罗港向西行走至中越交界的北仑河口，看见绵延的公路向海上铺开，平坦开阔的海岸长着茂盛的红树林，堪称"海上森林"。这里没有景区的喧嚣，没有建筑的遮蔽……除了美景，没有其他。也许你喜欢春水初生、春林初盛的朝气，也许你喜欢碧云天、黄叶地的素秋……在不同的季节，不同的天气，游人来到这里都能生出不同的心情。

2. 沿岸岛屿无数，唯有涠洲、斜阳最美

在我国辽阔的海洋上，分布着许许多多的海岛，星罗棋布，形态各异，大小不一，如同一颗颗璀璨的明珠，镶嵌在波光粼粼的蓝色大海上，彰显了一个名副其实的"万岛之国"。全国海域海岛地名普查结果显示，全国海岛总数超过11000个，海岛陆地总面积约8万平方千米，约占全国陆地面积的0.83%。

我国海岛分布不均，呈现南方多、北方少，近岸多、远岸少的特点。

从四个海域内的海岛数量分布来看，东海最多，约占全国海岛数量的59%；南海次之，约占30%；黄海居第三，渤海最少。从省级行政区海岛分布的数量来看，浙江省海岛数量最多，约占全国海岛总数的37%；其次是福建省，约占20%；广东约占16%；其他省份共占27%，从多到少依次为广西、海南、山东、辽宁、河北、江苏、上海和天津，其中天津仅有一个海岛（三河岛）。

根据2014年的《广西壮族自治区海岛保护规划（2011—2020年）》数据显示，广西海岛总数646个，约占我国海岛数量的5.9%。主要分布于钦州湾、防城港、大风江口、南流江河口、铁山港、珍珠湾、涠洲岛、斜阳岛等8个海区。其中，有居民海岛包括陆连岛有14个，占岛屿总数的2.17%，无居民海岛632个，占岛屿总数的97.83%。按行政单元统计，钦州市最多，拥有岛屿294个，其中有居民海岛6个，无居民海岛288个；防城港市次之，拥有岛屿284个，其中有居民海岛2个，无居民海岛282个；北海市最少为68个，其中有居民海岛6个，无居民海岛62个。最大的居民海岛是涠洲岛，陆域面积24.783平方千米，最大的无居民海岛是仙人井大岭，

涠洲岛国家地质公园

陆域面积0.7358平方千米。海岛面积45.81平方千米，岛屿岸线长354.46千米。

广西纵有岛屿无数，唯有涠洲、斜阳最美。涠洲岛，南北长约6.5千米，面积约25平方千米，与其东南9海里外的斜阳岛为广西北部湾内仅有的两座离岸最远的海岛，被誉为"南国大小蓬莱"。涠洲岛形成于早－中更新世和晚更新世末期的多次火山喷发，是我国地质年龄最年轻、面积最大的火山岛。约7000年前，涠洲岛便成了茫茫北部湾中的碧海之洲。以地质遗迹景观、火山遗迹景观、海岸海蚀地貌景观，作为海岛特色的在全国实属少有。这种海岛数量只占全国海岛总数的2.5%。所以，广西涠洲岛于2004年1月被列入第三批国家地质公园名单。

涠洲岛水下多彩世界

同样，生长着千姿百态、造型多样、结构复杂的珊瑚礁生物群落的涠洲岛，更是独具特色。涠洲岛的珊瑚是随着海平面上升从南海随波逐流而来的，年代最久远的珊瑚礁形成于约7000年前。这些当年兴盛于海岛周边浅水区域的岸礁，随着岛的抬升和海面的下降露出了海面，埋于沉积的沙层之下。迄今为止，涠洲岛已记录有13科33属的80余种石珊瑚，还有若干种软珊瑚和柳珊瑚，它们共同占据了岛海岸线外70%的浅海礁坪。在碧蓝海水之下有着重要海洋生态系统——珊瑚礁，孕育了涠洲岛生机勃勃的海底生物世界，更让人感慨涠洲岛真乃钟灵造化之地。所以，2013年，国家批准建立涠洲岛珊瑚礁海洋公园。至此，涠洲岛获得国家地质公园、珊瑚礁海洋公园、国际高端休闲度假旅游海岛、中国"十大美丽海岛"等美称。

海岛，不但战略地位重要，而且开发潜力巨大。随着陆上资源的日趋枯竭及科学技术的发展，越来越多的海岛得到了开发。近些年来，海岛开发力度有所提高，全国海岛上已发现自然景观超过1000处，人文景观近

800处；已建成各类海水浴场近百个；已建成包括5A级景区在内的涉岛国家级旅游区近百个，涉及海岛超过400个。全国无居民海岛开发总数已超过3000个，开发利用以渔业、公共服务、交通运输、保护区、旅游娱乐为主。同时，保护区用岛也在加强，我国已建立数十个国家级和地方级海岛类保护区，保护着海岛的生物多样性、珍稀濒危动植物和历史文化遗迹等。

646个岛屿，如同无数颗璀璨的明珠，散落在广西千里海岸线上，像星星，更像绿树，装点着广袤无垠的海洋，将其"景色更奇、沙滩更靓、海水更蓝、空气更爽"的优质旅游环境展现给人们。

3. 大小天然海湾，外加北部湾

在我国18000多千米的海岸线上，海湾面积在10平方千米以上的有150多个，5平方千米以上的有200多个。海湾位置特殊、重要，所谓海岸带开发，主要是在海湾进行。在我国24个海湾城市中，大连、青岛、湛江等17个就是依托海湾发展起来的。在14个沿海开放港口城市中，13个位于海湾、河口。海湾及河口自古就是我国对外交通的门户。

广西位于北部湾北部，有大小海湾21个，面积50平方千米以上海湾7个，从大到小依次是：钦州湾380平方千米，铁山港340平方千米，廉州湾190平方千米，防城港115平方千米，珍珠湾94.2平方千米，大风江口68.6平方千米，北仑河口66.5平方千米。

广西海湾三面环陆，湾内有湾，如钦州湾内的茅尾海，防城港内的东湾和西湾。广西北部湾港海湾、水道众多，素有"天然优良港群"之称。据交通运输部门统计，可规划利用港口岸线219.1千米，其中深水岸线164.1千米，可开发大小港口19个，可规划万吨级泊位100多个。具备开发万吨级以上靠泊能力的有防城港、钦州港、北海港、铁山港、珍珠港等，预计港口规划全部实施后，年综合通过能力达17亿吨。

每一个海湾对应一个或者是两个河口。河口，历来商贸最为发达，关系着水，关系着林，关系着海，关系着滩。它是维系自然地理格局的一条灵动的纽带，更是众多生灵赖以生存的家园。每年夏季汛期，汇集源自陆地上亿立方米的悬浮泥沙及其他悬浮物质通过河流携带,伴随着冲淡水向湾外扩散而相应演化。随着水流的减弱或增强、盐淡水混合程度的提高或降低、羽状锋的演化,在不同的空间位置出现多种沉积过程,对近海海水理化性质产生极为显著的影响,导致邻近海区温度、盐度和冲淡水进行重新分配,直接改变浮游动物分布、渔场位置、鱼类组成、沿海渔获量变化,给沿海生态环境带来巨大的天然养分。所以,海湾是生物多样的富足之地,也是诸多生命实现物种存续的根基。众多的海洋生物在这里产卵、栖息、索饵,在有限的空间中赢取属于自己的一席之地。海湾,还生长着名贵的生物物种,珍稀而又不多见。如茅尾海的近江牡蛎、对虾、青蟹、石斑鱼等四大名产。湾内还有壮观的海景、秀丽的小岛,旖旎的水泾交融在一处,风光无限美。

钦州湾大风江口

北仑河口滨海湿地

　　海湾与海洋不同,海湾在陆架内拥有厚厚的沉积层,淡水河流还带来大量矿物质和营养成分,为众多的生物提供稳定的食物。人类与海洋交集最多的区域生命奇观处处上演。在广西沿岸海湾,中华白海豚,世代生活在沿海25米以上的浅层水域;布氏鲸,海湾最神秘的访客,在我国近海仅有数千头,而涠洲岛与斜阳岛之间几乎常年出现;中国鲎,这些外形怪异的生物,是古老的活化石,它们的体形和外观,由四亿五千年前的祖先演变而来。广西北仑河口,是中国鲎绝佳的孕育场,每当潮水退去,总会看到雌鲎、成年鲎在潮沟内出现,神奇的本能引导它们回到这里。

浪声回荡北部湾

Langsheng Huidang Beibuwan

我的海洋历程

北部湾，我国最大的海湾，是我国著名的渔场之一，海洋宜渔面积约为107公顷。据估算，北部湾鱼类资源的年生产量约为140万吨，按蕴藏量的50%计算，潜在渔获量为70万吨。北部湾口以外海域渔场和南沙海域渔场现已查明的潜在渔业资源量为560多万吨，开发潜力大。北部湾是我国沿海六大含油盆地之一，石油资源量为16.7亿吨，天然气资源量为1457亿立方米。北部湾北部沿岸有石英砂矿、钛铁矿、石膏矿、石灰矿、陶土矿等丰富的矿产资源，其中广西沿岸石英砂矿远景储量10亿吨以上，石膏矿保有储量3亿多吨，石灰石矿保有储量1.5亿吨，钛铁矿产地8处，地质储量近2500万吨。沿岸及河口还分布有多个天然储量丰富的沙源地。

海湾，是人类的避风港，与海岸线一样，同为与陆地的接壤之处，是我们获得发展的重要之地。

广西，拥有千里海岸线，更拥有大小天然海湾和星罗棋布的海岛……这里处处是发展向海经济的聚宝盆。尽管广西向海经济的份额与其他发达沿海省区市相比还有着较大差距，但广西人向海发展的激情正在熊熊燃烧，打造向海经济的热情与干劲一浪高过一浪。

瀚海弄潮千帆舞，九万里风鹏正举。蛰伏多年的北部湾，从未像现在这样风生水起、广受瞩目。

今天的北部湾人，正豪情满怀书写向海发展的新华章！

二、向海，
是广西经济领跑的必由之路

依海而生，向海而兴，广西正在迸发出驶向星辰大海的澎湃动能。

《广西海洋经济发展"十四五"规划》指出，到2025年，广西海洋生产总值年均增长速度保持在10%左右，海洋经济对全区经济增长贡献率达到11%左右。规划以海洋经济高质量发展为主题，在系统谋划海洋产业布局、扎实推进海洋经济转型升级、着力提升海洋治理能力现代化水平、全力打造广西向海经济发展等方面提出了明确要求。按照规划实施，广西建成具有区域特色、区域影响力的海洋强区的目标一定能够实现。

"十三五"期间，广西着力构建现代海洋产业体系，海洋产业基础逐步夯实。以海洋渔业、海洋交通运输业、海洋旅游业等主要产业为核心的产业体系初步形成，海洋经济综合实力明显提升。"十四五"期间，广西应在推动传统海洋产业转型升级中对照高质量发展要求继续谋划。如：打造北部湾国际门户大港，提升海洋交通运输业综合竞争能力；推广传统海洋渔业发展新模式，促进海洋渔业提质增效；积极参与海洋油气业开发，构建北部湾油气资源开发格局等，使现代海洋产业成为推动广西经济高质量发展的重要增长极。

今日之广西，在向海中前行，在前行中领跑，在领跑中成就。

1. 海洋交通运输业，打造国际门户大港

我国海域辽阔，海岸线漫长，大陆架宽广，发展海洋交通运输业的条

件优越。

广西坐拥北部湾北部，拥有占我国沿海14个省区市第7位的大陆海岸线，从东至西，分布有铁山港、钦州湾、防城港、珍珠港等10多个天然港湾，建港自然条件十分优越。据交通运输部门规划，广西北部湾港规划全部实施后年综合通过能力将达到17亿吨。初步估计，可建成万吨级深水泊位120个，开发后年吞吐能力可达1.4亿吨，开发潜力和空间巨大。如何让这些港口潜在的资源及能量充分激发，使素有"天然优良港群"之称的北部湾港成为拥抱东南亚强势开放的国际枢纽海港，是广西人一直在努力追求的目标。

过去，人们对广西的认识，仅仅停在"八山一水一分田"上。现在，广西意识到了发展海洋经济的重要性，在广西人的眼里，北部湾这片蔚蓝色的海域，简直就是上天赐给广西人的宝贝。

这些年来，广西人不甘落后，加快广西北部湾经济区的开发开放，北部湾从"风生水起"到"千帆竞发"，广西北部湾经济区迸发的活力令人瞩目：以不到广西1/4的土地、约30%的人口，创造了超过广西1/3以上的经济总量、四成多的财政收入、近一半的外贸总量。广西北部湾经济区主要经济指标成倍增长，增速领跑全区，形成支撑全区加快发展的主要区域和战略引擎。北部湾港建设也迈向国际枢纽海港的行列。

（1）重组，实现"三港"资源有效整合

改革重组是适应时代的发展，也是历史的大潮流和趋势，只有不断改革才能有更大的发展。港口的发展也不例外，只有有效实现资源的整合和业务协同，才能有助于实现大港、国际港的融合发展。

2007年2月，广西北海、钦州、防城港三港重组整合成立广西北部湾港。通过港口资源整合，合理布局港口建设，集合区域优势资源塑造定位清晰、分工明确、错位互补、竞争有序的港口群，同时积极推动集码头泊位规模化、布局网络化、腹地协同化、技术结构高新化、功能结构基地化等特征于一体的第四代港口建设，打造具有国际影响力的规模化海港，为

陆域经济向海拓展提供有力的基础支撑。另外，陆域经济"走出去"会加速推进港口建设，扩大港口经济腹地与货物来源，提高港口国际竞争力。在实现港口自我发展的同时，拉动陆域经济与海洋经济的转型发展，实现多方共赢。整合后北部湾港拥有大型、深水、专业化码头群，规模优势形成，资源优势、区位优势突出，是我国距离东盟最近的港口群，也是西南、中南地区最便捷的出海口。

海洋孕育了生命、联通了世界、促进了发展。广西以建设一流港口为依托，坚持经济全球化大方向不动摇，拓展全面对外开放、合作大市场，开辟西南出海大通道。广西根据《北部湾城市群发展规划》，积极打造中国-东盟港口城市合作网络，向海通道飞速发展。在"三港"重组整合后的短短10年间，北部湾港加快与国内外重要港口的合作，目前已与世界100多个国家和地区、200多个港口通航；开通外贸航线近50条，可直达越南、马来西亚、印度尼西亚、泰国、缅甸、柬埔寨、新加坡等港口，基本实现了东盟港口全覆盖。北部湾地区成为与东盟国家海上交通和贸易的重要枢纽。如今，广西北部湾经济区依托海铁联运这一"驱动轮"，推动南向通道成为我国西部企业越来越看重的新通道；同时，还为东盟与我国北方市场，乃至欧洲的互通，打通了又一条大通道。2018年，防城港利用海铁联运将东盟海产品运送到欧洲，开通了该港国际铁路冷链专列。同时，至国内郑州、成都、福州、济南等城市的东盟冷链专列成功试运行，日均约有150个集装箱的东盟海产品从这里发往我国各地。近3年来，北部湾港完成集装箱吞吐量、货物吞吐量都保持快速增长，增速在全国港口行业名列前茅。2021年，北部湾港完成集装箱吞吐量601万标箱，完成货物吞吐量3.58亿吨。比2020年完成集装箱吞吐量增加96万标箱，完成货物吞吐量增加0.62亿吨；比2019年完成集装箱吞吐量增加186万标箱，完成货物吞吐量增加1.25亿吨。大港雏形已逐步形成，港口经济成为向海经济的重要引擎。

广西北部湾港现正以"四个一流"的标准要求，强化港口资源整合，加大基础设施投资力度，努力打造智慧港口，对标对表国内外先进港口建设运营样本，扎实推动北部湾国际门户大港建设。

（2）扩能，向国际门户海港目标迈进

1）世界一流港口发展两大趋势

当今世界一流港口发展的两大重要趋势：一是重组整合港口"巨无霸"；二是打造智慧、绿色港口。

——重组整合港口"巨无霸"。作为基础设施，港口的发展水平需要适合特定阶段的经济和产业。当前我国处于转型构建现代化经济体系、追求产业迈向全球价值链中高端的发展阶段，"世界一流"港口对标的是我国"一流"产业体系的需要，具体包括国际一流港口规模水平、一流港口基本运作效率、一流的综合运输组织服务功能体系、一流的价值创造能力等。

"世界一流"港口的衡量指标，应该包括吞吐量规模、经济贡献、营商环境、绿色智慧等多个方面。伴随着"世界一流"港口建设的推进，各沿海省区市重组整合打造"巨无霸"开始升温。加快推进港口资源整合，从更高层次、更广范围、更深程度推进区域港口一体化发展，逐步形成全国港口良性互动发展格局。

我国是港口大国，港口规模连续多年稳居世界第一，拥有万吨级深水泊位、完成货物吞吐量以及集装箱吞吐量等，均居全球十大港口之前列，在港口基本能力、基本运作效率方面属"一流"的范畴，但在运输与物流服务组织中心方面，尚存在差距，围绕区域服务的干支网络建设和联运组织方面，需要重点提升。同时，在港口与产业融合、拓展基本港航服务之外，与供应链整体组织相匹配的综合性、高质量延伸服务方面，需要创新提升。

当前，多地已谋划、行动起来，天津审议通过了《关于天津港建设世界一流港口的实施方案（2019—2023年）》，提出将天津港作为国家的核心战略资源和京津冀、"三北"地区的海上门户，围绕建设北方国际航运核心区目标，打造世界一流的智慧港口、绿色港口。2018年，《山东海洋强省建设行动方案》明确提出，将深入实施世界一流港口建设行动，以打造世界一流海洋港口为目标，全面建设山东国际航运中心。到2022年，山

东沿海港口货物吞吐量突破16亿吨，集装箱吞吐量突破3700万标箱。

目前，各地港口存在岸线利用率不高、成本上升等问题，不少地方期望通过港口资源整合，更好地实现资源集约利用和效益最大化，推动港口经营绩效提升。业内人士认为，随着我国经济由规模增长转向高质量增长，对港口基本能力的需求增长放缓，取而代之的是对服务质量的新要求，这就需要资源在空间上、在组织化上进行有机协同与整体调度，这就必然需要通过港口的整合来实现。在此过程中，须着重关注区域经济协同和一体化的关联架构设计与形成的问题。所以，在进行港口资源整合时，广西可以借鉴京津冀协同发展建立跨区政府之间的利益协调机制的经验，优化布局沿海三港资源配置，改变原有的不正当竞争，避免出现各自垄断低效状况。

——打造智慧、绿色港口。2019年5月，交通运输部联合七部门发布《智能航运发展指导意见》，提出的十项任务之一，就是提升港口码头和航运基础设施的信息化智能化水平。在"2019年中国航海日论坛"上，交通运输部指出，2019年交通运输部着力促进航运智慧绿色发展，包括加快推进以自动化集装箱码头为重点的智慧港口建设，以船舶靠港使用岸电为抓手着力减少船舶大气污染排放等。在这一背景下，相关改造及建设正在提速。据了解，目前我国集装箱码头建设以扩建及自动化码头建设为主，一大批工程将在近年建成投产。

山东提出，打造智慧港口，推进云计算、大数据、互联网、物联网、人工智能等信息技术与港口服务和监管深度融合，建设智能化无人码头，到2022年，新建3~5个自动化码头泊位。争取在青岛港、烟台港试点开展集装箱沿海捎带业务。同时，建设绿色港口。推进靠港船舶岸基（港基）供电工程，到2022年，主要港口全部具备向船舶供应岸电的能力。积极采用新技术、新材料、新工艺，实施大型港口设施"油改电"工程，加快港口和船舶污染物接收转运及处置设施建设。由此，智慧、绿色港口发展趋势将从东部沿海地区全面展开，并向中部沿江港口延伸。

据业内人士介绍，就港口的智慧、绿色运作而言，我国港口特别是沿海大型港口已经具备了较好的发展基础，但存在的问题在于，港口作为枢纽，其衔接国际干线网络和区域辐射分拨网络的整体智慧组织水平不高，这是下一步需要着重发力的方向。

2）强势推进北部湾国际门户港建设

北部湾港的建设，充分体现了"北部湾力量"和"北部湾速度"。2008—2020年的广西北部湾港从整合重组初期完成集装箱吞吐量不足100万标箱上升至2020年的505万标箱，成为仅次于广州港的华南第二大港口。广西全力打造北部湾国际枢纽海港，一批大型深水泊位投入使用。"十三五"期间，北部湾港基础设施建设累计完成投资139.63亿元，新开工建设钦州港大榄坪港区大榄坪南作业区9号、10号泊位工程等36个项目；相继建成钦州港东航道扩建一期、二期工程等17个重点项目；新增航道51.64千米，其中30万吨级航道8.51千米、10万吨级航道25.7千米。到2020年，北部湾港拥有生产性泊位271个，其中万吨级以上泊位98个，综合吞吐能力2.77亿吨；北部湾港货物吞吐量完成2.96亿吨，集装箱吞吐量首次突破500万标箱，跻身全国沿海港口集装箱吞吐量前10位；西部陆海新通道海铁联运班列突破4500列，海铁联运突破22万标箱，铺开一条中西部地区奔腾向海的黄金干线。

港口朝着"一流的设施、一流的技术、一流的管理、一流的服务"发展迈进。

谋规划、建大港、提速度、强门户，这是北部湾国际门户大港发展的既定目标。围绕国际枢纽海港高标准建设要求打造广西北部湾港"巨无霸"，在现有的基础上，加快建设北海铁山港东港区及西港区泊位；加快建设钦州港20万吨级集装箱码头、30万吨级油码头及进港航道、钦州港大榄坪南作业区自动化集装箱泊位、钦州港东航道扩建等；加快建设防城港30万吨级码头及进港航道。同时，推进南宁—防城港铁路升级改造和钦州、北海铁山港区进港铁路专用线配套建设。2020年，按照交通运输部批复的《防城港港口总体规划（2016—2030年）》，发挥防城港大型化、专业化码头优势，建设大宗散货集散枢纽，在已经建成4个20万吨级以上泊位基础上,规划将30万吨级航道建设延至企沙港区赤沙作业区1号、2号泊位,使其具备直接靠泊30万吨散货船舶能力。防城港企沙港区赤沙作业区规划建设2个20万吨级泊位,1号、2号泊位建成后年通过能力将超过2400万吨,使防城港深水岸线资源得到充分集约利用,极大地满足防城港钢铁基地、生态铝等项目的货运需求,对加快防城港大宗商品集散枢纽建设、推进北钦防一体化发展、提升防城港在西部陆海新通道上的竞争力、推动防城港市乃至北部湾经济社会高质量发展具有重要意义。

防城港企沙港区赤沙作业区1号泊位工程开工现场

与此同时,赤沙作业区1号、2号泊位工程项目,结合BIM(建筑信息模型,Building Information Modeling)、物联网、大数据、人工智能等新一代信息技术,依托码头信息化管理和控制系统一体化协同平台,实现信息实时交互和共享,实现全流程自动化以及生产和管理的自动协调,生产能耗、环保指标均达到全国领先水平。

同样,包括北海铁山港、钦州港在内组成的广西北部湾港,正按照区域性国际枢纽大港趋势发展,追赶我国东部沿海大港的建设步伐,驶向中国一流、世界一流。根据交通运输部2021年3月15日公布的全球前20大货物吞吐量港口排名,北部湾港2020年完成货物吞吐量约3亿吨,增长17%,全国排名从2018年的第14位上升到第11位,超越深圳、香港、湛江,成为华南仅次于广州港的第二大港口;完成集装箱吞吐量505万标箱,增长32%,增速居全国沿海主要港口第1位,排名从2018年的第15位上升到第10位,首次迈入全国沿海十大港口行列。2021年,北部湾港完成货物吞吐量3.58亿吨,同比增长21.2%,排名从第15名升至第10名;完成集装箱吞吐量601万标箱,同比增长19%,排名从2020年的第11名上升至第9名。与此同时,北部湾港建设投资也创新高,2021年完成投资超过55亿元,超额完成计划投资52亿元任务，同比增长114%。

如今的北部湾，处处奏响了北部湾港的宏伟乐章。

北部湾港建设提速，再造一个全新的广西海洋交通运输业，也许在明天或更短的时间内就能实现！

（3）对标一流强港，北部湾港仍需发力

伴随着全球航运网络重心的东移，我国港口在货物吞吐量榜单上，取得了几乎"霸榜"的可喜成绩，从吞吐量来看我国俨然成为港口大国，这样的表现令人备受鼓舞。但是，在吞吐量高速增长的背后，我们依旧需要保持清醒。目前，我国港口正在步入从规模速度型向质量效益型转变的关键时期，过去以码头能力、吞吐量为核心的港口评价指标体系，已经难以适应港口高质量发展的需要。在建设交通强国和探索自由贸易港的背景下，我国港口需要依托自由贸易试验区、自由贸易港口岸监管和政策创新试点，提升港口国际中转集拼、转口贸易、国际配送、国际采购和供应等服务功能。同时，创新港口管理体制机制，优化港口营商环境，实现我国港口由大变强的转变。

北部湾作为连接"一带"和"一路"的陆海联动通道，纵贯我国西南地区，有机衔接丝绸之路经济带和21世纪海上丝绸之路，具有与东盟沿海各国经济走廊联系互动之便捷。北部湾港建设，应不断强化港口仓储、堆场、物流等配套设施建设，提升通道出海口功能的同时，加快智慧港口建设，提升港口自动化水平；加快开放合作，实现港航互补、共同发展；加强海上互联互通，引进大港智能化先进技术，提升港口综合服务水平和竞争力；加强与东南亚等国际经济走廊的联系互动，使西部陆海新通道成为促进陆海内外联动、东西双向互济的桥梁和纽带。

2019年8月，发布《国家发展改革委关于印发〈西部陆海新通道总体规划〉的通知》（简称《规划》）（发改基础〔2019〕1333号），明确指出西部陆海新通道的战略定位、空间布局、发展目标。《规划》目标：到2020年，广西北部湾港和海南洋浦港资源整合初见成效，铁海联运和多式

现代化的北部湾港

联运"最后一千米"基本打通，通关效率大幅提高，通道物流组织水平显著提升，陆海新通道对西部大开发的支撑作用开始显现。铁海联运集装箱运量达到10万标箱，广西北部湾港、海南洋浦港集装箱吞吐量分别达到500万标箱、100万标箱。到2025年，经济、高效、便捷、绿色、安全的西部陆海新通道基本建成。一批重大铁路项目建成投产，主要公路瓶颈路段全面打通，形成以铁路为骨干、高等级公路为补充的陆路交通通道；具有国际影响力的北部湾深水港基本建成，广西北部湾港、海南洋浦港的区域国际集装箱枢纽港地位初步确立，实现与广东湛江港协同发展；西部地区物流枢纽分工更加明确、设施更加完善，重庆内陆口岸高地基本建成，通关便利化水平和物流效率大幅提升，更好引领区域协调发展和对外开放新格局。铁海联运集装箱运量达到50万标箱，广西北部湾港、海南洋浦港集装箱吞吐量分别达到1000万标箱、500万标箱。到2035年，西部陆海新通道全面建成，通道运输能力更强、枢纽布局更合理、多式联运更便捷，物流服务和通关效率达到国际一流水平，物流成本大幅下降，整体发展质量显著提升，为建设现代化经济体系提供有力支撑。

为此，"十四五"期间广西北部湾港的发展目标是：重点建设30万吨级深水泊位和20万吨级自动化集装箱码头等大型化、专业化码头，泊位由"十三五"末的90多个增至"十四五"末的120个，新增通过能力2亿吨，

浪声回荡北部湾
Langsheng Huidang Beibuwan

· 我的海洋历程

新增集装箱540万标箱,相当于再造一个北部湾港。到2025年,港口货物吞吐量达到5亿吨,年均增长率10.7%;集装箱吞吐量达到1000万标箱,年均增长率14.8%;海铁联运集装箱吞吐量达到50万标箱,年均增长率17.8%。投资676亿元建设港航基础设施,打造国际门户港,向世界一流国际枢纽海港迈进。要实现上述目标,必须:

一要谋划大格局。必须通过整合中国东部沿海、中国西南地区和东盟国家这三个区域巨大的航运潜力,用网络思维,谋划出一条跨越式发展的道路。

北部湾港的特点是连接西南和东盟,优势是直通东盟。东部沿海的天津、大连、青岛等的港口货物到达东盟都要通过沿途挂港方式南运,物流路线复杂、成本高、时间长。上海、宁波、深圳、广州这些港口城市以欧美航线为主,自身繁忙的业务使其对东盟的货物无暇顾及。所以,北部湾港应根据自身区位、腹地、货物特点等形成比较优势,谋划符合自己实际的合理航线,通过需求找潜力。

二要构建区域性物流枢纽。构建中国东部沿海、中国西南地区和东盟国家三个区域、往返六个方向"Y"字形航运物流格局。通过已开通的钦州保税港区至天津港等南北航线,把东部沿海各港口到东盟的集装箱全部收集到北部湾港,陆路通过已开通的钦州港至云南昆明的班列及汽运,把云贵川渝的集装箱运到北部湾港,集零为整后,向新加坡、马来西亚、越南、印度尼西亚等东盟港口开通直航航线。回程再把东盟各国到我国的货物收集运到北部湾港,集零为整后再用船和火车、汽车运往东部沿海和云贵川渝,使之成为回程货物。这个格局一旦形成,可以使目前我国至东盟往返货物运输在时间、成本上节省一半左右。北部湾港就成为这个格局中的区域性国际航运物流枢纽,千万标箱海港将指日可待。

三要不断完善通道配套设施。提高通关便利化,尽快实现北部湾通关同城化,把北部湾六市合为一个关码,实现属地报关、港口验放或属地验放,推动实现北部湾口岸行政、作业、协调、信息等一体化;要加快完善港口集疏运体系,提高铁路、公路通达运输能力,在物流园区、金融保险、临港产业、城市功能等方面提升保障水平;要提高港口作业效率,缩短港口停留时间和作业时间,降低港口各环节费用,提高对国际国内货物的吸引力。

四要统筹港口资源规划与利用。为配合北部湾港"Y"字形航运物流格局的形成,在整合更大的资源、建立更大的组货系统,做大做强北部湾港航运体系的同时,加强北部湾港资源统筹规划与利用,完善港口岸线使用与沿海涉海相关规划协调发展制度,严格控制码头能力过度超前的建设项目,防止港口重复建设和深水岸线资源浪费。

五要积极争取国家支持。港口航道、锚地、码头等公共基础设施建设投资大。"十四五"期间,争取将北部湾港规划建设的航道、锚地、码头等公共基础设施项目列入国家发展计划给予资金补助扶持。同时,在新增围填海用海控制指标、海洋倾废区充足设置等方面争取国家更多的支持,以满足港口建设发展需求。

向海图强风帆劲,长风破浪会有时。

21世纪北部湾港建设的使命光荣。2017年4月,习近平总书记视察广西北海铁山港公用码头建设时,提出"要建设好北部湾港口,打造好经济格局"。习近平总书记的重要指示,为北部湾港的建设指明了发展方向、提供了根本遵循。我们一定牢记习近平总书记的谆谆嘱托和殷切期望,打造好北部湾国际枢纽海港,续写21世纪海上丝绸之路宏伟乐章!

2. 海洋渔业,再造传统领先优势

渔业是一个古老而又新兴的产业,无论是先民结网捕鱼,还是春秋战国出现的水产养殖,先有渔猎后有农耕,水产品是人类最古老的食物来源之一。

北部湾具有发展海洋渔业的诸多优越条件,湾口及邻近南海宜渔面积广阔,海产生物资源丰富;近岸湾多、滩平、水交换时间长,适合发展海水养殖业;沿岸入海河流众多,水质肥沃,饵料丰富,海洋初级生产力水平较高,适宜各种鱼虾、贝藻生长。此外,北部湾属亚热带气候,年平均

浪声回荡北部湾
Langsheng Huidang Beibuwan

● 我的海洋历程

气温24℃，冬暖夏凉，是各种海洋生物栖息、索饵、产卵、繁殖的良好场所。

新中国成立以来，依托北部湾自然条件发展起来的广西海洋渔业取得了历史性变革和瞩目成就。2021年，广西海洋水产品产量达到206万吨，海洋渔业实现增加值240多亿元，占主要海洋产业增加值比重25.8%，广西海洋渔业成为与海洋交通运输业和滨海旅游业并驾齐驱的海洋经济三大支柱产业之一。如今，广西正在着力探索现代化海洋渔业可持续发展的路子，再造传统渔业领先优势，为发展沿海渔区的社会经济、维护北部湾海洋权益贡献"广西智慧""广西方案"和"广西力量"。

深耕碧海，牧渔未来。率先崛起的广西海洋渔业产业，将与我国渔业领跑的脚步相伴而行、齐步而趋，续写新的传奇。

（1）稳定渔业，提质与转型双轮驱动

海洋蕴藏着很多世人未解的自然之谜，人类不断挖掘它的深邃和神奇，人类的共同未来需要向海洋寻找，建设可持续的海洋经济是我们这个时代最大的挑战和机遇之一。曾有海洋专家警告，人类每年会捕捞将近2.7万亿吨的海洋动物，如果持续过度捕捞下去，到2048年人类将会看到一个无鱼的海洋。可见，采用科学合理的方式恢复和保护渔业资源十分迫切。

↑ 2020年广西北部湾开海节海报

由此，有一群人走进风生水起的北部湾，起舞海天之间。他们筑梦海洋，扛起海垦担当，引领海洋科技事业跨越式发展。

1）提质，稳定渔业率先发展

在人类赖以生存的地球上，71%的面积被海洋覆盖，90%的动物蛋白存在于海洋之中。千百年来，临海而居的人们，张网捕鱼是一种习惯和本能，是"靠海吃海"的生存之道。史料记载，自西汉以来，南海诸岛及东南亚各国沿岸，就留下了我国沿海渔民出海捕鱼的踪迹。

然而，从原始渔猎到驯化家养，从天然捕捞到人工养殖，从粗放式发展到资源合理利用，我国海洋渔业逐渐发展壮大，真正形成一个完整产业体系，不过几十年光景。

时光回到1979年，《人民日报》发表《认真繁殖保护水产资源》、《光明日报》发表《加速渔业生产的发展》等文章，透露出"大包干"责任制。1985年，中共中央、国务院发出《关于放宽政策、加速发展水产业的指示》，明确"以养殖为主，养殖、捕捞、加工并举，因地制宜，各有侧重"的渔业发展方针，提出把加速发展水产业作为调整农村产业结构、促进粮食转化的一个战略措施来部署。这一文件是指导我国未来渔业发展的一个纲领性和里程碑式的文件，产生了持久的引导力、推动力。我国海洋渔业经过几十年的探索与经验总结，渔业经济取得快速发展。从1989年起，我国水产品产量跃居世界首位，现已连续30多年保持世界第一。同样，在国家渔业发展政策指导下，广西海洋渔业发展也实现了惊人的速度，虾类、鱼类、蚝蛤类养殖平均每公顷产量分别达到1000千克、2900千克和15700千克，高于全国同类产品平均单产水平。

从20世纪90年代开始，广西大力发展滩涂海水增养殖业，实现海洋渔业提质增效。主要增养殖种类有：贝类（包括近江牡蛎、文蛤、珍珠、泥蚶、扇贝、鲍鱼、贻贝等）、虾蟹和鱼类（包括网箱养殖和池塘养殖）、珍珠和牡蛎等一批养殖技术含量较高、经济效益好、能出口创汇的名特优新品种，海水增养殖业成为海洋产业的半壁江山。同时，增养殖方式也在进一步优化，改造传统池塘养殖，优化工厂化养殖，推广渔农综合种养，

浪声回荡北部湾
Langsheng Huidang
Beibuwan

• 我的海洋历程

🎧 开海了

规范大水面生态渔业、盐碱水养殖、循环水养殖等诸多养殖模式方式变革，实现由滩涂养殖向浅海养殖过渡。1990—2001年，广西海水增养殖面积由0.55万公顷增加到6.10万公顷，比1980年、1990年分别增加25.6倍、7.45倍；2005—2010年，广西海水增养殖面积达到11.76万公顷；2018—2020年，广西海水增养殖面积发展到15万公顷，20米等深线以内浅海滩涂面积的利用率为13%。渔业养殖面积发展的同时，产量、产值也在逐年提升。

2012年，广西海洋渔业总产量164.39万吨，海洋渔业生产总值159亿元；

2014年，广西海洋渔业总产量174.44万吨，海洋渔业生产总值193亿元；

2016年，广西海洋渔业总产量187.32万吨，海洋渔业生产总值219亿元；

2019年，广西海洋渔业总产量190万吨，海洋渔业生产总值230亿元，占广西海洋生产总值的17.8%；

2020年，广西海洋渔业总产量约210万吨，海洋渔业生产总值302.96亿元，约占广西海洋生产总值的12.3%。

海洋渔业成为广西沿海的重要支柱产业。海洋渔业产业的崛起，传承了我国古代"兴盐渔之利"之传统，同时，也描绘了广西向海产业发展之希望。

因海而兴，因水而旺。广西海洋渔业产业率先发展。

2）转型，变革渔业传统作坊

20世纪60年代，由于机动捕捞渔船较少，捕捞能力较低，我国四大海域渤海、黄海、东海及南海渔业资源十分充足。到了70年代，我国海洋捕捞企业200马力以上渔轮已经发展到1000余艘。从80年代开始至往后的10年间，钢质海洋捕捞渔船发展到近10万艘，海洋捕捞总产量达到1000万吨。由于过量的捕捞，我国近海的渔业资源严重衰退和遭到破坏。为此，我国于21世纪初就开始实施海洋捕捞渔船"双控"制度，海洋捕捞渔船控制制度由"总量控制"转入"总量缩减"。然而，在我国南海的北部湾，仅广西就拥有海洋捕捞机动渔船12000多艘、动力23万吨，均占全国的4%左右。其中北海市拥有捕鱼机动船的数量和动力，分别占广西沿海地区的50%和75%。这种发展势头必定对北部湾浅海渔业资源可持续利用造成很大的压力，这还没有算上环北部湾周边的广东、海南及越南等的捕捞机动船只等。

北部湾，由于受划界和浅海捕捞过度的影响，海洋渔业资源严重衰退，主要表现在：

从渔业资源密度值看。一是渔业资源密度不断减小，由原始的4.3吨/千米^{2}下降到0.7吨/千米^2，仅为原始渔业资源密度的16.3%。其中，水深在40米以内的海域渔业资源密度下降最快。二是总渔获量和单位作业量渔获量（CPUE）大幅度下降。三是渔获物组成发生明显变化，低值渔获物比重增加，传统优质渔获物比重下降，种类交替明显。四是种群结构发生变化，渔获物中的幼鱼特别是当年鱼比重占绝对优势，高龄鱼减少。五是传统经济鱼类的鱼汛不景气甚至形不成鱼汛。六是名贵经济种类的数量明显减少甚至消失。渔业资源密度值呈现明显的下降趋势。

从海洋捕捞产量看。"八五"期间，广西近海捕捞业呈迅猛发展之势，海洋水产品捕捞量由1990年的20万吨，猛增到1995年的50万吨，年均增长20%，远高于同期全国年均增长13.3%的水平；"九五"期末，广西海洋水产品捕捞量达到88.78万吨。进入21世纪后，广西近海捕捞量呈现下降趋势，2010—2018年海洋捕捞产量稳定在60万～65万吨左右。如果将

**浪声回荡
北部湾**
Langsheng Huidang
Beibuwan

· 我的海洋历程

广东、海南、福建等省和越南的渔船考虑在内，北部湾年捕捞量远远超过了100万吨，捕捞明显过度。

广西以传统海洋捕捞业为主的渔业作坊方式必须尽快变革、转型，压缩捕捞，

🎧 美丽的珍珠湾渔港

调整海洋渔业自身结构，在保持海洋渔业产量增长、满足人民群众需求的前提下，将渔业发展重心由注重数量增长转到提高质量和效益上来，更加突出质量效益，全面开启广西海洋渔业转型变革的新征程。为此，广西提出海洋捕捞与海水养殖相结合的发展方针。

进一步压缩近海捕捞，加快发展远洋捕捞。广西要进一步调整近海捕捞结构，限制底拖网捕捞作业，鼓励外海及远洋渔业发展，加快北部湾口以南外海渔业资源开发，同时加强渔港基础设施建设，发挥渔港整体综合功能。

加快近海水域养殖开发，积极发展特色名贵品种养殖。第一，加快发

🎧 北海侨港渔港

展高位池和工厂化对虾养殖,大力推进对虾健康养殖和对虾产品升级;第二,提高贝类生态养殖的综合效益;第三,积极发展鱼类网箱养殖,加快浅海养殖开发步伐;第四,重视发展休闲渔业,发展渔业观光旅游、水族观赏、观赏鱼养殖和满足休闲娱乐需求的垂钓活动。

海洋渔业的转型,有力稳定广西渔业发展。从20世纪80年代开始,广西沿海发展起来的海水网箱养殖,让海洋渔业结构得到调整,产业化开发得到推进。实践证明,海水网箱养殖成活率50%~60%,而深水网箱养殖成活率高达90%以上。深水抗风浪网箱运用先进技术在深海"精耕细作",可让海洋生物仿原生态繁衍,生生不息;更让广西"耕"海人没有"搁浅"在滩涂、港湾、浅海范围内,而是向离岸深水海域延伸,从深水抗风浪网箱看到了广西深海养殖:海阔水深正当"渔"。如今,当我们走进广西沿海,就可以看到防城港市白龙尾珍珠港湾、钦州市钦州港及龙门港、北海市铁山港沿岸10~15米水深茫茫海面上近1000只可移动的"海上渔场"——深水抗风浪网箱。

广西海洋渔业转型升级过渡,改变了海洋渔业发展单一依赖天然资源的传统模式,渔业产业发展壮大。至20世纪90年代末,广西千亩以上的海产品养殖基地有61个,养殖品种包括珍珠贝、牡蛎、对虾、青蟹、中华乌塘鳢、泥蚶等海珍品和鲈鱼等海水鱼类共10多种。2010年,广西海水增养殖业产量87.67万吨,占同年海洋渔业总产量154万吨的56.93%;2016年,广西海水增养殖业产量121.45万吨,占同年海洋渔业总产量187.32万吨的64.84%;2019年,广西海水增养殖业产量133.55万吨,占同年海洋渔业总产量190万吨的70.29%;2020年,广西海水增养殖业产量150.66万吨,占同年海洋渔业总产量210万吨的71.74%。渔业作坊方式的转变,以捕捞为主的"吃"海变成了以养为主的"耕"海,助力海产品市场有效供给。目前,广西水产品人均占有量近27千克,比全国平均水平高14.8%,其中70%为海产品。除满足广西人的需求外,还供应广西背靠大西南的四川、重庆、云南、贵州等省市2亿多人口。

（2）发展渔业，科技与生态相伴而行

1）科技，助力渔业继续领跑

科技是第一生产力，科技强才能产业强。完备的科教体系、强劲的科研实力、优秀的推广队伍，为高水平现代化的中国渔业发展提供了有力支撑。

20世纪60年代，我国渔业水产科技体系建设起步，按海区、流域和专业布局，建立了一些省部属的水产科研机构，加上水产院校和中科院相关科研机构，形成了我国水产科研体系的雏形，全国水产技术推广体系也随之建立。

新中国水产科技事业，面向渔业生产的需求，在养殖、捕捞、资源调查等领域开展了一些卓有成效的研究工作，取得了以家鱼人工繁殖技术、海带人工育苗养殖技术为代表，具有里程碑意义的重大原始创新成果。

渔业科技创新，首先体现在养殖品种的人工繁育上。种子是农业的"芯片"，苗种也是渔业的"芯片"。成立于1978年的广西海洋研究所，从20世纪80—90年代开始，开展对虾工厂化育苗技术、珠母贝人工育苗及插核育珠技术攻关，率先突破中华乌塘鳢大规模人工育苗技术，使得中华乌塘鳢品种迅速发展成为广西、广东、海南沿海地区主要的养殖品种之一，掀起了北部湾沿海地区海水养殖的一次又一次浪潮。

渔业科技创新，还体现在养殖模式与养殖技术上。20世纪90年代后期研发的网箱、工厂化养殖技术，以及进入21世纪以来，深水抗风浪网箱养殖、生态健康养殖技术的推广，推动了广西海水养殖业向生态、安全、高效

🎧 钦州港鱼类工厂化养殖

方向发展。广西海洋研究所围绕上述领域,开展海水养殖苗种繁育与选育、海水健康养殖、营养和饲料等研究,自主研发了方格星虫、文蛤、獭蛤、巴菲蛤、方斑东风螺、青蟹、石斑鱼等人工育苗技术,为推动广西海水养殖业的发展作出了重要贡献。

科技助力广西海洋渔业继续领跑。近10年来,广西在海水养殖方面研发出多项成果应用于生产。例如:广西海洋研究所承担的"方格星虫规模化育苗技术研究",创立方格星虫海球幼体大规模室内人工诱导变态培育技术、高密度室内分级中间培育技术及池塘中间培育技术最新模式,首次探讨方格星虫人工育苗过程中人工代用饵料的投喂技术,大大提高了幼体变态成活率及中间培育成活率,实现了人工育苗规模化。从2009年开始,每年培育方格星虫苗种3500万条以上,推广养殖面积200~350公顷,为北海、钦州、防城港沿海养殖户增收致富作出了重要贡献。此外,传统养殖品种——文蛤、獭蛤、青蟹、中国鲎等——人工育苗也成功推广。其中:文蛤、獭蛤苗种已实现规模化生产,年培育獭蛤苗种2亿粒以上,苗种中培成活率高达90%以上、养殖成活率60%以上;青蟹育苗连续10多年来规模化生产,成为广西沿海最大的种苗供应基地;中国鲎人工繁殖技术取得重大突破,每年成功培育出苗种100多万只提供给养殖户;广西水产研究所承担的"抗特定病原(SPR)南美白对虾的良种选育"研究,选育并建立了SPR南美白对虾新品系,新品系的生长速度比引进品系提高26.9%,TSV感染存活率93.4%,比对照品系提高4.3%,生产性能优良。

海水养殖品种育苗技术的突破及推广应用,推动了海水养殖由岸上池塘到滩涂转向浅海水域,为广西海水养殖业的发展作出了重要贡献。海水养殖产量连续多年超过海洋捕捞量,海洋科技功不可没。

如今,在合浦、钦州、防城港沿海等普遍建立了多个生态健康养殖示范基地,取得了显著的生态效益和经济效益。如:广西红树林研究中心创立的地埋式红树林生态养殖模式。它由红树林、林下滩涂、简易蓄水区、地下管网、通气管道和投饵鱼池构成,对养殖动物有效防逃逸、水体交换通畅、对红树林生态系统的干扰小,为沿海港湾红树林生态环境保护恢复及开发利用、实现可持续发展探索出一条并行的新路子。

依靠科技加快海水养殖业发展，海洋渔业焕发出新的生机和活力，成为广西向海经济的支柱产业之一。

在新世纪，我国海洋渔业科技工作以提升自主创新能力和促进产业发展为核心，重点加强渔业资源保护与利用、渔业生态环境、水产生物技术、水产遗传育种、水产病害防治、水产养殖技术、水产加工与产物资源利用、水产品质量安全、渔业工程与装备、渔业信息与发展战略等十大重点研究领域的学科建设，系统建立了现代海洋渔业产业技术体系，加快了关键技术突破、系统集成和成果转化，为促进渔业发展方式转变提供了强有力的科技支撑，加快了我国现代渔业建设的进程。广西也正以此为新的目标，着力谋划北部湾海洋渔业强区发展大计。

2）生态，转变渔业发展方式

绿色生态，是大国"三农"的底线，更是渔业的底色与依托。渔业是资源依赖型、资源养护型产业，不能竭泽而渔，必须处理好产业发展与资源、环境的关系，探索资源开发利用与生态环境保护并行的路子。

随着对渔业资源保护和可持续发展意识的增强，我国及时设立了海洋伏季休渔制度、长江等重要内陆水域禁渔期制度，启动实施海洋渔业资源总量管理制度，实施人工鱼礁、增殖放流等一系列水生生物资源的养护措施，大力开展以长江为重点的水生生物保护行动，加快推进海洋牧场建设，渔业资源衰退的状况得到了有效遏制。

1995年，国务院决定实施海洋伏季休渔制度，批准首次在东海、黄海实行伏季全面休渔，1999年休渔范围扩大到渤海、黄海、东海、南海4个海区。海洋伏季休渔制度实施20多年来，每年涉及沿海11个省（区、市）和香港、澳门特别行政区，休渔渔船达十几万艘，涉及渔民上百万人。

自2017年起，我国北纬12度以北的海域除钓具外的所有作业类型都要"船进港、人上岸"。休渔期提前了一个月，使海洋渔业资源得到了充分的休养生息。三四个月休渔期后，沿海各地开渔捷报频传，渔民"第一网"喜获丰收，一些多年不见的鱼类重新出现。

2019年，又对外发布了《农业农村部关于实行海河、辽河、松花江和钱塘江等4个流域禁渔期制度的通告》，实现了我国内陆七大重点流域禁渔期制度全覆盖、主要江河湖海休禁渔制度全覆盖。与此同时，我国还高度重视水生生物重要栖息地和关键生境的保护工作，根据珍稀濒危水生物种的分布特点，针对不同保护对象和保护区域，因地制宜，分类分区施策，建立水生生物自然保护区，划定水产种质资源保护区，重要渔业水域生态环境和水生生物资源得到保护。广西也根据海洋自然特点和资源的特殊性和重要性，设定红树林、珊瑚礁、海草床以及一批珍稀动物，如海牛、白海豚等海洋自然保护区。

重视资源环保、生态优先的渔业方略和一系列重大举措，具有划时代的意义，必将被历史铭记。

生态渔业理念，既改变了古老渔业的生产模式，又促使新兴渔业生产模式更加多元化，改善和丰富了渔业生态环境和资源品种。例如，近年来实施海洋牧场建设，不但为海洋渔业经济结构战略性调整探索出一条成功之路，还为海洋渔业的可持续发展创造了广阔空间。人工鱼礁，就是这一理念实践的一项重要突破。海洋牧场中不同形状的礁体能阻止捕捞渔船拖网作业，吸引鱼、虾、蟹在附近游动、聚集，这对保护海洋生物资源多样性、改善周边海域水质环境都有明显的积极作用。2017年，我国农业部发布了《国家级海洋牧场示范区建设规划（2017—2025年）》，要求加快推进渔业转型升级，推进现代化海洋牧场建设，明确提出在有关项目和资金安排上对海洋牧场建设予以重点倾斜，鼓励其他社会资本参与海洋牧场建设。

北部湾北部，蓝天碧

🎧 茅尾海大蚝养殖

浪声回荡北部湾
Langsheng Huidang Beibuwan

• 我的海洋历程

海,水暖沙白,红树苍翠,珊瑚斑斓……一派旖旎的海湾风光。

这里,是广西北部湾。烟波浩渺,海岛星罗棋布,海洋资源丰富,亿万生命在大海里孕育,绮丽奥妙。

这里,有一座座全海景生态海湾城市——北海市、钦州市、防城港市。广西1628千米的大陆海岸线,支撑起每一座城市海洋经济的广阔前景和发展空间。潜力在海,优势在海,希望在海,这一座座我国与东盟海陆相连的门户城市,蕴藏着向海图强的梦想!

这里,还有一群"耕海"的人,他们用热爱生活的情怀和梦想,在广袤的海湾里囤起一座座"蓝色粮仓"。

近年来,他们充分利用海湾岸线曲折、滩涂众多、水质优良、饵料充足,以及潮差大、潮流缓、水热同步等自然特点,先后建设多个海洋牧场示范区。

防城港江山半岛海域海洋牧场示范区:

广西最早投放人工鱼礁是在1979年,防城县水产局在全国率先投放了26座试验性小型单体人工鱼礁;2015年11月10日防城港市再次启动人工鱼礁建设。广西北部湾海洋牧场建设究竟如何?

位于江山半岛白龙珍珠港海域的海洋牧场核心示范区,具有渔业资源增殖保护、农牧化增养殖、渔业资源增殖保护研究和展示、海上休闲游钓等功能。主要建设项目有:人工鱼礁区,总面积约3000公顷。牧场增殖放流石斑鱼、黑鲷、鲈鱼等岩礁性鱼类和梭子蟹、日本对虾、斑节对虾等甲壳类,底播珍珠贝、华贵栉孔扇贝、巴菲蛤等贝类。同时,在近岸5～10米等深线之间的水域,进行底播珍珠贝增殖;在水深10～25米之间的海域进行抗风浪网箱养殖。

钦州湾(内外)沿岸海域海洋牧场示范区:

目前已形成以七十二泾海域为中心的连片万亩大蚝养殖基地5个,大蚝养殖面积达15.8万亩,年产量27.6万吨。最近10年,大蚝养殖由滩涂往浅海发展,由插养往吊养模式发展,由单水层吊养向多水层立体吊养发展,养殖面积达14万多亩,养殖亩产也由原来的8～10吨增加到25～30吨。大蚝成品产量大幅增长，产品主销广东、福建、上海、北京及港澳台等地。

与此同时，在钦州湾西岸南部海域，规划总面积约1500公顷人工鱼礁示范区，按照生态保护功能设计鱼礁区，总建礁规模为6万空方；通过藻类增殖和放流石斑鱼、黑鲷、鲈鱼等岩礁性鱼类及梭子蟹、日本对虾、斑节对虾等甲壳类，促进海区渔业资源的恢复。

北海市南部及铁山港海域海洋牧场示范区：

2018年12月发布国家级海洋牧场示范区名单（第四版），北海银滩南部海域入选。当时提出在北海银滩白虎头以南离岸深水海域，建设海洋牧场总面积约540公顷，设计为鱼礁、多功能平台和开放式养殖等多种模式，形成礁体空方量15.1875万立方米，形成开放式养殖面积共420公顷；当时在铁山港区海域，建设海水网箱养鱼区养殖面积34万平方米，网箱养殖户达312户，有3510多口网箱，养殖品种以金鲳鱼为主，养殖产量达6000余吨，年产量将达4万多吨。现计划如期实施并取得显著经济效益。

海洋牧场，正在向一个传统的渔业养殖方式提出一项新的挑战。

海洋牧场，正在以自然的钥匙开启人类与海洋相处的新时代。

开启生态渔业的钥匙

——记广西海洋牧场建设

（一）

人类对于海洋的需求，

不仅仅是获取食物和资源，

更渴望亲近大海、探索大海，

在摸索中找到一种与大海相处的平衡方式。

海洋牧场的建设就是平衡这种方式的最好选择。

（二）

鱼礁是海洋牧场中的重要设施，

也是人类为鱼类建立的居住房子。
鱼礁投放不仅要考虑到鱼类的增殖，
更要考虑到人类活动与自然的相互兼容，
尤其是鱼礁的观赏性需要更多的科学探究。

（三）
滨海旅游与鱼礁养殖看似对立，
因为在海的一边是苍翠的红树林和广布的岛屿，
然而广西人在这天平的两端获取了丰厚的回报。
成功进行了珍珠湾和龙门港鱼礁投放的多年实践，
现正在以自然的钥匙开启人类与海洋相处的新时代。

（3）重振渔业，湾内与湾外统筹布局

1）湾内，近海与湾口同频发力

近海海域： 北部湾有着不可取代的海洋渔业资源，近海有湾内、湾中两大渔场，渔场面积近4万平方海里。

湾内渔场： 位于广西沿岸至北纬20°30″的海域，其中又分为涠洲岛以北的禁渔区和涠洲岛以南的近海渔场。前者主要是鱼虾的繁殖场，是鱼类资源繁殖保护区，其中有5个沿海虾场，分别为营盘虾场、白虎头-冠头岭虾场、沙头虾场、防城港-三娘湾虾场、斜阳岛南虾场；2个鱼类产卵场，大风江口以东、涠洲岛以北的水域是二长棘鲷鱼的产卵场，龙门港口至珍珠港为蓝圆鲹、真鲷、鲻鱼、断斑石鲈、沙丁鱼、脂眼鲱鱼的产卵场。

湾中渔场： 主要是以夜莺岛为中心的渔场。渔场位于几个水团交汇的区域，浮游生物丰富，饵料充足，海底平坦，底质为沙泥，平均水深只有38米，适于底拖网作业，是优良的底拖渔场。

据调查，北部湾近海海域有海洋生物900多种，其中有较高经济价值的100多种。据有关专家估算，北部湾有鱼类500多种，其中经济鱼类50多种；有虾类200多种。此外，还有头足类近50种、蟹类20多种，还有种

近海捕捞船在作业　　　　　北部湾渔业资源

类众多的贝类、其他海产动物和藻类等。尽管北部湾海域底层鱼类资源已处于过度捕捞状态，但中上层鱼类资源还有一定的捕捞潜力。据估算，北部湾中上层资源量80多万吨，按蕴藏量的50%计算，潜在渔获量为40多万吨。

在沿岸滩涂范围内，以贝类为主的渔业资源相当丰富，共有47科140多种。其中，牡蛎资源量有4000吨，文蛤资源量有8500吨，毛蚶资源量有22000吨，方格星虫资源量有4000吨，锯缘青蟹资源量有140吨，江蓠资源量有190吨。这些都为滩涂养殖提供了良好的天然条件。

在20米水深的浅海范围内，有浮游植物104种、浮游动物132种，年均总量分别为每立方米1850万个细胞和137毫克；各类海洋生物达1155种，其中，虾类35种，蟹类191种，螺类143种，贝类178种，头足类17种，鱼类326种。经济生物中，有20多种主要经济鱼类，资源量有6000吨；有10多种经济虾类，资源量有6000吨；有3种经济头足类，资源量有700吨。另外，北部湾具有昂贵药用价值的海洋生物资源也较为丰富。其中，鲨有4种，资源量有数万吨，年产量约20万对；河豚有8种，仅棕斑兔头鲀年可捕量就达1.1万吨；海蛇有9种，沿海的活海蛇年产量约75吨。

湾口南部海域： 为北部湾三大著名渔场之一，被称之为北部湾南部渔场。

湾口南部渔场： 范围包括北部湾湾口以南80～200米水深的南海大陆架，是一个新开辟的渔场，大部分为经济价值高的鱼类。据估算，该海域底层鱼类资源为4吨/千米^2；海南岛以东大陆架100～200米海域渔场，处于轻度开发状态，开发潜力较大。海洋捕捞潜力更大的发展空间还有西、中、南沙群岛珊瑚礁海域，潜在渔业资源量在560万吨以上，按蕴藏量的50%计算，潜在渔获量在280万吨以上。

海洋是生命的摇篮，是人类赖以生存的蓝色家园。发展海洋经济、拓展生存和发展空间、抢占经济发展的制高点，已成为全球经济调整和重组的大战略。海洋渔业是海洋经济的重要组成部分，我们要坚持以可持续发展理念为指导，在转轨中提升海洋渔业发展战略，在转变中优化海洋渔业发展方式，在转型中调整海洋渔业产业结构，推动广西海洋渔业跨越式发展。在湾内，结合滩涂、浅海、近海、湾口的自然条件和资源优势统筹考虑，构建不同区域的渔业发展目标，通过推进各区域目标的实现，逐步实现由浅海向近海、向湾口跨越，向海洋再造一个广西渔业，使渔业成为广西沿海经济新的增长极。

——向海再造一个广西渔业的发展空间

具有种类繁多的生物资源优势的广西沿海，是我国沿海最后一块尚未开发的"处女海"。

沿岸滩涂资源利用率只有26.9%，10米等深线以内的浅海资源利用率只有16.9%，20米等深线以内的浅海资源利用率仅8.1%，30米等深线以内浅海资源利用率不足5.0%。无论是滩涂还是浅海，渔业的发展空间潜力都很大。

向海洋要空间。广西作业渔场现有北部湾渔场、南海深外海渔场和南沙渔场，其中南海深外海渔场和南沙渔场的渔业资源最具潜力，捕捞业发展空间广阔。据2016年广西壮族自治区人大常委会调研组发布的数据，广西斜阳岛以北40米水深以内的浅海滩涂，适宜水产养殖的面积约1600万亩，目前开发利用76万亩，仅占浅海滩涂总面积的4.75%，而5米等深线以外海域基本尚未开发利用，挺进海洋拓展渔业有广阔空间。

向海洋要产业。广西海洋水产品初加工、深加工以及向更高层次产业转化延伸水平还很低，甚至连最基本的把海洋水产品加工成罐头食品或即食食品的也不多。扩大海产品加工生产规模并作为海洋渔业产业的一个组成部分发展，其潜力很大。此外，大力发展海洋渔业，使养殖区域由沿岸滩涂浅海向离岸深水海域拓展，产业结构由重养殖捕捞向构建现代海洋渔业产业体系延伸，广西在这方面大有可为。

向海洋要财富。作为海洋经济重要支撑的海洋渔业，在广西沿海地区经济发展中已经具有举足轻重的地位。近年来，广西沿海北海市、钦州市、防城港市生产总值中海洋渔业经济已占1/5多。2019年，广西海洋渔业生产总值230亿元，约占广西海洋生产总值的17.8%；2020年，广西海洋渔业生产总值超过280亿元，约占广西海洋生产总值的12.3%，海洋渔业成为广西向海经济发展的重要组成部分。但比照全国渔业的发展，拥有全国近9%海岸线的广西，海洋渔业经济仅占全国渔业经济总产值的1.6%，与拥有丰富海洋资源的地位极不相称，要强化向海洋要财富的意识。除海洋捕捞业外，发展较为成熟的浅海养殖和近年兴起的深海网箱养殖，经济效益都相当可观，广西向海洋要财富有很大潜力。

——向海再造一个广西渔业的发展目标

长期以来，广西对海洋渔业开发利用的认识不足，在海洋资源尤其是在海洋特色生物资源的利用上，更是因为经济和技术上的多重因素，有效开发和利用滞后，造成虽有海洋但海洋渔业发展相对缓慢的状况。我们要围绕再造一个广西渔业的发展目标，2025年，海洋渔业经济总产值要达到250亿元，年增长速度达到6%以上，打造超千亿元海洋渔业，实现海上再造一个广西渔业。要以建设深水立体生态养殖园区、苗种研发与人工繁殖园区、水产品加工与物流园区等为重点，充分利用区位优势、资源优势、

防城港海洋捕捞船队出发（图片来自防城港市人民政府门户网站）

市场优势、政策优势，加快构建起具有较高水平、较强竞争力的现代渔业产业体系。为此，要把以下三方面作为重点举措。

一是大力发展海水养殖业和稳步发展海洋捕捞业。稳步发展对虾、珍珠贝、文蛤、大蚝、方格星虫、青蟹、弹涂鱼等名优品种养殖，使海水养殖业总体水平有较大提升。继续鼓励捕捞渔民转产转业，推行淘汰小船更新大船，使海洋捕捞渔船保持适度规模，逐步实现海洋捕捞强度与海洋渔业资源可捕量相适应。实施"走出去"战略，充分利用国内外两种资源、两个市场。按照政府推动、市场引导、企业运作、政策扶持、加快发展的思路，积极、稳妥地发展以南沙、公海渔业资源利用为主体的外海渔业和远洋渔业。

二是加快发展水产品加工与流通产业。以大宗鱼、虾、贝类产品和低值水产品的精加工、深加工和综合利用为重点，采用先进加工保鲜技术和加工方式，开发水产食品、即食水产品、方便水产食品、鱼糜制品、保健水产食品、水产罐头食品等高附加值产品，提高水产品加工质量和产品附加值，实现以品牌化为前提的加工品系列化、多样化，满足不同消费者的需求。加快水产品专业批发市场建设，完善批发市场的基础设施，推进市场管理现代化，完善重点渔区和港口专业水产品交易市场。加快水产品物流中心、中心渔港配套水产品专业批发市场建设。加强对批发市场的配套设施包括冷藏保鲜、配送系统、信息网络、电脑结算系统、水产品质量安全检验检测系统等设施建设，进一步完善水产品批发市场的集散功能和信息服务功能，实现批发市场与现代流通方式的有机结合。

三是积极发展海洋休闲渔业。以城镇化建设、渔港经济区建设为载体，利用海洋资源优势，因地制宜发展休闲垂钓、观光旅游、观赏渔业等多种形式的休闲渔业。以体味渔港风光、领略渔村风情、品海鲜、游钓、观光渔业等为主要内容，在滨海、渔港、海岛等地培育一批有一定规模的、有特色的休闲渔业园区。对不再从事捕捞作业的渔船进行相应的改造，增设必需的娱乐和安全设施，发展海上垂钓、海上捕捞体验等休闲渔业，延伸渔业产业链，提高渔业经济效益。

2）湾外，南海与远洋统筹谋划

深蓝色的海洋，蕴藏着丰富的生物资源，是鱼虾贝藻的美丽家园；蔚蓝色的星球，承载着人类的历史与梦想，是生生不息的生命摇篮。古老的中国，开启了鉴真东渡、郑和下西洋等航海壮举，将民族智慧汇入世界海洋文明的大潮。

▲ 向深海渔区挺进

公海资源是全人类共同的财富。伴随着世界走向和平利用海洋资源的时代，我国政府开始把目光移向外海大洋，全面研究制定了开拓海洋渔业新局面的方针、政策、措施。从近海走向公海、走向深蓝，远洋渔业迎来了发展机遇。

党的十八大报告明确提出"建设海洋强国"，远洋渔业迎来新的战略机遇。渔业是个外向型的产业，我国不断扩大渔业对外开放，积极参与国际渔业合作和竞争，提高了渔业竞争力，为世界渔业发展作出了积极贡献。

近年来，广西海洋和渔业部门积极支持和引导本土企业"走出去"的步伐越迈越大，海洋渔业合作与开放格局初步形成。广西海洋渔业生产已遍布全球70多个国家和地区，与越南、柬埔寨、泰国、孟加拉国、巴基斯坦等20多个国家和地区开展海洋和渔业合作，总投资超过20亿元，合作内容从远洋捕钓作业，拓展到海洋养殖、渔业科研、生物保护、补给服务等更广阔更深层次领域。2017年，广西义信渔业开发有限公司经中国、东帝汶两国政府批准的"两国双园"项目，总投资约4亿美元，在广西钦州犀牛脚镇中心渔港建设水产贸易园区；广西海世通食品股份有限公司与文莱签订总投资1.3亿元的大蚝养殖试验及培训项目，成功落地文莱；广西祥和顺远洋捕捞有限公司在毛里塔尼亚投资22亿元，建设远洋渔业综合开发项目顺利运营。同时，广西还积极推进海湾生态养殖示范区建设项目，并进行宣传，扩大对外影响。

广西和东盟各国在地域上属于一个自然地理综合体，海陆相连，交通十分便利，为渔业合作提供了基础。从地理区位上看，东南亚位于太平洋与印度洋、亚洲大陆与大洋洲大陆的十字路口上，其中马六甲海峡、巴士海峡、望加锡海峡三条水道连接着太平洋与印度洋。除老挝外，东盟其他国家由多个岛屿、海湾等构成，有广阔的海域，蕴藏了丰富的海洋水产资源。

渔业合作是低敏感度的海洋合作。建设21世纪海上丝绸之路，广西应重视与东盟国家在低敏感度事务上开展形式多样的海洋合作，通过成熟的中国（广西）-东盟海洋合作平台机制，与东盟国家，重点与越南开展北部湾传统产业合作，寻求海洋合作的突破口，挖掘和提升北部湾海洋资源的利用价值。因此，推动与东盟国家的海洋渔业联盟建设，既是我国大陆腹地（西南、中南）的市场需求，也是广西和周边东盟国家发展海洋现代渔业的需要，同时可以带动我国与东盟海洋合作向更深远、更宽泛的领域发展。为此，广西应考虑并拓展如下方面的合作：

——建立与东盟国家的渔业合作试验区。利用好"一带一路"倡议优势，通过我国与东盟海洋科研机构的共同参与，开展"广西与越南探索北部湾现代海洋渔业合作试验区研究项目"，通过类似国际合作项目，理顺我国与越南在现代海洋渔业合作上的关系，共同制定《中国（广西）-东盟（越南）北部湾现代海洋渔业合作试验区规划》，为解决中国-东盟现代海洋渔业争议提供范例，也为进一步建立中国-东盟现代海洋渔业联盟奠定基础。

——开展双边渔业贸易与投资合作。利用世界贸易组织（WTO）在市场准入方面给予的优惠待遇条件，开展广西与东盟各国在渔产品进出口、渔船建造和维修、水产养殖业技术、渔产品加工业投资、水产品保鲜仓库设施、渔业母港码头基础建设投资等方面的广泛合作。利用现有政策优势、海上通道和门户优势，与东盟沿海国家展开广泛的鱼产品交易经济贸易合作，与陆地接壤的越南开展双边渔业合作试验区示范项目，寻求机会开展南海周边国家次区域渔业合作。通过双边、多边与次合作结合，采取灵活策略，循序渐进，为建设海洋渔业联盟积极创造条件，最终解决海上渔业争议。

——构建南海与远洋合作共赢平台。我国与东盟各国的渔业技术差异比较大，合作空间较大。广西背靠祖国腹地，通过与内陆省（区、市）联合和技术人才引进，集我国自身渔业优势于一体，在捕捞技术、养殖技术以及加工技术等方面与东盟国家特别是越南广泛合作，构建南海与远洋合作共赢平台。采取技术投资或股权参与等灵活多样的合作方式，在渔船制造和维修、鱼饲料与水产品加工等方面与越南、柬埔寨、老挝、文莱、缅甸等国家结成全面垂直贸易合作伙伴。我国与东盟拥有同一片海洋，那就是南海及邻近大洋。

撒万里渔歌，揽万里海疆。广西海洋渔业紧跟国家渔业对外开放的步伐，坚定近海、湾内、湾外"三步走"的方针，再造传统领先优势，挺进南海、开发大洋，实施"走出去"战略，充分利用海洋空间优势，拓展与东盟两个市场合作，不断创新发展模式和重整布局，努力抒写21世纪海洋渔业新篇章。

3. 海洋油气业，构造境域开发格局

海洋石油和天然气，在国家经济发展和对外竞争中占有极其重要和独特的地位。随着世界各国对油气的需求量的增加，油气资源的争夺越发激烈，保障油气的安全，逐渐成为各国战略和实施国内外政策的核心内容。我国是能源消费大国，也是石油、天然气进口大户。由于历史和地理等因素，我国油气运输线路高度依赖于马六甲海峡，特别容易受到封锁，对我国的油气安全乃至国家安全都会带来深远的影响，寻找更多的能源通道、增加油气安全系数、确保运输通道安全是我国面临的一个重要发展问题。21世纪，随着对海洋开发强度和广度的加大，深海采油、采矿等必定成为各沿海国家一大市场与来源，所以，开发和利用广西北部湾及其境域丰富的石油和天然气资源，构建油气开发格局，不但是实现海洋强区梦的一项重要内容，更是维护国家海洋权益的一项重要战略举措。

（1）储量巨大的北部湾油气资源

北部湾是我国沿海六大含油盆地之一，油气资源丰富，石油资源量为16.7亿吨，天然气资源量为1457亿立方米，海底沉积物含有丰富的矿产资源，已探明28种，开发潜力极大。北部湾东南部海域已发现北部湾盆地和莺歌海盆地两个海底油气盆地。初步预测其油气资源量为12.59亿吨。目前，已经开发的油气田有涠洲10-3、涠洲6-1、涠洲11-4。广西滨海地区矿产资源也很丰富，已知的矿产种类有28种，主要有：石英砂矿远景储量10亿吨以上、陶瓷矿保有储量约为300万吨、石膏矿保有储量3亿多吨、石灰石矿保有储量1.5亿吨。此外，钛铁矿比较丰富，沿岸已知钛铁矿产地8处，其中3处初步勘察估算地质储量近2500万吨。

2016年以来，北部湾油气勘探开发已获得重大发现。由中石化上海海洋油气分公司部署在北部湾海域的"涠四井"，已顺利完成含油层测试，并试获高产油气流，日产油气超过千吨。其中，第一层试获日产自喷高品质原油1458立方米（约等于1264吨）、天然气7.18万立方米，第二层试获日产自喷高品质原油1349立方米（约等于1184吨）、天然气7.6万立方米，创中石化海域油气勘探单井最高纪录，也是近10年来国内罕见的高产测试探井，给北部湾海域未来的勘探突破带来了新希望。这一突破，对进一步拓展北部湾海域油气勘探开发空间、加快建设我国海上能源基地具有重大战略意义。

北部湾"涠四井"开发平台

"涠四井"距离广西北海市西南约110千米，处于盆地西部边缘。"涠四井"的重大发现，给北部湾油气勘探开发找到新的希望。

2022年4月8日，我国自主设计建造的首座海上可移动自升式井口平台"海洋石油163"

在广西北部湾海域正式投产。自主设计建造"海洋石油163"平台并成功投产，实现了涠洲12-8油田东区的有效开发。据了解，涠洲12-8油田东区距离涠洲岛约31千米。涠洲12-8油田东区高峰日产原油约1300吨，累计可增产原油超80万吨。该油田的成功开发标志着我国海洋边际油田开发又翻开了新的一页。

（2）构造北部湾油气资源开发格局

2000年12月25日，中越两国签订的《中越北部湾划界协定》中，关于北部湾油气问题，双方同意尊重划归对方的领海、专属经济区和大陆架的有关权利，有权在各自的大陆架上自行勘探开采油气或矿产资源。但对于尚未探明的跨界单一油气地质构造或跨界矿藏，参照各国的划界条约和实践，双方约定应就此进行友好协商，达成合作开采的协议。显然，北部湾跨界油气资源的利用和开发涉及问题的艰巨性和复杂性不容忽视。

石油是工业的"血液"，油气是国家生存和发展不可或缺的战略资源，在油气问题上只有我国与东盟国家通力协作，共同抵御风险，才能实现双赢或多方利益共享，广西与东盟国家，地理位置上具有得天独厚的优势，可以在我国与东盟海洋油气合作上先行一步。

就目前状况而言，无论是装备、技术还是勘探开发海上油气方面，广西都尚未具备条件，但我们不应视而不见，视而不思，视而不动。而应着手研究、探索、规划一种合作开发、利益共享方式，通过组建专业性企业（公司）参与北部湾油气开发，分享家门口这一巨大的海洋资源，无论是在北部湾，或在南海都应有一席之处。拱手相让，或者是无条件放弃，那就是最大的失职。就当前而言，应考虑：

1）探索开展中越北部湾油气合作途径

充分行使《联合国海洋法公约》所赋予的权利，维护我国在北部湾的海洋权益不受侵犯。在平等、互利的前提下，探索建设中越北部湾油气合作示范区，共同开采北部湾的油气资源，收益双方共享。油气合作发展的后期，可以探索构建中国（广西）-东盟油气合作，以及与其他国家多途径油气合作，通过合作探索建立北部湾安全保障共同体，共享集体油气安全利益。

2）配合国家开展南海油气勘探和接纳加工

由于勘探不足，各方对南海油气资源储量的评估数据有所不同，尽管如此，南海拥有丰富的油气资源是不争的事实。要进行南海油气的开发，首先要做的是摸清家底，掌握南海油气的储量和地质构造。广西应积极与中国石油天然气股份有限公司、中国石油化工股份有限公司、中国海洋石油总公司等加强合作，参与南海油气资源勘探工作及运输管道国际合作。同时，配合国家做好南海油气接纳加工基地建设，发展相关平台产业，形成石化产业集聚发展。

利用交会对接和区位优势，在广西沿海建设面向西南、中南地区的区域性油气资源储备中心，并通过油气管道建设，将北部湾油气资源输送到我国西南、中南经济带，为国家的能源战略提供后勤储备服务保障。

3）建设广西北部湾港口炼油、石化产业链

充分发挥广西北部湾"三港合一"的优势，优化现有港口炼油、石化产业链，利用好国家"一带一路"倡议在广西的定位政策优势，积极与中国海洋石油总公司相关部门沟通，在现有钦州石化、炼油产能基础上，建设广西北部湾港口炼油、石化产业集群，形成多点开花、布局合理、规划到位、政策集中的沿海、沿江炼油、石化基地，为广西的经济发展提供新的核心动力，为炼油、石油化工和精细化工一体化发展打下基础。

（3）境域油气格局构建与南海开发

众所周知，南海是油气资源极为丰富的海域，整个南海盆地群石油地质资源量为230亿～300亿吨，天然气总地质资源量为16万亿立方米，占我国油气资源总量的1/3，其中70%储存于153.7万平方千米的深海区域。而这些储量巨大的油气资源被发现后，南海的局势发生了改变，周边一些国家对南海岛礁主权提出申诉，所以，南海的问题与油气资源有关。目前，我国对南海中南部区域的油气资源勘探开发还是一片空白，因此，我们未来

北部湾油气开发井架

  要深度介入南海的油气资源勘探开发，共同开发或自主开发，或者说用自主开发来带动共同开发，毕竟我国的深海油气勘探开发技术已日趋成熟，这也是我国海洋经济发展的客观需求。

  南海的油气资源与战略地位依托相同。南海不仅油气资源丰富，而且还是中国、日本、韩国和东盟各国的海上生命线，承载着全世界一半以上的海上天然气运输量和约1/3的原油运输量，海运业在世界地缘政治中占据重要位置。当前，域外大国和东盟诸国对南海问题的介入和关注正在不断加深，为最大限度维护本国既得利益，有些国家曾提出重新界定南海诸岛的主张，导致在渔业、油气或领海方面都存在不同看法，甚至争议。所以，北部湾及邻近南海境域油气资源勘探开发对于维护我国在南海地区的海洋权益，保障海上油气资源安全，扩大对外开放和带动经济发展，其意义不言而喻。通过勘探开发，争取境域油气资源勘探开发获得更大话语权的同时，更好地应对南海生变。

  海洋油气是国家能源的重要组成部分。我们期待，油气产业助力广西明天蓝色崛起！

浪/声/回/荡/北/部/湾

第六章

前行，
定格北部湾

海上丝路开创北部湾通达壮举
海陆统筹赋予北部湾发展新内涵
陆海新通道建设树立北部湾发展方向标

海洋人
——与我的科研团队共勉

有这么一群人，也许并不是被很多人熟知，也许很平凡，
然而，只要有海的地方，就会有他们的身影。
无际的海面上有他们劈波斩浪的前行；
长长的海岸线有他们孜孜不倦的足迹；
遥远的海岛上有他们洒下的珠珠汗水；
深邃的海底有他们无畏的探索与追求。
他们守护着一片蔚蓝，耕耘着一片海天，
用他们的身躯抗击大风大浪，
用他们的双手书写海的传奇。
一次次出海采样，一份份实验报告，
一声声拍岸巨响，一抹抹望不到边的碧蓝，
记载着他们累累硕果的同时，也分担了海的忧愁。
他们以"功成不必在我，功成必定有我"的担当精神，
脚踏实地地付出，勤劳勇敢地创造，
为祖国海洋科研事业贡献力量。
为北部湾永久蓝色点亮更多闪光。
他们是谁？他们就是一群普通的海洋人！

一、海上丝路
　　开创北部湾通达壮举

向海而生，是一种探索的勇气，一种开放的胆魄，一种通达的梦想。

世界史上，恐怕再没有一条航路，像海上丝绸之路那样，用千年丈量时光，用万里丈量跨度，历久弥新。

古代，海上丝路是渔人赖以生存的生命线，是商人跨海营生的大商道，是信徒追寻经典的朝圣路，是使者交流文明的舞台。

现代，海上丝路是秉承共同的梦想和信念的纽带，是沟通历史与未来、连接中国与世界的文明坦途，是开启跨越疆域的心灵对话、书写休戚与共的逐梦传奇。

寻踪两万里，纵览两千年。如今，和平合作、开放包容、互学互鉴、互利共赢是海上丝绸之路得以生生不息的基因。在基因传承中，历史与今天不期而遇。

1. 古代海上丝路写下北部湾通达向往

自从我国第一次开通两国间的航路以来，这个古老的国家发出的文化影响对亚洲的许多文明曾有过美好的作用。

远洋帆船第一次冒险的情形已无法考证。但可确认的是，古代海上丝绸之路上，我国先人从未凭借当时最先进的造船与航海技术去占领或掠夺，而是把先进的技术、经验、理念捎到远方。这种"美好的作用"，吸

浪声回荡北部湾
Langsheng Huidang Beibuwan

• 我的海洋历程

引着海外使者涉洋来华，书写了一段段友好交流佳话。

历史上，通达始终是开放的产物，也始终是开放的推力。海上丝路发展中的几次大繁荣，都与当时中国的对外开放息息相关。汉武帝开通西域、放舶南海，让海上丝路走向印度洋乃至更远的地方；盛唐大开放，直接推动广州等南方港口的兴起；宋代，中国的造船、罗盘、造纸、制瓷等先进技术和物品，在海上丝路沿线分享和传播；明代郑和七下西洋，是外交活动，更是商业和文化的大交流。唐末五代，占城稻从东南亚引入福建沿海，至宋代推广全国；千年之后，中国技术和标准在老挝等地推动当地稻作快速发展。中国设计师的东方建筑理念，成就了老挝国际会议中心、斯里兰卡纪念班达拉奈克国际会议大厦等地标建筑。

正是同样对于开放和通达的追求，让古今海上丝路上许多传奇故事遥相呼应、两心相契。丝路故事，早已融入世界的记忆，融入中国发展的轨迹，成为共同的精神财富，写下了中国跨越千年时光的历史，也写下了北部湾对外通达的向往。北部湾是中国海船经南海通往东南亚、南亚等地最便捷的口岸之一，位于北部湾内的合浦作为汉代海上丝绸之路的始发地，具有得天独厚的地理条件。中国远洋巨舶由此出发，到东南亚各国进行通商贸易；而来中国贸易的外国船舶也从合浦港登陆。合浦成为南海市舶要冲。

如今，现代丝路让梦想不再遥不可及。印度企业家沙玛怎么也没有想到，中国的技术会让他的企业一跃成为全球第三大电子钱包。中国"蚂蚁金服"的电子支付技术让沙玛的Paytm公司用户数井喷到2.2亿，使他成为业界"大佬"；让从事稻米育种研究的"老挝袁隆平"普达莱博士，将科研成果转化成稻田产量和稻米质量，改写了老挝大米零出口的历史。普达莱感慨："是'一带一路'让我的梦想变成了现实。""智慧口岸"让广西中越边境越来越多以"扛包"运货为生的边民，结束肩扛、车推、手提的打散工模式，分享智能操控口岸物流带来的新机遇。

今天，在现代海上丝绸之路上，通达有了新的坐标：中老铁路、中缅油气管道、孟加拉国帕德玛大桥、马来西亚槟城跨海大桥、瓜达尔港、科伦坡港……通达也有了新的内涵：政策沟通、设施联通、贸易畅通、资金融通、民心相通。

一页纸，轻如鸿毛，却承载和书写着沉甸甸的梦想。正是许许多多个人的梦、家族的梦、行业的梦、国家的梦，凝聚在一起，成为现代海上丝绸之路源源不断的发展动力，并赋予北部湾新的使命与重任。

现代海上丝绸之路将承载和书写北部湾向海发展之梦想！

2. 现代海上丝路传承北部湾繁华历史

我国的东、南沿海拥有漫长的海岸线，历史上沿海分布有一系列的重要港口。海上丝绸之路的始点，主要包括合浦（含北海）、广州、泉州、福州、宁波、扬州等。在汉至明代的不同历史时期，这些港口因政府设市舶司等主管对外贸易的官方机构，成为使节和外商云集、贸易往来和文化交流的中心。

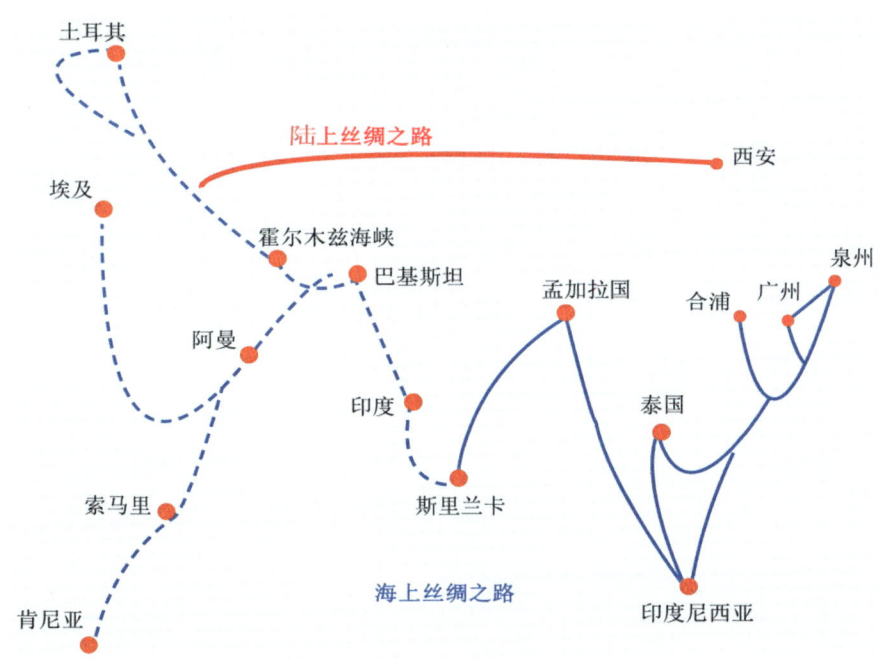

古代海上丝绸之路路线示意图

浪声回荡北部湾

Langsheng Huidang Beibuwan

● 我的海洋历程

广西为我国最早、最重要的海上丝绸之路始发港之一。从汉代开始,合浦港南通东南亚沿海,是北部湾沿海市舶要冲。秦汉时期,从中原经长江水系进入湘江,过秦始皇修筑的灵渠,沿漓江而到达桂林,并经漓江、桂江到达苍梧(今梧州),再经浔江溯北流河到达容州,后接南流江而达合浦港出海,是古代中原王朝南下岭南地区最便捷的军事通道、货运办理通道和对外贸易通道。合浦出海通道和海上丝绸之路的开辟,有力地促进了北部湾地区经济的发展。

汉代时期北部湾沿岸设立合浦郡,管辖今广东、广西、海南的数十个县(市),其中几乎包括了广西北海市、玉林市、钦州市全境。海上丝绸之路的行程就是从始发港广西合浦出发,经达泰国、印度尼西亚、孟加拉国、斯里兰卡等印度洋地区。秦始皇统一岭南后,合浦的农业、手工业和商业发展迅速,呈现繁荣景象,海上交通和贸易得到更快发展。中原有识之士抵合浦,积极从事经商,并发展海上交通和海外贸易。如合浦汉代钱币的大批发现,在海上丝绸之路中具有重要意义,而这些汉代钱币对东南亚古代货币的发展、货币经济的形成产生了深远影响。中国是东方文明古国,在海上丝绸之路南海航线经过的沿海国家,如东南亚地区的沿海各国,中国的产品很受欢迎。随着来往增多,除商贸之外,人们通过海上丝绸之路进行活动的内容也非常广博,包括远洋船只的打造、海上航线的拓展、航海技术的演进、外贸港口的兴建、远洋货物的贩运、对外贸易的管理、对外侨民的流动、官方使节的往来等。所以,北部湾从汉代开始就成为古代我国对外贸易、人文交流的重要通道。海上丝绸之路打开北部湾对外交流的大门,一直影响至现今的东盟沿海国家甚至更远的地区。

昔日合浦始发港,在海上丝绸之路的繁盛时期发挥了不可替代的作用,成为对外经济贸易与往来的重要窗口。如今"古港"已经注入了新的发展元素,取而代之的是北部湾港,其在港口基础条件、生产规模、建设功能、通过能力、装卸效率以及技术装备等方面都达到了现代化水平,并以实力书写海上传奇,"始发港"获得了新生。

或许是历史的一个轮回,这段跨越千年的历史,今天将重新焕发生机。北部湾港，21世纪海上丝绸之路南向重要门户，正融入国家"一带一路"倡议扬帆起航。

2017年4月，习近平总书记在视察广西时指出，广西参与"一带一路"建设，要立足"一湾相挽十一国，良性互动东中西"的独特区位，释放"海"的潜力、激发"江"的活力、做足"边"的文章，全力实施开放带动战略，打造全方位开放发展新格局。习近平总书记视察广西的重要讲话，为广西参与"一带一路"建设指引了前进方向、提供了根本遵循。当前，世界经济融合加速发展，区域合作方兴未艾，广西北部湾是我国沿海距离东盟各国最近的地区，区位优势突出，在21世纪海上丝绸之路建设中应扮演对接东南亚的重要角色。

在国家"一带一路"倡议照亮当下的广西北部湾沿海地区，加快21世纪海上丝绸之路南向通道的建设，充分发挥北部湾资源优势和有利条件，主动融入国家推进的海上丝绸经济带建设，加快北部湾港通道建设步伐，打造21世纪海上丝绸之路的"海上驿站"，成为当前的一项重要任务。

向海而生，梦想唯新。21世纪海上丝绸之路是一条充满未来梦想之路，构建21世纪海上丝绸之路不是"独奏曲"，而是"交响乐"，是我国与沿线国家的共同愿望。

北部湾，正沿着21世纪现代海上丝绸之路战略构想前行再远航！

第六章 前行，定格北部湾

二、海陆统筹
赋予北部湾发展新内涵

在我国1.84万千米海岸线上，有两个海湾，分别踞于南北两端。北端，是几乎已无人不晓的渤海湾。南端，则是知名度仍较低的北部湾。然而，一股发展新风，正伴随着滚滚涛声，从北部湾顶端的广西沿海鼓荡开来。

向海图强风帆劲，长风破浪会有时。筑梦北部湾，陆海同驱动，扬帆再起航。

广西所辖的这片海，不仅属于广西，也属于其背后的大西南，甚至关联着整个中国中西部地区。由于体制因素，北海、钦州、防城港3个海港，多年来各自为政，同类竞争，所以造成优势互抵而不是优势互补，这既无益自身，也无益广西及其周边。2008年1月，国家批准实施《广西北部湾经济区发展规划》，打破这个区域行政界限，对其进行整体规划，统筹管理，以形成整体优势。南宁、北海、钦州与防城港，开始在科学与理性的共识下，同唱一体化的开放开发"大风歌"。

今天，当历史的时针走过了数千年之后，港口不只是港口，"始发地"也不再局限于一港、一地之区域、地域，而是一个与资源拓展、开放战略紧密相关的范畴，也就是说，港与海、海与陆，是一个整体，是一个统筹的发展板块。在新时代大发展的背景下，在北部湾战略定位的带动下，"始发地"向陆拓展、延伸、融合已正式开始：港口整合，港口与高铁、海铁联运；港口与内陆统筹、向海发展是大势所趋，而广西发展的坐标不仅仅是沿海三市，更是全区乃至大西南地区全域拥抱海洋开放发展之大门。

打破思想桎梏，用更加开阔的视野看海洋，陆海统筹，让北部湾融入时代发展的时刻已经到来！

北部湾经济区，通称"南北钦防"。该区域土地总面积为4.25万平方千米，约占广西土地总面积的18.0%。濒临北部湾海域面积为12.93万平方千米，是我国较洁净、综合开发潜力极大而成本又相对较低的海域之一。

进入21世纪，北部湾今非昔比，我国新的经济增长板块雏形形成。北部湾成为我国沿海继长三角、珠三角、环渤海经济圈之后最具发展活力、最具投资吸引力的地区。

面对北部湾不尽的波涛，人们对正在隆起的中国南方新的经济增长板块翘首以待！今天，我们在倾听北部湾畔涛声的同时，梦寻千年海上丝绸之路繁华的足迹，沿着新时代发展的脚步，以陆促海、以海带陆、陆海联动，持续延伸向海之路！

1. 以陆促海，是北部湾与陆域统筹之互补

以陆促海是向海经济发展的初期。通过发展向海经济，优化海陆间资源配置结构，借助陆域经济的扩散效应与溢出效应，合理引导陆域优势资源向海洋延伸与集聚，依托区域特色资源优势，因地制宜、因时制宜，分层次制定各区域发展规划，推动向海经济合理有序发展，加速陆域经济向海融合，形成与之不同的自身特色优势的经济高地。

广西北部湾区位条件优越，东邻粤、琼，西接越南，南出西太平洋，北靠大西南，拥有我国西南区域最便捷的出海通道，自汉朝以来就是海上丝绸之路始发港之一，长期发挥着我国开放合作、与世界对接的重要门户作用。广西北部湾是我国较清洁的一片海域，海洋资源十分丰富。优越的区位与交汇条件和良好的海洋生态环境，为北部湾陆海统筹持续发展提供了坚实的保障基础。

2008年1月，国家提出由南宁、北海、钦州、防城港、玉林、崇左所辖行政区域组成广西北部湾经济区。广西北部湾经济区是我国继以广州、

浪声回荡北部湾

Langsheng Huidang Beibuwan

• 我的海洋历程

深圳为中心的珠江三角洲经济圈,以上海为中心的长江三角洲经济区,以北京、天津为中心的环渤海经济圈之后又一个具有重大历史意义的经济区域。北部湾面向东盟,是我国沿海距离东盟各国最近的地区,从汉代开始,北部湾就成为古代中国对外贸易、人文交流的重要通道,与东盟有着更广泛的海上合作与交流,所以,北部湾经济区将成为重要的国际区域经济合作区,这是全国第一个国际区域经济合作区。广西北部湾经济区的设立,标志着北部湾开放开发上升为国家战略,目标是建成我国经济增长的第四极。

为此,广西北部湾经济区要融入海陆同频交响的两种要素,并按五个组团板块赋予不同的功能定位,高标准规划,分区域打造。

南宁组团。主要包括南宁市区及周边重点开发区,发挥首府中心城市作用,重点发展高技术产业、加工制造业、商贸业和金融、会展、物流等现代服务业,建设保税物流中心,成为面向我国与东盟合作的区域性国际城市、综合交通枢纽和信息交流中心。

钦(州)防(城港)组团。主要包括钦州、防城港市区和临海工业区及沿海相关地区,发挥深水大港优势,建设保税港区,发展临海重化工业和港口物流,成为利用两个市场、两种资源的加工制造基地和物流基地。

北海组团。主要包括北海市区、合浦县城区及周边重点开发区,发挥亚热带滨海旅游资源优势,开发滨海旅游和海岛旅游业,重点发展电子信息、生物制药、海洋开发等高技术产业和出口加工业,拓展出口加工区保税物流功能,保护良好生态环境,成为人居环境优美舒适的海滨城市。

铁山港(龙潭)组团。主要包括北海市铁山港区、玉林市龙潭镇,充分发挥深水岸线和紧靠广东的区位优势,重点建设铁山港大能力泊位和深水航道,承接产业转移,发展临港型产业,建设海峡两岸(玉林)农业合作试验区。

东兴(凭祥)组团。主要包括防城港东兴市、崇左凭祥市城区和边境经济合作区及周边重点开发区,发挥通向东盟陆路大通道的门户作用,发展边境出口加工、商贸物流和边境旅游,拓展凭祥经济技术合作区功能,建立凭祥边境综合保税区。

南宁作为北部湾经济区的行政中心，是中国-东盟自由贸易区中的区域性国际化城市、东盟各国领事馆的常驻地以及东盟博览会的永久举办地；北海将作为一个国际性旅游城市来打造；钦州将作为西南沿海的一个重工业基地来打造；防城港与东盟国家海陆相连，具有沿边又沿海的独特区位优势，港口货物运输龙头的地位已经确立，因而防城港将作为一个核心城市来打造。

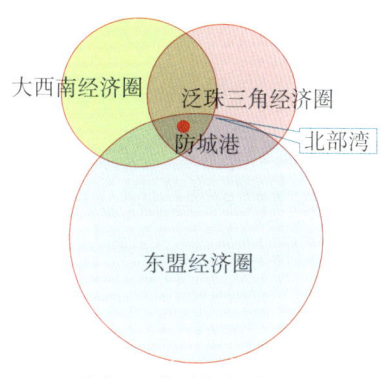

北部湾重要枢纽位置

以上五个组团板块按照所在的区位、资源、环境等自然属性，科学确定功能定位，根据经济和社会发展的需要，统筹安排各区块的发展重点。从陆海兼备的区情出发，提升和发挥海洋元素在经济社会发展中的地位和作用，倚海向陆，以加快海洋开发进程为导向，以协调陆海关系、促进陆海筹划发展为路径，推进陆海相容并济的可持续发展，突显北部湾是整个大西南最便捷出海大通道，也是我国面向东盟的窗口、桥头堡，其作用无可替代的重要意义。这体现了北部湾与陆域统筹发展之互补。

2. 以海带陆，是北部湾融入时代之必然

以海带陆是向海经济发展的中期阶段。以陆促海在一定程度上提高了海洋经济发展水平，海洋经济对陆域经济产生了较强的辐射带动效应。一方面扩大了海洋最大生产可能性边界，大量新资源被发现，并逐渐流向陆域经济，带动陆域经济的转型发展；另一方面向海经济属于开放式经济，向海经济的深入拓展与对外开放，会吸引或引导国外先进技术、复合人才、高端装备等资源流向国内，大量高质量生产要素的回流会加快陆域经济转型升级，优化国民经济结构，加快产能转移，拓展对外贸易市场，加快推动新旧动能转换，促进国民经济的高质量发展。

依托海洋优势，实施以海带陆，构建超越陆海统筹发展新模式，通过

浪声回荡北部湾
Langsheng Huidang Beibuwan

● 我的海洋历程

沿海发展，带动内陆联动，从而更大范围拓展人与海和谐共生空间。这是通过以海带陆解决人口压力的发展目标和归宿，也是北部湾融入时代发展之必然。

人与海和谐共生，无论是过去、现在或者将来，都将是最佳选择的发展目标和归宿，这也是人们向往高质量生活的美好期盼和需求。

人与自然是一个生态系统，是一个生命共同体。党的十九大报告将"坚持人与自然和谐共生"纳入新时代坚持与发展中国特色社会主义的基本方略，"美丽"首次上升为衡量社会主义现代化强国的维度。海洋是大自然的重要组成部分，沿海而居或者依海而居，每天看海天一色，听碧海潮生，就是我们向往的生活。

纵观国内外人口分布密度，世界人口的60%居住在距海岸100千米的沿海地区。我国沿海地区也是这样。根据《中国海洋统计年鉴2017》给沿海地区下的定义，我国有9个沿海省、1个自治区、2个直辖市；53个沿海城市、242个沿海区县。除台湾外，沿海省（区、市）总面积约133.4万平方千米，占全部国土面积的14%，而人口约占全国人口总数的40.9%。在我国东部、西部、中部3个地带中，沿海地区人口承载力最高，全国每平方千米平均人口约120人，而东部沿海地区372人，中部地区200人，西部地区15人，3个地区人口密度之比为25∶13∶1。

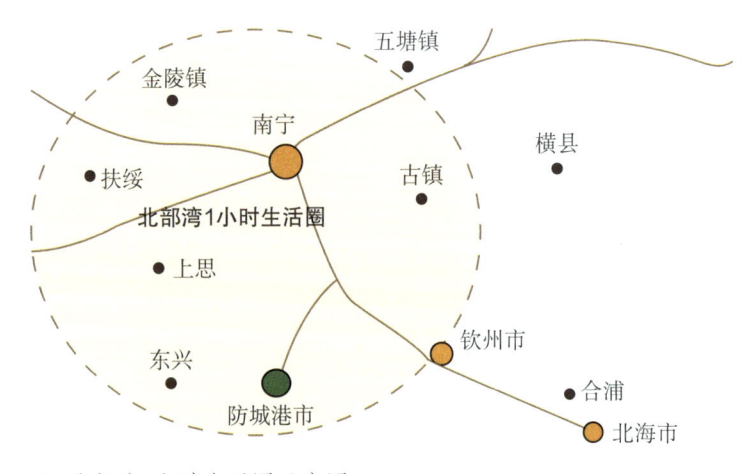

🔊 北部湾1小时生活圈示意图

原因之一：濒临海洋的沿海地区，受海洋的影响，生态环境优美，适合人类居住。同时，沿海地区具有临海的区位优势，对外经济联系方便，成为经济最发达的地区；原因之二：大海还有持续的造陆功能，东南沿海地区约2.5亿亩优良农田是由滩涂围垦形成的。

在我国的版图上，香港是人口分布密度最大的城市。香港三面绕海，土地面积只有1000多平方千米，相当于上海的1/6，而居住人口约750万。广西土地总面积23.67万平方千米，其中，钦州、防城港、北海三市土地面积2.04万平方千米（北海市0.34万平方千米，钦州市1.08万平方千米，防城港市0.62万平方千米），占广西土地总面积的8.62%。2020年，广西北海、钦州、防城港三市总人口近710万，约占广西总人口5695万人的12.47%。按照每平方千米居住人口推算，北海、钦州、防城港三市沿海地区尚有很大的人口居住发展空间。可见，广西沿海地区人与海和谐共生留白空间大，人口承载力高。

一个世界上最大的城市群——北部湾城市群（南宁、北海、钦州、防城港四市合一）正在形成！

北部湾城市群形成后，人口规划可容量将达3500万左右，而目前沿海三市总人口约710万人，只占规划可容量人口的20.29%。年度经济总量可能突破1万亿美元，有望成为世界上最具产业活力和最大的城市群。时代风云际会造就了北部湾，也成就了北部湾沿海三市的恢宏前景。

南宁，作为东盟博览会的永久举办地、广西首府，都市格局已经形成。钦州、防城港、北海沿海三市根据国家战略定位正在加快自身发展。

北海，这个美丽海滨城市，随着北部湾经济开发建设的不断深入和泛北部湾区域经济合作的大力推进，正在充分发挥地处北部湾多个区域合作交会点和海上丝绸之路始发港的优势，构建"一带两湾"的工业发展新格局。顺着海岸线建设一条环半岛、以园区为特色的重要经济带，以"两湾"之一的廉州湾工业园区和合浦工业园区为载体，重点发展无污染的高新技术产业、先进制造业、加工贸易业和农产品、水产品加工业，以及以电子信息产品制造、软件、通信设备、集成电路等为重点内容的电子信息产业。环保优先、珍爱环境，已经成为北海广大干部和企业的共识。

钦州，坐拥北部湾经济大发展的天时、地利、人和，中国广西东盟商贸城适逢其会，以重金150亿元的大手笔、大气魄震撼钦州；以整体项目规划用地200公顷，总建筑面积超400万平方米的庞大体量，打造集国际商贸展示中心、交易中心、流通中心、经济文化交流中心于一体的商贸航母；以立足北部湾、面向大西南、对接东南亚、服务全世界的宏图远景，代言钦州未来，问鼎广西北部湾经济区以至我国新的经济增长板块的王座。

防城港，作为我国内陆腹地进入东盟最便捷的主门户、大通道——西部第一大港，是我国沿海主枢纽港之一。拥有建港岸线长106.3千米，可建万吨级以上深水泊位200多个，年潜在吞吐能力超10亿吨。至2022年，我国已与100多个国家和地区250多个港口通商通航。设有5个国家级口岸，广西70%的关税在防城港实现，每年进出境人数超过460万人次，居我国陆路边境口岸前列。

防城港发展纳入国家战略，不仅全市是广西北部湾经济区核心区，而且所辖的东兴还是国务院确定的三个国家级重点开发开放试验区之一。2008年，国家批准实施《广西北部湾经济区发展规划》，设立东兴重点开发开放试验区，规划定位为"西部深圳、边境特区"。

北部湾城市圈，正在崛起！

3. 海陆联动，是北部湾资源有效之利用

海陆联动是向海经济发展的成熟阶段，此时国民经济重心兼顾于海域与陆域。海陆联动，还可以加速生产要素或资源要素的相互流动，促进陆域经济与海洋经济的有机结合，进而推动陆海统筹协调发展。一方面，通过陆海联动加速高质量生产要素向陆域集聚，缓解陆域经济的结构转型与高质量发展面临的资源困境。另一方面，通过发展向海经济，科学保护与开发海洋资源，使资源潜能得到充分发挥，从而推进国民经济实力的增强。

实行海陆联动，可以解决广西今后人口增长带来的诸如土地资源短缺、就业压力大以及城市发展空间小等问题，使北部湾各种资源得到有效

之利用。

一是拓展蓝色田园发展空间。根据有关统计资料，2020年，广西总人口为5695万人，耕地443.1万公顷，人均耕地面积0.077公顷，低于全国人均耕地面积。广西只有不断开垦土地扩大耕地面积，才能平衡人口增长的需求。所以，发展空间显然要依赖于这一片海，因为北部湾有大片滩涂和广阔的浅海水域，还有大量可提供的食物，如海产品等。据调查，广西大陆海岸线中有1/3为淤泥质浅滩，且80%分布在入海河口处。广西沿岸有22条中、小河流独流入廉州湾、钦州湾、大风江口等，每条河流的入海口都有面积大小不等的淤泥和沙泥浅滩。如：廉州湾南流江入海口，沿岸滩涂总面积1万公顷，其中，沙泥滩和淤泥滩分别占25.6%和20.6%；钦州湾茅岭江和钦江入海口，沿岸滩涂总面积约2.8万公顷，其中，沙泥滩和淤泥滩分别占34.5%和31.5%；大风江入海口，沿岸滩涂总面积约1.6万公顷，其中，沙泥滩和淤泥滩分别占33.4%和34.9%；此外还有北仑河、防城江、南康江入海口等，在每个河口的入海处都有成片的浅滩，这些地方围垦投资少，纳潮量不大，且大都集中在河口三角洲地区，河流淡水资源充足，土地肥力好，是十分宝贵的潜在土地资源，如能合理开发利用，蓝色田园将不再是纸上谈兵，广西沿海地区的农业就大有拓展空间。

浅滩包括滩涂在内，是我国重要的后备土地资源，具有面积大、分布集中、区位条件好、开发潜力大的特点。浅滩是一个处于动态变化中的海陆过渡地带。向陆方向发展，通过围垦扩大农业耕地面积；向海方向发展，可进一步成为开发海洋的前沿阵地。所以，浅滩不仅是一种重要的土

南流江入海口淤泥质海滩、大风江入海口沙泥质海滩

地资源和空间资源，同时也是水产养殖和发展农业生产的重要基地，是开发海洋、发展海洋产业的一笔宝贵财富。

二是缓解就业压力的有效途径。 随着人口增长，劳动力过剩、下岗人员增多问题凸显，内陆地区谋业的人数有增无减，就业空间越来越窄，缓解就业压力的希望在海洋，潜力在海洋。广西沿岸滩涂浅海面积7500平方千米，其中，滩涂面积1005平方千米，浅海面积（20米水深以内）6488平方千米（约973万亩），其中，5米水深线以内面积约2000平方千米，5~15米水深线之间面积约2300平方千米，15~20米水深线之间面积约2100平方千米。如按开发一亩浅海滩涂水面可直接安排产业劳动力0.3人算，开发20%的面积可安排58.38万人，开发25%的面积可安排72.975万人，开发30%的面积可安排87.57万人，这相当于我国一个中等城市的人口。显然，开发的面积越大，直接安排的产业劳动力就会越多。而广西目前实际利用浅海滩涂面积不到270平方千米，只占0~15米以内面积4300平方千米的6.2%，可利用的空间很大。同时，从综合开发海洋产业角度考虑，海水养殖业只是其中一个方面，还有海洋食品工业、海洋药物工业、海洋化工业、海洋旅游业、海洋盐业、船舶制造业，以及围绕着海洋产业发展起来的产前、产中、产后服务业等一批行业，都可以解决相当数量的劳动力就业问题，这对于缓解广西今后面临的就业压力具有现实意义。同时，也为承受内陆更多人员涌向沿海提供了拓宽就业分流的有效途径。

三是西南海产品市场需求潜力巨大。 改革开放以来，我国经济进入高速发展阶段，人民对水产品的需求不断增加。目前我国海水养殖产量约占

🎧 网箱海水养殖

全球海水养殖总产量的1/3，大型海藻、扇贝和牡蛎等产量均居世界第一。

北部湾丰富的海洋生物资源及其广阔的水域，不仅与广西人的吃饭、就业和广西可持续发展有关，还与西南地区水产品市场需求有着密切关系。

广西背靠大西南，四川、重庆、云南、贵州和西藏5省（区、市）拥有2亿多人口。若按每年海产品人均需求量12.0千克推算（每月人均需求量为1.0千克），每年海产品的需求量为24亿千克，即240多万吨。可见大西南地区海产品市场需求潜力巨大。如果要达到全国人均消费水平，对海产品的需求还会增加，远远超过广西现有的生产能力。西南地区对海产品的需求有市场而无资源，北部湾（以及南海）有资源尚缺乏足够的开发能力，广西海洋水产品进军西南市场，完全有条件采用"大西南市场+广西市场资源"这种区域协调发展模式。

海洋，是提供人类食物资源的宝库。据推算，海洋每年可向人类提供30亿吨海产品，能够生产的动物蛋白质就有约4亿吨，相当于目前人类对蛋白质需要量的7倍。海洋生物，不管是动物，还是植物，都有一个共同点，就是含有丰富的蛋白质，易于人体吸收。蛋白质是生命的基础，被人们誉为"生命素"，没有蛋白质，生命也就停止。因此，在21世纪，海洋水产品或加工后的海洋食品将在人们的餐桌上大量出现。

进入21世纪，面临人口、资源、环境问题的严峻挑战。随着人口不断增长，陆地发展空间将越来越有限，向海发展将成为21世纪唯一的选择。

所以，广西这一片海，正是广西人21世纪耕耘蓝色的海水、播种蓝色的希望之所向、之所望，也是广西人海上蓝色粮仓之所盼、之未来。

产于沿岸沙质海滩的方格星虫（左）和产于泥质潮滩的海螺（右）

三、陆海新通道建设
树立北部湾发展方向标

有着西部唯一出海口的广西，在我国对外开放的历史上具有独特地位。早在2000多年前的汉朝，北海就是古代海上丝绸之路的重要始发港之一。19世纪北海开埠，开始了历史上的第二次大开放。1919年，孙中山在《建国方略》中提出了在钦州规划"南方第二大港"的宏大构想。新中国成立后，广西怀着对海洋的无限向往，开始了向海发展的艰苦创业之路：1968年，在防城港动工建设2000吨级的浮码头；1992年，在荒芜的海滩边上钦州自发捐款2000多万元，建起了两个万吨级码头；1994年，国务院批准北海市设铁山港区，从此，铁山港建设列入规划有序推进。如今规划变为现实，北海铁山港由"小码头"变成"大通道"……

回首一幕幕往事，梳理一个个节点，依托蓝色海洋发展起来的北部湾边陲小渔港现已成为西部陆海新通道的重要海港，跻身国际枢纽海港行列。北部湾港崛起的步伐，留下坚实的印迹。

1. 新通道建设突显北部湾地位与作用

（1）新通道建设成效大，挑战也大

2019年，国家发改委发布《西部陆海新通道总体规划》，作为主通道出海口和国际门户港的广西无疑是亮眼的角色。"一湾相挽十一国、良性

西部陆海新通道空间布局示意图

互动东中西"，西部地区运距最短的出海口——北部湾，虽然经济社会发展相对滞后，但得天独厚的区位优势让广西一直怀着一个联通内外、辐射西部的"门户梦"。

《西部陆海新通道总体规划》明确广西的重要定位："建设自重庆经贵阳、南宁至北部湾出海口（北部湾港、洋浦港），自重庆经怀化、柳州至北部湾出海口，以及自成都经泸州（宜宾）、百色至北部湾出海口三条通路，共同形成西部陆海新通道的主通道"；"建设广西北部湾国际门户港，发挥海南洋浦的区域国际集装箱枢纽港作用，提升通道出海口功能"；"密切贵阳、南宁、昆明、遵义、柳州等西南地区重要节点城市和物流枢纽与主通道的联系……"

该规划的发布，突显了广西在国家对外开放大格局中的地位和作用，使广西在对外开放中站在了一个新的关键节点上。相比历史上任何阶段，当前无论是我国对外开放合作的大态势、新通道规划建设的层次和力度，还是多年经营后广西北部湾的自身发展基础，都已不可同日而语。从某种意义上说，西部陆海新通道建设为广西实现梦寐已久的"国际门户梦"提供了绝佳的契机和平台，为助推广西向海发展指明了新的方向。

浪声回荡北部湾
Langsheng Huidang
Beibuwan

我的海洋历程

历史，总是在某个重要时期、重要节点的重要时刻，为其标注下鲜明的印记。

然而，新通道建设成效大，挑战也大，广西面临的考验仍然异常艰巨。一条国际贸易新通道的培育需要全链条多因素协同推进，基础设施滞后、班轮班列不密、货源不足、产业发展不均衡等诸多难题制约着新通道的建设。主要体现在两个方面：

一是通过北部湾港出海的货物时间较长且不好控制，导致运价成本存在变数。几年前，"广西货不走广西港"的现象一度在广西引发热议。西部地区货物从广西出海的运距优势显而易见，近年来运价也逐步下降，通关效率和基础设施建设不断提升和改善，但由于航线少、航班不密等因素，货物通过北部湾出海时间较长且不好控制，不少货主仍倾向选择通过长江航运、陇海铁路等传统成熟线路出海，还有大量南下、北上的货物选择了珠三角和越南海防等港口。一家落户广西沿海的出口型公司负责人曾表示，港口虽然近在咫尺，但航线班轮不够密，货物滞港时间相对较长，考虑到综合时间成本，只能把货物通过公路运到深圳出海。

二是对照西部陆海新通道建设的宏大规划，目前西部参与省份在铁路、公路和港口等方面都存在"瓶颈"，交通基础设施建设亟待提速。以铁路为例，黔桂、南昆等线路运力趋于饱和，一些线路需要扩能改造，一些线路有待"截弯取直"。南宁—河内铁路牵引定数逐段下降，国内省区市至广西铁路基本为4000吨左右，南宁—崇左段2600吨，崇左—凭祥1400吨，凭祥—河内仅为1000吨，限制了跨境运量，需加快扩能改造。新通道汇聚了大量物流，也对沿海口岸提出了更高要求。长期以来，广西口岸开放建设资金投入不足，设施相对滞后，通行能力不能满足快速增长的物流需求。此外，新通道还存在冷链设备不足、货场冷库较少、分拨能力不强等困难。

而要想成为"门户"，不仅要畅通道，更要强产业、活贸易。从现实情况看，广西经济规模、发展质量特别是外向型经济，不但不能同珠三角、长三角比肩，而且还落在不少省份后面。正因如此，广西港口发展一

🎧 北部湾港（铁山港区码头规划）

直没有走出"因为货源少，所以航线少、班轮少；因为航线少、班轮少，所以待船时间长、运价高；因为待船时间长、运价高，所以货源少"的怪圈。与此同时，广西与其他西部省区市、东盟国家之间的产业协作同样有待提升，市场需求不足、上下行货物不均衡问题仍然突出。

（2）新通道建设既是机遇，更是动力

北部湾海洋资源丰富，开发潜力大，经济腹地广，投资环境好，开放条件优越，发展前景广阔。广西北部湾是我国1.84万千米海岸线上一片尚待全面开放开发的沿海地区。

但北部湾经济区总体经济实力还不强，工业化、城镇化水平较低，现代大工业少，高新技术产业薄弱，经济要素分散，缺乏大型骨干企业和中心城市带动；门户港规模不大，竞争力不强，集疏运交通设施相对较为滞后，快速通达周边省份特别是珠三角大市场以及东盟国家的陆路通道亟待完善，与经济腹地和国际市场联系不够紧密；一些东盟国家极力加快发展，对北部湾经济区开放开发构成外部竞争压力。

为此，我们应抓住西部陆海新通道建设新机遇，并以此为动力，全力推进北部湾经济区高质量一体化发展：

一要发挥"一带一路"有机衔接重要门户作用，着力推进以大港口为重点的交通基础设施一体化建设。强化北部湾港三港域分工协作、协同

发展，统筹港口规划建设运营和港航资源配置，加快钦州国际集装箱干线港、防城港大宗商品集散枢纽港、北海铁山港综合航运港和国际邮轮码头建设。给予西部陆海新通道集装箱港口作业费用优惠支持，打造西部最佳出海口，促进交通、物流、商贸、产业与国际供应链深度融合发展，增强服务东盟国家和我国中西部地区的能力，加快构建面向东盟的国际门户大通道。

二要深入推进南北钦防一体化，加快沿海区域高质量发展。推进交通互联互通，构建"两纵一横"骨干轨道交通网，开通南宁—防城港—钦州—北海公交化城际高铁，实现四市主城区轨道交通1小时通达。建立南北钦防产业协同发展机制，明确功能定位，优化产业空间布局，重点打造电子信息、石油化工、冶金、食品加工、林浆纸、先进装备制造等工业集群，推动临海优势产业高质量发展。合力打造北部湾城市群，加快同城化纵深发展，推进基本公共服务共建共享和生态环境联建联防联治，打造设施互通、产业互补、园区协同、服务共享、内外联动的一体化新格局。

三要利用北部湾港地理优势，重点打造临港关联产业发展高地。北部湾港具有与东盟相近的地理条件。目前我国从中东进口的原油，经马六甲海峡，运抵北部湾沿海港口，较之运抵东部沿海港口，成本将大幅度降低。北部湾地区依托我国经济发达的东南地区、沟通西南内陆腹地，海洋油气资源开发潜力巨大，加上深水良港众多，拥有发展临港大工业的条件。油气化工项目作为重点扶持发展的支柱产业，在北部湾沿岸已相继开工建设或建成投产，一条新兴的油气化工产业带已初具规模。因此，重点发展油气化工产业，不仅是北部湾地区的优势，而且完全可以更好地优化我国油品供应结构。但必须处理好北部湾地区油气化工产业密集发展对环境带来的影响，以及项目雷同带来的同质竞争后果。

四要以新通道建设为契机，加快推进北部湾经济高地形成。北部湾发展面临良好的机遇。中国－东盟自由贸易区建设、中国－东盟博览会和商务与投资峰会、大湄公河次区域经济合作等一系列合作机制的建立和实施，进一步深化了我国与东盟的密切合作，为北部湾经济区发挥面向东盟合作前沿和桥头堡作用奠定了基础。通过推进西部陆海新通道建设，着力完善"海、公、铁"多式联运体系，全方位融入粤港澳大湾区，高水平承接东部发达地区产业转移。同时，广西应借助中越跨境经济合作区、边境旅游试验区等国家级开放平台建设，以新通道建设为契机，将北部湾经济区开发建设与中国－东盟合作的重点领域结合起来，与国内其他经济区的合作结合起来，提升自身在国际国内的知名度和影响力，为北部湾经济新高地的形成和高质量建设创造更加有利的条件。

（3）新通道建设的实现要走的路还很长

《西部陆海新通道总体规划》是从国家层面全面部署新通道建设的"路线图"，对新通道建设的体制机制、关键环节等作出了针对性的部署。北部湾经济区以其区位优势积极融入，至2020年止，北部湾港至重庆、四川、云南、贵州、甘肃等西部6省市的5条海铁联运班列线路实现了常态化运行，新开通了北部湾港至陕西、桂北班列。2020年，西部陆海新通道铁海联运班列开行4596列，较2019年的2243列有大幅增长，开行数量超过前3年总和。但要把规划变为现实还有很长的路要走，广西应围绕"新通道规划"要求，立足实际，从以下几方面着重发力：

——**着力打造好向海经济的有力保障**。坚持以习近平总书记视察广西沿海时重要讲话精神为指导，深入贯彻落实习近平总书记关于建设海洋强国的重要论述和对广西工作的重要指示精神，坚持陆海统筹、江海联动，坚持交通先行、产业支撑，坚持创新驱动、绿色发展，坚持开放合作、区域互动，全方位实施向海发展战略，壮大向海经济实力，拓展蓝色发展空间，深度融入以国内大循环为主体、国内国际双循环相互促进的新发展格局，加快把广西建设成为具有重要区域影响力的海洋强区。全面营造向海发展的浓厚氛围，为向海经济发展提供有力保障。

——**着力抓好西部陆海新通道建设这一牵引工程**。要坚持以新通道为牵引，抓住广西列入全国首批交通强国建设试点的机遇，构建更加通畅的向海交通网，全面提升北部湾国际门户港运营管理水平，进一步推进向海通道降费提效优服，加快打造现代化向海交通网和集疏运体系，力争在较短时间内，实现北部湾经济区内1小时通达海港。

——着力做大做强做优向海产业。要进一步科学谋划、合理布局，升级发展向海传统产业，全力打造绿色临港产业集群，培育海洋新兴产业，辐射带动腹地特色产业发展，着力培植向海"工业树"，打造向海"产业林"，推进"港产城海"融合发展，打造一批向海发展的主导产业聚集基地，构建具有广西特色的现代向海产业体系，加快成为国内大循环的重要节点和国内国际双循环的战略链接。

——着力提升向海开放合作水平。要以开放的视野和思维，全面系统深入推进"南向、北联、东融、西合"的全方位开放合作，积极融入国家"双循环"新发展格局，用好用活各类开放合作平台，深耕蓝海，深耕东盟，持续深化面向海外的开放合作，务实推进国内区域合作，以更大力度推进招商引资，加快形成内聚外合、纵横联动的向海开放发展态势。

——着力增强向海经济发展动力和活力。要大力推进要素市场化配置改革，坚持前端聚焦、推进中间协同、注重后端转化，强化科技创新，加强金融支持，打造畅通、便捷、高效的金融合作大通道，广聚八方人才，加快相关要素市场化改革，促进资源要素合理流动、高效聚集，切实为向海经济发展增动力添活力。

在这个过程中，广西既要有"咬定青山不放松"的决心韧劲，也要有"天工人巧日争新"的进取意识，通过持续改革创新更好地服务各方，在成就他人中实现自己的梦想。

2. 北部湾汇入大海经济扬帆再远航

古往今来，大海因其浩瀚无边的辽阔、海纳百川的胸襟，令无数人咏之思之。

北部湾虽不是大海，但它与大海有着同样的广阔、同样的川流不息。在这里，海水源源不断地流向大海。

2018年11月7日，《人民日报人民论坛：在开放中奔向更美好的未

钦州港30万吨级油码头挺进深蓝

来》一文将我国经济比喻为大海，将在开放中愈发壮阔，奔向更美好的未来。文章指出：

"大海之大，首在于其广。"面对大海，人们总会惊叹它的壮阔与深邃。如今的中国，已是世界第二大经济体，经济总量超过821万亿元，连续多年对世界经济增长贡献率超过30%。而13亿多人口的大市场、960多万平方千米的国土，更让中国经济有着大海般的磅礴。

"大海之大，还在于其稳。习近平主席说得好，'大海有风平浪静之时，也有风狂雨骤之时。没有风狂雨骤，那就不是大海了。狂风骤雨可以掀翻小池塘，但不能掀翻大海'。没有风暴的海洋只是池塘。有风平浪静，也有狂风骤雨，那才是大海的常态。"[1]

广西的发展，曾经历封闭带来的落后之痛，受历史因素影响，广西经济社会发展曾一度封闭落后。发展的突破口在哪里？沿海城市开放了，但缺乏产业支撑和发展基本要素的注入，城市发展和经济建设速度远远落后；港口建起来了，但一直苦于资源分散、体制机制不顺、相互竞争的影响，发展规模仍然有限。"定位决定发展，开放带来进步，封闭必然

---

[1] 陈凌：《在开放中奔向更美好的未来（人民论坛）》，《人民日报》2018年11月7日，第4版

浪声回荡北部湾
Langsheng Huidang Beibuwan

• 我的海洋历程

落后"。2015年3月，中央赋予广西"三大定位"新使命，彻底激活了广西的区位优势，推动思想观念、发展战略、体制机制等实现变革性突破，"三大定位"的目标和使命给广西人实现全方位大开放引领大发展提出了更新的要求。

向海经济，也是如此。北部湾的发展之路从来都不是一帆风顺的，有顺境，也会有逆境；有机遇，也会有风险和挑战。北部湾与我国东部沿海的长三角和相邻的珠三角发展相比，目前在开放层次、拓展合作以及经济体量方面仍有差距，但国家实施北部湾开放带动战略的决心不会变，推动北部湾向海经济前进的脚步不会停滞，更不会放慢。风物长宜放眼量，经历40多年改革开放的风风雨雨，北部湾的向海经济更加强健，发展的根基更加稳固。更何况，北部湾向海经济体量在逐步增大，北部湾开放开发已列入国家重大战略，建成我国经济增长第四极的目标不会改变。如今，随着国家构建陆海联动、东西互济的全方位对外开放新格局的形成，作为西部陆海新通道的重要组成部分——平陆运河建设——为北部湾地区经济发展注入新的活力。

平陆运河是连接北部湾国际枢纽海港和西江水道的一条新的战略大通道。它始于南宁横州市西津库区平塘江口，经钦州灵山县陆屋镇沿钦江进入北部湾，全长约140千米。平陆运河将直接连通西江"黄金水道"和北部湾港，建成后将缩短西江中上游地区入海航程约560千米，上游地区货

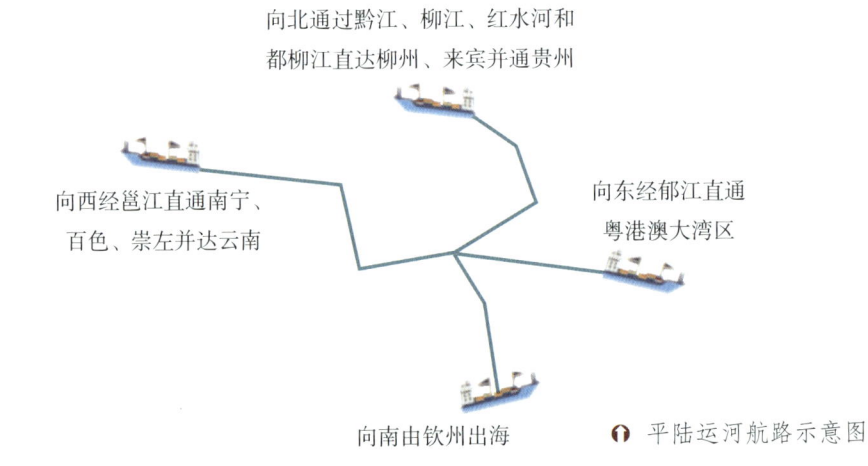

向北通过黔江、柳江、红水河和都柳江直达柳州、来宾并通贵州

向西经邕江直通南宁、百色、崇左并达云南

向东经郁江直通粤港澳大湾区

向南由钦州出海

🔊 平陆运河航路示意图

物不需再经珠江、长江出海，可直接从北部湾出海；将通过左江、右江、黔江、红水河、柳江、都柳江等多条支流，连通贵州、云南，实现西南地区内河航道与海洋运输直接贯通，极大释放航运优势和潜力。它的建成，意味着北部湾国际门户港的地位和作用日益凸显。北部湾港不只是局限于广西沿海一城一地之区域，而是一个与大西南、中南内陆腹地经济与资源密切相关的范畴，也就是说，今后的北部湾港与内陆是一个整体，是一个统筹发展的板块。北部湾向海经济发展大趋势，将如同东风浩荡一样汇入中国经济这股巨大的海洋洪流，滚滚向前！

回望历史，向海，是北部湾人赖以生存的方式；定格历史，向海，融入了北部湾人的灵魂；憧憬未来，向海，早已成为北部湾人前行的指南和路标。

潮自东方起，客从海上来。愿北部湾向海经济如大海一样，将在开放中愈发壮阔，奔向更加美好的未来，汇入中国经济这个统筹发展的大海扬帆再远航！

前行，北部湾

看今朝，
海水无风，波涛安悠，
北部湾人，勇立潮头，
与国同运，与时同行。
依资源禀赋，向大海求索；
绘向海蓝图，写古港辉煌；
连西部通道，奏陆海乐章。
接运河入海，圆世纪之梦。
北部湾人，前行在路上！

参考文献

[1] 陈波. 《从广西这一片海说起》. 南宁：广西科学技术出版社，2019

[2] 侍茂崇. 《浪里也风流：我的海洋经历》. 青岛：中国海洋大学出版社，2015

[3] 黎广钊，梁文，王欣 等. 《北部湾广西海陆交错带地貌格局与演变及其驱动机制》. 北京：海洋出版社，2017

[4] 梁士楚. 《广西滨海湿地》. 北京：科学出版社，2018

[5] 董德信，陈宪云，陈波. 《广西海洋产业科技发展重点及路径研究》. 南宁：广西科学技术出版社，2018

[6] 邓家刚. 《广西海洋药物》. 南宁：广西科学技术出版社，2008

[7] 邓超冰. 《北部湾儒艮及海洋生物多样性》. 南京：广西科学技术出版社，2002

[8] 许贵林，李悄，黄胜敏 等. 《海上丝绸之路前世今生》. 南宁：广西科学技术出版社，2016

[9] 丁兰平，王展，黄冰心，2014，《北部湾大型海藻资源研究及应用展望》，《广西科学》第6期

[10] 范航清，彭胜，石雅君，2007，《广西北部湾沿海海草资源与研究状况》，《广西科学》第3期

[11] 朱坚真，乔俊果，师银燕，2008，《环北部湾滨海旅游产业发展与滨海旅游体系建设研究》，《桂海论丛》第2期

[12] 程光平，1999，《加快广西海洋渔业发展的探讨》，《广西农业科学》第3期

［13］王欣，黎广钊，2009，《北部湾涠洲岛珊瑚礁的研究现状及展望》，《广西科学院学报》第1期

［14］梁文，黎广钊，2002，《涠洲岛珊瑚礁分布特征与环境保护的初步研究》，《环境科学研究》第6期

［15］陈波，董德信，李谊纯．《广西海岸带海洋环境污染变化与控制研究》．北京：海洋出版社，2017

［16］中国海湾志编纂委员会．《中国海湾志：第十二分册（广西海湾）》．北京：海洋出版社，1993

［17］李谊纯，陈波．《防城港市入海污染物排放总量控制研究》．北京：海洋出版社，2014

［18］陈波，邱绍芳，1999，《北仑河口河道冲蚀的动力背景》，《广西科学》第4期

［19］陈波，邱绍芳，2000，《北仑河口动力特征及其对河口演变的影响》，《湛江海洋大学学报》第1期

［20］于清武，2014，《北部湾（广西海域）海洋微生物多样性研究现状与对策》，《南方农业学报》第12期

［21］陈波，陆家昌，许铭本 等．《北部湾北部赤潮藻类生态环境特征与动力学响应机制研究》．北京：科学出版社，2021

［22］贾明明，王宗明，毛德华 等，2021，《面向可持续发展目标的中国红树林近50年变化分析》，《科学通报》第30期

［23］陈波，邱绍芳，1999，《广西海洋管理的昨天、今天和明天》，《海洋信息》第9期

［24］陈波，邱绍芳，1999，《谈北仑河口北侧岸滩资源保护》，《广西科学院学报》第3期

［25］陈波，许铭本，牙韩争 等，2020，《入海径流扩散对北部湾北部环流的影响》，《海洋湖沼通报》第2期

［26］王乃学，2014，《北部湾多渠道打造千万标箱大港》，《国际商报》7月8日，B4版（广西专版）

［27］刘伟、向志强、潘强，2019，《广西：一心向海，逐梦"门户"》，《新华每日电讯》8月29日，第01版

［28］广西壮族自治区人民政府门户网站，2019，《北部湾经济区发展成就情况新闻发布会召开》7月23日

文数据库：http://www.gxzf.gov.cn/html/xwfbhzt/bbwjjqfzcjxwfbh/

［29］广西壮族自治区发展和改革委员会，2020，《自治区党委政府召开全区向海经济发展推进会议》，《广西日报》9月30日

文数据库：http://fgw.gxzf.gov.cn/fzgggz/dqjj/t6495796.shtml

后 记

海是一本书

  伟大科学家爱因斯坦说过,"促使我从事科学工作的,是一种要懂得自然奥秘的不可节制的渴望"。是的,一个人如果没有了激情与渴望,是不可能有所成就的。学习同样如此,如果想要有所成就,那就必须怀着十二分的热情深深爱着自己的事业,把热爱牢牢根植于自己的学习之中,学贵有恒,日积月累,循序渐进,也只有这样,才能让每一份耕耘都有收获。

  20世纪70年代,我带着最初的梦想来到北方这座美丽的城市——青岛,进入海洋高等学府的第一天起,最大的心愿就是学有所成。天道酬勤,几十年来,勤于思考、学习、工作,"苦"与"恒"伴随而行,践行了一个海洋工作者的基本品格,也让自己的"才华"绽放出微弱的光芒。50年,从北到南,从课堂到大海,初心未改,出没浪里,追潮逐流,努力用自己的所长去书写海的故事。

  有一位诗人说过:"月亮落下了,你还有太阳,你是一片辽阔的天空,迟早会升起灿烂;只要你奋进,即使仕途、爱途不通了,你还有征途,因为你们还年轻!"我就是凭着这样一颗永不愿放弃的求知心,完成了大学时期的学习任务踏向社会,开始走上认识海洋、热爱海洋、研究海洋之路!一直到今天,研耕不辍。

然而，北部湾如同大海一样，就是一本大书，是一本从古到今经过无数人翻读，但没有一个人能读尽的书。它的内涵是这样广博，这样深邃，我只能从一个小小的角度去翻读。那就是站在北部湾上去读海，试图用我所学的"本领"去解读、去领悟、去感受、去探索，力求发现它的奥秘，为人类走进海洋、认识海洋；为广西跟上海洋强国梦贡献微薄之力。

海洋科学过去是伟大的，现在是动人的，未来是辉煌的。我们现在看到的是浮在海面的"冰山"，但是人类从必然王国走向自由王国的步伐是不可阻挡的，愿我们共勉之！

我站在北部湾读海，站在蔚蓝色梦幻里读海。

望湾外，天蓝水澈成一色；
观岸边，潮起潮落浪声悦！
看，海面醒来；听，浪声又起！